Vahlens IFRS Praxis

Konzernabschluss nach IFRS

Konsolidierung und Bilanzierung

von

Prof. Dr. Sven Hayn

und

Dr. Michael Grüne

Verlag Franz Vahlen München

**VERLAG
VAHLEN**
MÜNCHEN
www.vahlen.de

ISBN 3 8006 3157 1

© 2006 Verlag Franz Vahlen GmbH,
Wilhelmstraße 9, 80801 München
Druck und Bindung: Druckhaus Nomos
In den Lissen 12, 76547 Sinzheim

Satz: Druckerei C.H.Beck, Nördlingen
(Adresse wie Verlag)

Gedruckt auf säurefreiem, alterungsbeständigem Papier
(hergestellt aus chlorfrei gebleichtem Zellstoff)

Vorwort

Gemäß der EU-Verordnung 1606/2002 haben kapitalmarktorientierte Unternehmen in der EU ab dem Jahr 2005 bzw. 2007 ihren Konzernabschluss nach den Regeln der *International Financial Reporting Standards* (IFRS) zu erstellen. Nach § 315a Abs. 3 HGB dürfen auch die nicht kapitalmarktorientierten Unternehmen die IFRS im Konzernabschluss anwenden. Für die Unternehmen ergibt sich die Bedeutung der IFRS allerdings nicht nur aus den gesetzlichen bzw. regulatorischen Anforderungen. Neben der zunehmenden Globalisierung sowohl der Kapital- wie auch der Waren- und Dienstleistungsmärkte sind es insbesondere die gestiegenen Anforderungen von Kapitalgebern und Banken an die Transparenz und Vergleichbarkeit der Finanzberichterstattung, die Unternehmen dazu veranlassen, sich mit den IFRS zu beschäftigen.

Nach IAS 1 ist ein Abschluss eine strukturierte Darstellung der Vermögens-, Finanz- und Ertragslage eines Unternehmens. Zielsetzung eines Abschlusses ist es, Informationen über die Vermögens-, Finanz- und Ertragslage und die Cash Flows eines Unternehmens bereitzustellen, die für einen weiten Kreis von Abschlussadressaten nützlich sind, um wirtschaftliche Entscheidungen zu treffen. IFRS-Abschlüsse sollen also in erster Linie Informationen liefern. Folglich fokussieren die IFRS auf die Information von Kapitalmärken und richten sich im Wesentlichen an den Erfordernissen des Konzernabschlusses aus. Auf der Basis der Informationsfunktion von Abschlüssen verpflichtet IAS 27 denn auch Mutterunternehmen zur Konzernrechnungslegung.

Ziel des Buchs ist es, in anschaulicher und übersichtlicher Weise durch die wesentlichen praxixrelevanten Sachverhalte und Fragen im Zusammenhang mit der Konzernrechnungslegung nach IFRS zu führen. Ausgehend von der Konzernrechnungslegungspflicht und der Erläuterung der begrifflichen Grundlagen werden die Verfahren und Methoden der Vollkonsolidierung (u.a. Darstellung von Unternehmenszusammenschlüssen, Kapitalkonsolidierung, Schuldenkonsolidierung, Berücksichtigung von Minderheitsgesellschaftern, Endkonsolidierung) aufgezeigt. Daran anschließend werden die Quotenkonsolidierung und die Equity-Methode dargestellt. Neben einer Übersicht über die konzernrelevanten Anhangangaben sind auch die Sonderregelungen für IFRS-Erstanwender enthalten. Ein Ausblick auf die aktuellen Entwicklungen, die sich mit der Veröffentlichung des Entwurfs zur überarbeiteten Version von IFRS 3 im Juni 2005 weiter konkretisiert haben, schließt das Buch ab.

Das Buch wendet sich sowohl an Praktiker, die im Finanz- und Rechnungswesen tätig sind als auch an Studenten der Wirtschaftswissenschaften, die im Rahmen der Vertiefungsrichtung Rechnungswesen bzw. Wirtschaftsprüfung mit den Regelungen der IFRS konfrontiert werden. Die Darstellung der IFRS-Regelungen im Bereich der Konzernrechnungslegung erfolgt anhand zahlreicher Beispiele.

Für die engagierte und geduldige Unterstützung beim Korrekturlesen und bei der Gestaltung des Manuskriptes danken wir Frau Dipl.-Kulturw. *Annette Bloß* und Frau *Verena Breyer* ganz herzlich. Ebenso danken wir dem zuständigen Lektor des Verlags, Herrn *Dr. Jürgen Schechler*, für die stets angenehme Zusammenarbeit und die wertvolle Unterstützung.

Hamburg/Stuttgart, im September 2005 Prof. Dr. Sven Hayn
Dr. Michael Grüne

Inhaltsübersicht

Inhaltsverzeichnis

Abbildungsverzeichnis

Tabellenverzeichnis

Abkürzungsverzeichnis

Abs.	Absatz
Afa	Absetzungen für Abnutzung
AFS	available for sale
AG	Aktiengesellschaft
AktG	Aktiengesetz
Anm.	Anmerkung
Art.	Artikel
Aufl.	Auflage
BW	Buchwert
CAD	kanadische Dollar
CHF	schweizer Franken
EB	erzielbarer Betrag
EBT	earnings before taxation
EBIT	earnings before interest and taxation
ED	exposure draft
EG	Europäische Gemeinschaft
EStG	Einkommensteuergesetz
EU	Europäische Union
f.	fortfolgend
ff.	fortfolgende
FASB	Financial Accounting Standards Board
FV	Fair Value (beizulegender Zeitwert)
gem.	gemäß
GKV	Gesamtkostenverfahren
GmbH	Gesellschaft mit beschränkter Haftung
HB	Handelsbilanz
HFA	Hauptfachausschuss des Instituts der Wirtschaftsprüfer in Deutschland e. V.
HGB	Handelsgesetzbuch (zuletzt geändert durch Gesetz vom 24. August 2004)
hrsg.	herausgegeben
Hrsg.	Herausgeber
IAS	International Accounting Standard
IASB	International Accounting Standards Board
i. d. F.	in der Fassung
IDW	Institut der Wirtschaftsprüfer in Deutschland e. V.
IDW RS	IDW Stellungnahme zur Rechnungslegung

IFRIC	International Financial Reporting Interpretations Committee
IFRS	International Financial Reporting Standard
Jg.	Jahrgang
KGaA	Kommanditgesellschaft auf Aktien
KStG	Körperschaftsteuergesetz
M&A	Mergers and Acquisitions
Mio.	Millionen
n.r.	nicht relevant
NV	Nettovermögen
NZD	neuseeländischer Dollar
PublG	Gesetz über die Rechnungslegung von bestimmten Unternehmen und Konzernen (Publizitätsgesetz)
rev.	revised (überarbeitet)
S.	Satz, Seite
SFAS	Statement of Financial Accounting Standard (des FASB)
SIC	Standing Interpretations Committee
SPE	Special Purpose Entity
T	Tausend
UKV	Umsatzkostenverfahren
US-GAAP	in den USA allgemein anerkannte Rechnungslegungsgrundsätze
VIE	Variable Interest Entity
ZGE	zahlungsmittelgenerierende Einheit
zusätzl.	zusätzlich

1 Einleitung

Abschlussadressaten eines Mutterunternehmens sind in der Regel an der Vermögens-, Finanz- und Ertragslage und an den Veränderungen der Vermögens-, Finanz- und Ertragslage des Konzerns insgesamt interessiert. Zwar sind die einzelnen Konzernunternehmen zumeist rechtlich unabhängig, jedoch wirtschaftlich regelmäßig eng miteinander verflochten. Diese wirtschaftliche Abhängigkeit eröffnet Spielräume für die Gestaltung konzerninterner Transaktionen, die die Aussagefähigkeit der Einzelabschlüsse der Konzernunternehmen beeinträchtigen können.

Dieser Zusammenhang sei anhand des nachfolgenden **Beispiels** erläutert: Die M AG hält 100% der Anteile an einem anderen Unternehmen, der T GmbH. Im Geschäftsjahr 2005 konnte die M AG nur einen Teil der hergestellten Fertigerzeugnisse und Waren am Markt (d.h. im Rahmen von Transaktionen mit fremden Dritten) absetzen. Die M AG nutzt daher ihren Einfluss auf die T GmbH und veranlasst diese, den Restbestand des Vorratsvermögens zu erwerben. Im Ergebnis zeigt die M AG, dass sämtliche Vorräte zu Umsatzerlösen geführt haben. Die Vorräte werden jetzt im Einzelabschluss der T GmbH ausgewiesen. Dieser Vorgang verdeutlicht, dass ein Teil der im Einzelabschluss der M AG ausgewiesenen Umsatzerlöse noch nicht am Markt realisiert, sondern allein durch gesellschaftsrechtliche Aspekte ermöglicht wurde. Im Konzernabschluss führt die Eliminierung konzerninterner Transaktionen dazu, dass insoweit kein Ertrag ausgewiesen wird (korrekte Darstellung der Ertragslage). Daneben werden statt der Forderungen wieder die Vorräte mit ihren ursprünglichen Anschaffungs- bzw. Herstellungskosten ausgewiesen (korrekte Darstellung der Vermögenslage).

Eine ähnliche Verzerrung des Bildes ergibt sich, wenn angenommen wird, dass die M AG als Holdinggesellschaft agiert, die nur die Beteiligung an der T GmbH hält. Erwirtschaftet die T GmbH im Jahr 2005 einen Jahresüberschuss, kann die M AG im Jahr 2006 einen entsprechenden Ertrag in Form von Beteiligungserträgen realisieren und anschließend an die Anteilseigner der M AG ausschütten. Im Jahr 2006 kann die T GmbH aber einen Verlust erwirtschaften, der im Einzelabschluss der M AG (noch) nicht gezeigt wird. Dieser wird im Einzelabschluss der M AG erst dann sichtbar, wert an der T GmbH abgeschrieben wird. Im Konzernabschluss hingegen werden die Verluste der T GmbH sofort ersichtlich, so dass insoweit der Einblick in die tatsächliche Ertragslage ermöglicht wird.

Auch die Finanzlage kann sich im Einzelabschluss verzerrt darstellen: Es sei angenommen, die M AG könnte die Herstellung eines Gebäudes durch Fremdkapital finanzieren. Die Transaktion führt dazu, dass sich die Bilanzsumme erhöht (Bilanzverlängerung), d.h. ceteris paribus vermindert sich die Eigenkapitalquote. Sofern allerdings die Erstellung des Gebäudes durch die T GmbH vorgenommen wird, die auch als Darlehensnehmerin gegenüber der kreditgebenden Bank auftritt und anschließend das Gebäude an die M AG vermietet, kann es bei geeigneter Gestaltung des Mietvertrags vermieden werden, dass die M AG wirtschaftliche Eigentümerin des Gebäudes wird und insoweit weder das Gebäude noch das zugehörige Fremdkapital in ihrem Einzelabschluss ausweist. Die Eigenkapitalquote hat sich nicht verändert. Im Konzernabschluss führen die Zusammenfassung der Einzelabschlüsse und die Eliminierung der konzerninternen Transaktionen wieder dazu, dass sowohl das Gebäude als auch die Fremdfinanzierung ausgewiesen werden. Statt Mietaufwand (wie im Einzelabschluss der M AG) wird in der Konzern-Gewinn- und Verlust-Rechnung der Aufwand für die an die Bank zu zahlenden Zinsen gezeigt. Der Konzernabschluss zeigt also Vermögens-, Finanzlage und Ertragslage klarer als der Einzelabschluss der M AG.

Mit der Konzernrechnungslegung wird dem Informationsbedürfnis der Abschlussadressaten daher Rechnung getragen, denn im Rahmen der Konzernrechnungslegung werden Rechnungslegungsinformationen über den Konzern wie bei einem einzelnen Unternehmen dargelegt (vgl. IAS 27.4). Innerhalb des Konzerns durchgeführte Transaktionen werden eliminiert, und damit ebenso die im Einzelabschluss möglichen Verzerrungen der Vermögens-, Finanz- und Ertragslage.

Der vollständige Konzernabschluss nach IFRS setzt sich aus den Elementen Konzernbilanz, Konzern-Gewinn- und Verlust-Rechnung, Konzernkapitalflussrechnung, Konzerneigenkapitalveränderungsrechnung sowie Konzernanhang zusammen (vgl. IAS 1.8). Börsennotierte Unternehmen bzw. Unternehmen im sog. *Going-Public*-Prozess haben zudem eine Segmentberichterstattung in den Anhang aufzunehmen (vgl. IAS 14) und die Konzern-Gewinn- und Verlust-Rechnung um die Angaben zum unverwässerten und verwässerten Ergebnis je Aktie zu ergänzen (vgl. IAS 33.66)[1].

---

1 Vgl. zu den Abschlusselementen ausführlich *Hinz, M.* (2005), S. 163 f. zum Anhang *Krawitz, N.* (2005).

2 Der Konzernabschluss im Regelwerk der IFRS

In Kapitel 2 wird die Konzernrechnungslegungspflicht nach IFRS erläutert. Dabei werden auch die weiterhin relevanten deutschen Konzepte zur Begründung einer Konzernrechnungslegungspflicht diskutiert und der gesonderte Einzelabschluss nach IFRS behandelt. Nachfolgend werden die im IAS 27 verwendeten Begriffe zur Konzernrechnungslegung erläutert und voneinander abgegrenzt. Daran anschließend werden die Vorschriften und Regelungen zum Konsolidierungskreis, zum Konzernabschlussstichtag, zur konzerneinheitlichen Bilanzierung und Bewertung sowie zur Währungsumrechnung im Konzern erörtert.

2.1 Konzernrechnungslegungspflicht nach IFRS

2.1.1 Grundlage der Konzernrechnungslegungspflicht nach IFRS

Hinsichtlich der Konzernrechnungslegungspflicht stellt sich die Frage, ob sich diese aus den nationalen Vorschriften (in Deutschland die §§ 290 ff. HGB), aus der Verordnung (EG) Nr. 1606/2002 des Europäischen Parlaments und des Rates vom 19. Juli 2002 betreffend die Anwendung internationaler Rechnungslegungsstandards (sog. IAS-Verordnung) oder aus IAS 27.9 ergibt.

Nach § 290 Abs. 1 HGB ist ein Konzernabschluss bei einheitlicher Leitung eines Tochterunternehmens durch das Mutterunternehmen aufzustellen; nach § 290 Abs. 2 HGB ist der Konzerntatbestand erfüllt, wenn das Mutterunternehmen bestimmte Kontrollrechte (unter anderem Mehrheit der Stimmrechte, Organbestellungsrecht) hinsichtlich des Tochterunternehmens hat.

Artikel 4 der IAS-Verordnung schreibt vor, dass für Geschäftsjahre, die am oder nach dem 1. Januar 2005 beginnen, Gesellschaften, deren Wertpapiere in einem beliebigen Mitgliedstaat der EU zum Handel in einem geregelten Markt zugelassen sind, ihren Konzernabschluss nach den von der EU übernommenen IFRS aufzustellen haben. Artikel 9 der IAS-Verordnung sieht eine Übergangsregelung für bestimmte Gesellschaften vor. In Abweichung von Artikel 4 können die Mitgliedstaaten vorsehen, dass jener Artikel 4 für Gesellschaften, von denen (i) lediglich Schuldtitel zum Handel in einem geregelten

Markt eines EU-Mitgliedstaats zugelassen sind oder (ii) deren Wertpapiere zum öffentlichen Handel in einem Nichtmitgliedstaat zugelassen sind und die zu diesem Zweck international anerkannte Standards anwenden, erst für die Geschäftsjahre Anwendung finden, die am oder nach dem 1. Januar 2007 beginnen.

IAS 27.9 legt fest, dass ein Mutterunternehmen einen Konzernabschluss aufzustellen hat, soweit nicht die Befreiungsvoraussetzungen in IAS 27.10 greifen.

Die EU-Kommission stellt hierzu klar: „Da sich die IAS-Verordnung lediglich auf ‚konsolidierte Abschlüsse' bezieht, wird sie nur dann wirksam, wenn diese konsolidierten Abschlüsse von anderer Seite gefordert werden. Die Klärung der Frage, ob eine Gesellschaft zur Erstellung eines konsolidierten Abschlusses verpflichtet ist oder nicht, wird nach wie vor durch Bezugnahme auf das einzelstaatliche Recht erfolgen, das infolge der 7. EG-Richtlinie erlassen wurde.[1]" Die EU-Kommission führt weiter aus: „Ist eine Gesellschaft, infolge einer Befreiung im nationalen Recht, die aus den Rechnungslegungsrichtlinien abgeleitet wurde, nicht gehalten konsolidierte Abschlüsse zu erstellen, finden die Anforderungen der IAS-Verordnung in Bezug auf diese Abschlüsse keine Anwendung, da es keine derartigen Abschlüsse gibt, auf die man diese Erfordernisse anwenden könnte.[2]"

Als Ergebnis ist daher festzuhalten, dass ein deutsches kapitalmarktorientiertes Unternehmen zur Beurteilung seiner IFRS-Konzernrechnungslegungspflicht immer noch die §§ 290 ff. HGB heranziehen muss. Nur dann, wenn sich eine Konzernrechnungslegungspflicht aus den § 290 Abs. 1 oder Abs. 2 HGB ergibt und keine der in den §§ 291 bis 293 HGB enthaltenen Befreiungsvorschriften in Anspruch genommen wird, ist (unter Beachtung des zeitlichen Anwendungsbereichs von § 315a HGB, Art. 57 EGHGB) ein IFRS-konformer Konzernabschluss aufzustellen.

> **Angenommen** sei der folgenden **Sachverhalt:** ein Unternehmen, das Beteiligungen an Objektgesellschaften hält, die eine Konzernrechnungslegungspflicht nach § 290 HGB nicht begründen, könnte diese Objektgesellschaften nach SIC-12 zu konsolidieren haben, wäre also nach IFRS zur Aufstellung eines Konzernabschlusses verpflichtet. Da die Vorschriften des Handelsgesetzbuches aber keine Konzernrechnungslegung verlangen, kommt eine Anwendung der IAS-Verordnung, d. h. eine verpflichtende Anwendung der IFRS im Konzernabschluss nicht in Betracht. In diesem Sachverhalt fällt die Gesellschaft nicht unter den § 315a Abs. 1 oder

---

1 *EU-Kommission*, S. 7.
2 *EU-Kommission*, S. 8.

Abs. 2 HGB. Die Gesellschaft hat nach § 315a Abs. 3 S. 1 HGB das Wahlrecht, ihren Konzernabschluss nach den von der EU übernommenen IFRS aufzustellen und ist, wenn es von diesem Wahlrecht Gebrauch macht, verpflichtet die übernommenen IFRS vollständig zu befolgen (§ 315a Abs. 3 S. 2 HGB)[3].

2.1.2 Konzernrechnungspflicht nach HGB

Aufgrund der fortgesetzten Relevanz der §§ 290 ff. HGB soll im Folgenden überblickend auf die Konzernrechnungslegungspflicht gem. deutschem Handelsgesetzbuch eingegangen werden[4]. § 290 HGB unterscheidet zwei Konzepte, die eine Konzernrechnungslegungspflicht begründen können: (i) das Konzept der einheitlichen Leitung und (ii) das *Control*-Konzept. Beide Konzepte können unabhängig voneinan-

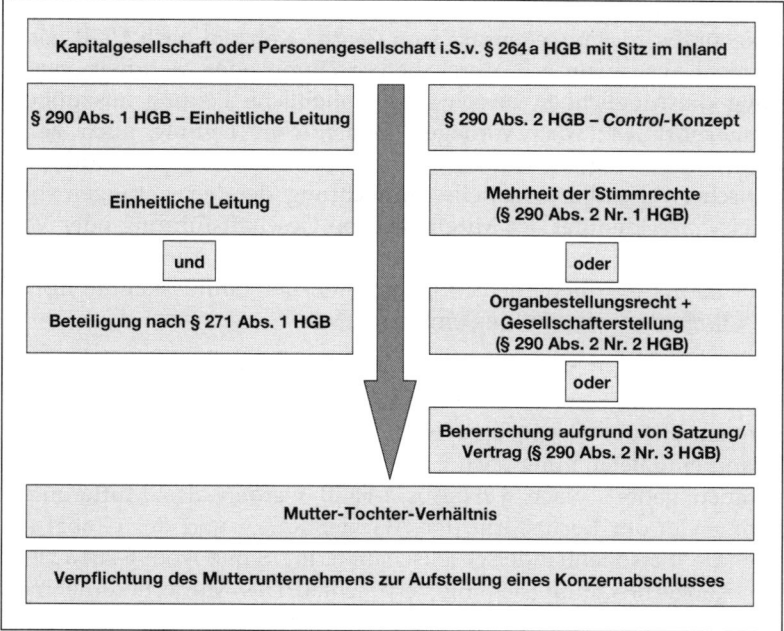

Quelle: *Baetge, J./Kirsch, H.-J./Thiele, S.* (2004), S. 91

Abbildung 2-1: Konzernrechnungslegungspflicht nach HGB

---

3 Wenn es sich bei der Gesellschaft um eine große Kapitalgesellschaft (siehe § 267 Abs. 3 HGB) handelt, besteht gem. § 325 Abs. 2a HGB die Möglichkeit, einen Einzelabschluss offenzulegen, der in Übereinstimmung mit den IFRS aufgestellt worden ist.

4 Die Pflicht zur Aufstellung eines Konzernabschlusses nach § 11 Abs. 1 PublG wird hier vernachlässigt. Vgl. dazu *Ischebeck, E.,* (1998), S. 1997f.

der zur Aufstellungspflicht führen, wobei regelmäßig die Voraussetzungen beider Konzepte gleichzeitig erfüllt sind.

2.1.2.1 Konzept der einheitlichen Leitung

Der Begriff der einheitlichen Leitung[5] wird in § 290 Abs. 1 HGB nicht definiert. Auch § 18 AktG enthält keine Definition der einheitlichen Leitung. Üblicherweise wird die einheitliche Leitung dann als vorliegend angenommen, wenn die Konzernleitung die Geschäftspolitik der Konzerngesellschaften und die sonstigen grundsätzlichen Fragen der Geschäftsführung aufeinander abstimmt[6]. Es reicht regelmäßig aus, wenn einzelne grundlegende Aspekte der Geschäftspolitik (beispielsweise Investitionspolitik, Absatzpolitik, Finanzpolitik) koordiniert und abgestimmt werden.

Entscheidend dabei ist, dass die einheitliche Leitung auch tatsächlich ausgeübt wird. Im Gegensatz zum *Control*-Konzept nach HGB reicht es nicht aus, wenn z. B. durch Beherrschung oder Mehrheitsbeteiligung die Möglichkeit besteht, die einheitliche Leitung auszuüben. Umgekehrt setzt das Vorliegen einheitlicher Leitung auch keine Mehrheitsbeteiligung voraus[7]. Mittel der einheitlichen Leitung ist typischerweise die personelle Verflechtung der Verwaltungen (beispielsweise Identität der Mitglieder von Geschäftsführung oder Vorstand), die regelmäßig mit einer kapitalmäßigen Verflechtung und den daraus resultierenden Möglichkeiten der Einflussnahme in der Gesellschafterversammlung einhergeht[8].

§ 290 Abs. 1 HGB begründet als weitere Voraussetzung für die Pflicht zur Aufstellung eines Konzernabschlusses, dass einem Mutterunternehmen in der Rechtsform einer Kapitalgesellschaft mit Sitz im Inland eine Beteiligung nach § 271 Abs. 1 HGB an dem Tochterunternehmen gehört. Nach § 290 Abs. 1 HGB werden also Mutterunternehmen in der Rechtsform der AG, der KGaA und der GmbH sowie die Personenhandelsgesellschaften im Sinne von § 264 a HGB zur Konzernrechnungslegung verpflichtet. Das Mutterunternehmen muss seinen Sitz im Inland haben. Unter Inland ist der Geltungsbereich des Grundgesetzes zu verstehen. Auf den Sitz der Tochterun-

---

5 Das Konzept der einheitlichen Leitung wurde von Deutschland in die Verhandlungen zur 7. EG-Richtlinie eingebracht. Für die Anwendung besteht ein Mitgliedstaatenwahlrecht, vgl. *Küting, K./Hayn, S.*, (1998), S. 39.
6 Vgl. *Adler, H./Düring, W./Schmaltz, K.* (1996), HGB § 290 Rz. 13.
7 So kann nach den deutschen handelsrechtlichen Grundsätzen auch eine nachhaltige Präsenzmehrheit in der Hauptversammlung die einheitliche Leitung begründen; vgl. *Schubert, W.* (1998), S. 294.
8 Vgl. *Adler, H./Düring, W./Schmaltz, K.* (1996), AktG § 18 Rz. 25.

ternehmen kommt es nicht an. Das Vorliegen einer Beteiligung nach § 271 Abs. 1 HGB setzt folgendes voraus: (i) es müssen gesellschafts-rechtliche Kapitalanteile bestehen; (ii) die Beteiligung muss dem eigenen Geschäftsbetrieb dienen; (iii) es muss eine dauerhafte Ver-bindung hergestellt werden. Dabei kommt es insoweit auf das wirt-schaftliche und nicht auf das rechtliche Eigentum an.

2.1.2.2 Control-Konzept

Im Gegensatz zum Konzept der einheitlichen Leitung, das die Pflicht zur Aufstellung eines Konzernabschlusses erst dann begründet, wenn die einheitliche Leitung auch tatsächlich ausgeübt wird, genügt es beim *Control*-Konzept, wenn die Möglichkeit besteht, einen beherr-schenden Einfluss auf das andere Unternehmen auszuüben. Eine sol-che Beherrschungsmöglichkeit besteht nach § 290 Abs. 2 HGB, wenn einer der folgenden Tatbestände vorliegt: (i) das Unternehmen ist im Besitz der Mehrheit der Stimmrechte am Tochterunternehmen; (ii) das Unternehmen ist Gesellschafter und hat ein Bestellungs- oder Abbe-rufungsrecht für die Mehrheit der Mitglieder des Verwaltungs-, Lei-tungs- oder Aufsichtsorgans; (iii) dem Unternehmen steht das Recht zu, einen beherrschenden Einfluss aufgrund eines Beherrschungsver-trags oder aufgrund von Satzungsbestimmungen auszuüben.

2.1.3 IFRS im (gesonderten) Einzelabschluss

An dieser Stelle soll darauf hingewiesen werden, dass der im Rah-men des *Improvements Project* im Jahr 2003 überarbeitete IAS 27 in seinem Anwendungsbereich erweitert wurde. IAS 27 führt nunmehr klar aus, dass der Standard auch bei der Bilanzierung von Beteiligun-gen an Tochterunternehmen, assoziierten Unternehmen und *Joint Ventures* anzuwenden ist, wenn ein Unternehmen entweder freiwillig oder aufgrund gesetzlicher Verpflichtung einen gesonderten (Einzel-) Abschluss erstellt (vgl. IAS 27.3). Gesonderte (Einzel-)Abschlüsse sind Abschlüsse eines Mutterunternehmens, eines Anteilseigners an einem assoziierten Unternehmen oder eines Partnerunternehmens, in denen die Beteiligungen an anderen Unternehmen auf Basis des un-mittelbaren Anteils am Eigenkapital und nicht auf Basis der berichte-ten Ergebnisse und des Reinvermögens bilanziert werden (vgl. IAS 27.4). Im Rahmen von gesonderten (Einzel-)Abschlüssen werden also die Beteiligungen ausgewiesen und es wird auf eine Konsolidierung sowie sämtliche mit der Konsolidierung einhergehenden Konsolidie-rungsschritte verzichtet.

Ein Unternehmen kann sich somit in einer der beiden folgenden Situ-ationen befinden: (i) Das Unternehmen hat Tochterunternehmen und ist nicht von der Pflicht zur Aufstellung eines Konzernabschlusses befreit. In diesem Fall muss das Unternehmen einen Konzernabschluss nach IFRS aufstellen. (ii) Das Unternehmen hat keine Tochterunternehmen, hält jedoch Anteile an gemeinschaftlich geführten Einheiten (Gemeinschaftsunternehmen, *Joint Ventures*) oder assoziierten Unternehmen. In diesem Fall ist ein Abschluss nach IFRS aufzustellen, in dem assoziierte Unternehmen und gemeinschaftlich geführte Einheiten entweder nach der Equity-Methode oder (im Falle gemeinschaftlich geführter Einheiten) nach der Quotenkonsolidierung bilanziert werden. In beiden Szenarien kann das Unternehmen zusätzlich einen gesonderten (Einzel-)Abschluss vorlegen, der dem nach IFRS aufgestellten (Konzern-)Abschluss beigefügt oder auf den in dem nach IFRS aufgestellten (Konzern-)Abschluss verwiesen wird. In diesem gesonderten Einzelabschluss sind alle Anteile an Tochterunternehmen, gemeinschaftlich geführten Einheiten und assoziierten Unternehmen mit den Anschaffungskosten oder nach IAS 39 zu bewerten (IAS 27.37). Wird ein Tochterunternehmen, eine gemeinschaftlich geführte Einheit oder ein assoziiertes Unternehmen in dem nach IFRS aufgestellten (Konzern-)Abschluss nach den Regeln von IAS 39 bilanziert, wird das eben genannte Wahlrecht eingeschränkt. In diesen Fällen ist auch im gesonderten (Einzel-)Abschluss das Tochterunternehmen, die gemeinschaftliche geführte Einheit bzw. das assoziierte Unternehmen nach IAS 39 zu bilanzieren.

Es ist zu beachten, dass ein gesonderter (Einzel-)Abschluss einen Abschluss darstellt, der zusätzlich zu einem Konzernabschluss, einem Abschluss, in dem Beteiligungen nach der Equity-Methode bilanziert werden, und einem Abschluss, in dem die Anteile von Partnerunternehmen an *Joint Ventures* nach der Quotenkonsolidierung bilanziert werden, aufgestellt wird (IAS 27.4). Grundsätzlich kann ein gesonderter (Einzel-)Abschluss seiner Definition nach nicht für sich genommen aufgestellt werden und gleichzeitig den IFRS entsprechen, es sei denn, es besteht keine Konzernrechnungslegungspflicht.

2.2 Begriffsabgrenzung

2.2.1 Mutter- und Tochterunternehmen

Der Konzernabschluss schließt grundsätzlich alle in- und ausländischen Tochterunternehmen mit ein (vgl. IAS 27.12, sog. Weltabschlussprinzip), so dass sich die Frage stellt, wie ein Tochterunternehmen definiert ist. Nach IAS 27.4 ist ein Tochterunternehmen ein Unternehmen, das von einem anderen Unternehmen (dem Mutterunternehmen) beherrscht wird. Entsprechend wird ein Mutterunternehmen als ein Unternehmen mit einem oder mehreren Tochterunternehmen definiert. Beherrschung *(control)* ist in der deutschen Fassung der IFRS die Möglichkeit, die Finanz- und Geschäftspolitik eines Unternehmens zu bestimmen, um aus dessen Tätigkeit Nutzen zu ziehen. Nachfolgend soll begründet werden, dass die „Möglichkeit der Beherrschung" eine Übersetzung darstellt, die dem englischen Originaltext an dieser Stelle nicht gerecht wird.

Zunächst ist in diesem Zusammenhang anzumerken, dass das aus § 290 Abs. 1 HGB bekannte Prinzip der einheitlichen Leitung im Rahmen der IFRS nicht vorkommt. Dieses Konzept ist den IFRS also fremd. Die IFRS stellen einzig auf das Vorliegen von *control* ab, d.h. auf die Beherrschung des Tochterunternehmens durch das Mutterunternehmen.

Anhand der Definition des Begriffs „Beherrschung" ist scheinbar zu erkennen, dass es für das Vorliegen von *control* nicht erforderlich sein mag, dass die Finanz- und Geschäftspolitik eines Unternehmens tatsächlich bestimmt wird. Hierbei ist aber zu berücksichtigen, dass der englische Originaltext der IFRS in IAS 27.4 *control* als *the power to govern* definiert. Der Originaltext meint also nicht allein die Möglichkeit, sondern in der Tat den im Zweifel rechtlich durchsetzbaren Anspruch zur Ausübung des beherrschenden Einflusses, der für das Vorliegen von Beherrschung gegeben sein muss.

> Typisches **Beispiel** ist die regelmäßige Präsenzmehrheit auf einer Hauptversammlung. Hat ein Aktionär einen Stimmrechtsanteil von z. B. 48% und befinden sich die restlichen 52% Aktien im Streubesitz, wird er auf den Hauptversammlungen erfahrungsgemäß regelmäßig seine Anträge durchsetzen können. Somit ist grundsätzlich die Möglichkeit gegeben, eine Beherrschung auszuüben. Dennoch besteht kein durchsetzbarer Anspruch auf Beherrschung. Denn sollten tatsächlich einmal alle stimmberechtigten Anteilseigner (entweder selbst direkt oder durch Erteilung von Vollmachten indirekt) auf der Hauptversammlung vertreten sein, ist das Kriterium *power to govern* nicht (mehr) erfüllt.

Die faktische Beherrschung ist nach der hier vertretenen Auffassung nicht äquivalent einem rechtlich durchsetzbaren Anspruch auf Beherrschung, d.h. das *Control* Kriterium ist anhand juristischer Sichtweise auszulegen. Bei dieser Sichtweise, die international seit vielen Jahren vorherrschend ist, liegt auch bei regelmäßigen Präsenzmehrheiten keine Beherrschung vor.

Der IASB hat sich im Zuge seines Projekts zu *Control* jüngst mit diesem Thema beschäftigt und anlässlich seiner Sitzung im Oktober 2005 überraschenderweise festgestellt, dass die faktische Beherrschung (*de facto control*) zur Erfüllung des *Control*-Kriteriums ausreicht. Der Board begründet seine Feststellung mit einer international abweichenden Praxis[9], die von den Autoren in dieser Form allerings bislang nicht festgestellt werden konnte. Vor dem Hintergrund des angesprochenes Projekts zu *Control* hat der Board zu diesem Zeitpunkt auf eine Änderung von IAS 27 verzichtet und ein faktisches Konsolidierungswahlrecht geschaffen. Der Übergang auf dieses faktische Konsolidierungswahlrecht ist nach der hier vertretenen Ansicht gem. IAS 8 (*change in accounting policies*) abzubilden, da die Begründung der abweichenden internationalen Praxis einerseits und die Tolerierung dieser Abweichung andererseits verdeutlicht, dass in der juristischen Interpretation kein Bilanzierungsfehler auszumachen ist.

IAS 27 formuliert für die Feststellung von Beherrschung sowohl widerlegbare als auch nicht widerlegbare „Beherrschungsvermutungen" (vgl. IAS 27.13).

IAS 27 vermutet Beherrschung widerlegbar bei Stimmrechtsmehrheit, die sich aus unmittelbarem oder mittelbarem Anteilsbesitz ergeben kann (vgl. IAS 27.13). Die Beherrschung kann beispielsweise widerlegt werden, wenn der Nachweis erbracht wird, dass das Mutterunternehmen infolge eines Entherrschungsvertrages oder aufgrund von Satzungsbedingungen trotz Stimmrechtsmehrheit die Beherrschung nicht ausüben kann. Anderseits sind auch potenzielle Stimmrechte in die Betrachtung einzubeziehen, wenn zu beurteilen ist, ob Beherrschung vorliegt oder nicht (vgl. IAS 27.14). Wurden beispielsweise im Rahmen eines Wertpapierpensionsgeschäfts die Anteile an einem Tochterunternehmen veräußert und gleichzeitig mit der Veräußerung der Rückkauf fest vereinbart, liegt wirtschaftlich gesehen kein Verlust der Beherrschung durch das die Anteile veräußernde Mutterunternehmen vor. Es ist weiterhin von *control* auszugehen, d.h. das Tochterunternehmen wird weiterhin in den Konzernabschluss einbezogen und nicht aufgrund der Anteilsveräußerung endkonsolidiert.

> Beherrschung kann auch vorliegen, wenn etwa eine 45%-ige Beteiligung an einer Gesellschaft durch Call-Optionen auf weitere 20% Stimmrechte ergänzt werden kann und die Ausübung der Optionen nicht von einem künftigen Ereignis abhängt. Können die Optionen jederzeit und ohne weitere Bedingungen gegenwärtig ausgeübt werden, ist von einer Beherrschung auszugehen, denn nach Ausübung verfügt der Optionsinhaber über 65% der Stimmrechte.
> Die Zielsetzung des IASB, eine Konsolidierung durch das Unternehmen zu erreichen, das letztlich die Kontrolle ausübt, wird besonders an folgendem **Beispiel** deutlich[10]: Gesellschaft A hält 55% der Stimmrechte an der Ge-

---

9 Vgl. *IASB* (2005), S. 2.
10 Vgl. Beispiel 5, IAS 27.IG8.

sellschaft C. Die übrigen 45% Stimmrechte werden von der Gesellschaft B gehalten. Auf den ersten Blick sieht es daher so aus, als wäre die Gesellschaft C ein Tochterunternehmen der Gesellschaft A, denn gem. IAS 27.13 ist bei Stimmrechtsmehrheit von Beherrschung auszugehen. Wenn die Gesellschaft B allerdings Inhaberin einer von C ausgegebenen Wandelschuldverschreibung ist, so sind die damit verbunden potenziellen Stimmrechte gegebenenfalls zu berücksichtigen. Es sei angenommen, dass nach Wandlung insgesamt 70% der stimmrechtsberechtigten Anteile an der C von der Gesellschaft B gehalten werden und sich der Anteil der A von 55% auf 30% verwässert. Es sei weiterhin unterstellt, dass die Wandelschuldverschreibung eine Wandlung der Anleihe in stimmrechtsberechtigte Aktien jederzeit zulässt, dass allerdings zur Wandlung Zuzahlungen des Anleiheinhabers erforderlich sind, die einen für B wesentlichen Betrag darstellen und nur über Fremdkapitalaufnahme finanziert werden könnten. Selbst in diesem Fall ist die C ein Tochterunternehmen der B. Das Recht zur sofortigen Wandlung wiegt mehr, als die Frage, ob die B die Wandlung überhaupt finanzieren könnte. Letztere ist für die Beurteilung des Vorliegens von Beherrschung irrelevant. Selbst wenn also die B finanziell gar nicht in der Lage wäre, die Wandlung der Anleihe in Aktien herbeizuführen und dies auch z. B. durch die Ergebnisse aus Verhandlungen mit Kreditgebern belegen könnte, müsste B dennoch die C als Tochterunternehmen vollkonsolidieren. Entscheidend ist allein, dass die Ausübung der Option zur Wandlung möglich ist.

Eine Beherrschung liegt unwiderlegbar vor (IAS 27.13 spricht in den folgenden Fällen nicht mehr davon, dass eine Beherrschung nur anzunehmen ist, sondern stellt fest, dass eine Beherrschung vorliegt), wenn das Mutterunternehmen die Hälfte oder weniger als die Hälfte der Stimmrechte an einem Unternehmen inne hat und sofern Folgendes erfüllt ist: es besteht der Anspruch (i) kraft einer mit anderen Anteilseignern abgeschlossenen Vereinbarung über mehr als die Hälfte der Stimmrechte zu verfügen oder (ii) gem. einer Satzung oder einer Vereinbarung die Finanz- und Geschäftspolitik eines Unternehmens zu bestimmen oder (iii) die Mehrheit der Mitglieder des Geschäftsführungs- und/oder Aufsichtsorgans oder eines gleichwertigen Leitungsgremiums des anderen Unternehmens zu ernennen oder abzuberufen oder (iv) die Mehrheit der Stimmen bei Sitzungen des Geschäftsführungs- und/oder Aufsichtsorgans oder eines gleichwertigen Leitungsgremiums des anderen Unternehmens zu bestimmen[11].

2.2.2 Gemeinschaftsunternehmen

Gemeinschaftsunternehmen (*Joint Ventures* im engeren Sinne) zeichnen sich dadurch aus, dass das Mutterunternehmen nicht die alleinige Kontrolle besitzt, sondern lediglich gemeinschaftliche Kontrolle oder Führung (*joint control*) hat. Mit anderen Worten, nur gemeinsam

---

11 Vgl. *Bischof, S./Roß, N.* (2005), S. 203 f.

mit dem/den anderen Partner-Unternehmen kann die Beherrschung ausgeübt werden. Entscheidend für das Vorliegen gemeinschaftlicher Führung ist zunächst eine vertraglich getroffene Vereinbarung (vgl. IAS 31.9). Ohne die vertragliche Vereinbarung handelt es sich nicht um ein *Joint Venture*, d.h. (allenfalls) um ein assoziiertes Unternehmen, wobei in letzterem Fall die Quotenkonsolidierung als Form der Einbeziehung in den Konzernabschluss nicht in Betracht käme. Entscheidend ist weiterhin, dass die vertragliche Vereinbarung vorsieht, dass die Entscheidungen der *Joint Venture*-Partner einstimmig getroffen werden (vgl. IAS 31.3)[12]. Sind drei Partnerunternehmen an einem *Joint Venture* zu je $33\,{}^1/_3$% beteiligt und können nach der vertraglichen Vereinbarung in wechselnden Koalitionen jeweils zwei der Partnerunternehmen die Geschicke des *Joint Ventures* bestimmen, kommt eine Quotenkonsolidierung nicht in Betracht.

Es stellt sich in diesem Zusammenhang unter anderem die Frage, welche Form die vertragliche Vereinbarung haben muss. Nach IAS 31.10 wird die Vereinbarung regelmäßig in schriftlicher Form vorliegen und die folgenden Bereiche regeln: (i) Geschäftszweck des *Joint Ventures*, (ii) Bestellung der Gesellschaftsorgane (Geschäftsführung) und Festlegung der Stimmrechte der Partnerunternehmen, (iii) Kapitaleinlagen der Partnerunternehmen, (iv) Gewinnverteilung. Entscheidend ist, dass die vertragliche Vereinbarung sicherstellt, dass keines der Partnerunternehmen eine uneingeschränkte Beherrschung über die Aktivitäten des *Joint Ventures* hat (vgl. IAS 31.11).

Es ist zu beachten, dass die Quotenkonsolidierung nur für die gemeinschaftlich geführten Unternehmen in Betracht kommt. Alternativ kann ein Gemeinschaftsunternehmen auch nach der Equity-Methode in den Konzernabschluss des Mutterunternehmens einbezogen werden (vgl. IAS 31.38).

IAS 31 unterschiedet verschieden Formen von *Joint Ventures*. Neben den gemeinschaftlich geführten Unternehmen sind es die sog. gemeinsamen Tätigkeiten und die Vermögenswerte unter gemeinschaftlicher Führung, die unter den Begriff *Joint Venture* fallen. In beiden Fällen dieser Formen von *Joint Ventures* werden die Aktivitäten nicht in einer eigenständigen rechtlichen Einheit durchgeführt[13]. Bei den gemeinsamen Tätigkeiten verwendet jedes der Partnerunternehmen seine eigenen Vermögenswerte und seine eigenen Vorräte, verursacht

---

12 Das Erfordernis der einstimmigen Zustimmung der die Kontrolle teilenden Parteien (Partnerunternehmen) wurde im Rahmen des *Improvements Project* in den IAS 31 aufgenommen.
13 Vgl. *Brune, J. W//Senger, T.* (2004), S. 597.

seine eigenen Aufwendungen und Schulden und bringt seine eigene Finanzierung auf (vgl. IAS 31.13). Hierbei regelt die vertragliche Vereinbarung zwischen den Partnerunternehmen regelmäßig wie die Erlöse aus dem Verkauf des gemeinsamen Produktes und die gemeinschaftlich anfallenden Aufwendungen zwischen den Partnerunternehmen aufgeteilt werden. Typisches Beispiel ist die gemeinsame Herstellung eines komplexen Produktes, wie zum Beispiel eines Flugzeugs. Jedes der Partnerunternehmen stellt einzelne Komponenten her und trägt dabei seine eigenen Kosten. Gemeinschaftliche Kosten (z.B. der Transport von Komponenten zur Endmontage) und Erlöse werden zwischen den Partnerunternehmen aufgeteilt (vgl. IAS 31.14).

Vermögenswerte unter gemeinschaftlicher Führung sind dadurch gekennzeichnet, dass die Partnerunternehmen gemeinsam an Vermögenswerten beteiligt sind, die in das *Joint Venture* eingebracht wurden oder vom *Joint Venture* erworben wurden (vgl. IAS 31.18). Typisches Beispiel ist die von verschiedenen Unternehmen gemeinsam genutzte Ölpipeline.

2.2.3 Assoziierte Unternehmen

Bei den assoziierten Unternehmen ist der Einfluss noch geringer als bei den Gemeinschaftsunternehmen[14]. Statt *joint control* liegt nur ein maßgeblicher Einfluss vor: die Möglichkeit, an den finanz- und geschäftspolitischen Entscheidungen der Beteiligung mitzuwirken, aber eben nicht Beherrschung oder gemeinsame Führung der Entscheidungsprozesse (vgl. IAS 28.2). Ein maßgeblicher Einfluss wird (widerlegbar) vermutet, wenn der Anteilseigner über 20% oder mehr der Stimmrechte an dem betreffenden Unternehmen verfügt. Assoziierte Unternehmen werden nach der Equity-Methode in den Konzernabschluss einbezogen.

2.2.4 Zweckgesellschaften (Special Purpose Entities)

Leasingfinanzierungen über Objekt- oder Zweckgesellschaften (*Special Purpose Entities*, SPEs, teilweise auch als *Variable Interest Entities*, VIEs, bezeichnet) stellen typische Formen von sog. *Off-Balance-Sheet* Finanzierungen dar[15]. In derartigen Konstruktionen soll durch zielgerichtete Gestaltung des Konsolidierungskreises eine Auslagerung von Vermögenswerten und/oder Schulden auf die (nicht konsolidierten) Zweck- oder Objektgesellschaften stattfinden, um damit z.B. zu einer verbesserten Eigenkapitalquote im Konzernabschluss zu kommen.

---

14 Vgl. *Heurung, R.* (2000a), S. 629.
15 Vgl. *Weber, C./Böttcher, B./Griesemann, G.* (2002), S. 907, IDW RS HFA 2146ff. Zur zukünftigen Entwicklung vgl. auch *Fülbier, R. U./Pferdehirt, H.* (2005), S. 275f.

Eine **typische Fallgestaltung** zur Durchführung eines Leasingvertrags unter Einschaltung einer Objektgesellschaft ist in Abbildung 2-2 dargestellt[16]. Die neu gegründete SPE erwirbt eine Großanlage, die jedoch nicht so individuell auf die Bedürfnisse des Leasingnehmers zugeschnitten ist, dass ein Spezialleasing vorliegen würde. Das Leasingverhältnis ist weiterhin so ausgestaltet, dass unstreitig ein Operating-Leasingverhältnis vorliegt: (i) am Ende der Laufzeit des Leasingverhältnisses kann die SPE den Gegenstand verwerten; (ii) eine Kaufoption wurde nicht vereinbart; (iii) die Laufzeit des Leasingverhältnisses beträgt weniger als der überwiegende Teil der wirtschaftlichen Nutzungsdauer des Leasinggegenstandes; (iv) der Barwert der Mindestleasingzahlungen beträgt zu Beginn des Leasingverhältnisses weniger als der beizulegende Zeitwert der Großanlage. Zur Finanzierung des Kaufpreises wird die SPE vom Leasingnehmer mit Eigenkapital und vom Investor (typischerweise ein Kreditinstitut) mit Eigen- und Fremdkapital ausgestattet. Die Einlage der Gesellschafter deckt 10% der Finanzierungssumme ab und wird zu 90% vom Leasingnehmer und zu 10% vom Investor aufgebracht. Im Gegensatz zur Gewinnverteilung, die sich an der Beteiligungsquote orientiert, stehen dem Investor 90% der Stimmrechte und dem Leasingnehmer nur 10% der Stimmrechte zu. Den Rest der erforderlichen Finanzierungssumme gewährt der Investor als Fremdkapital. Die Großanlage wird sicherungsübereignet. Der Zweck der Gesellschaft (Vermietung der Großanlage an den Leasingnehmer) kann nicht geändert werden.

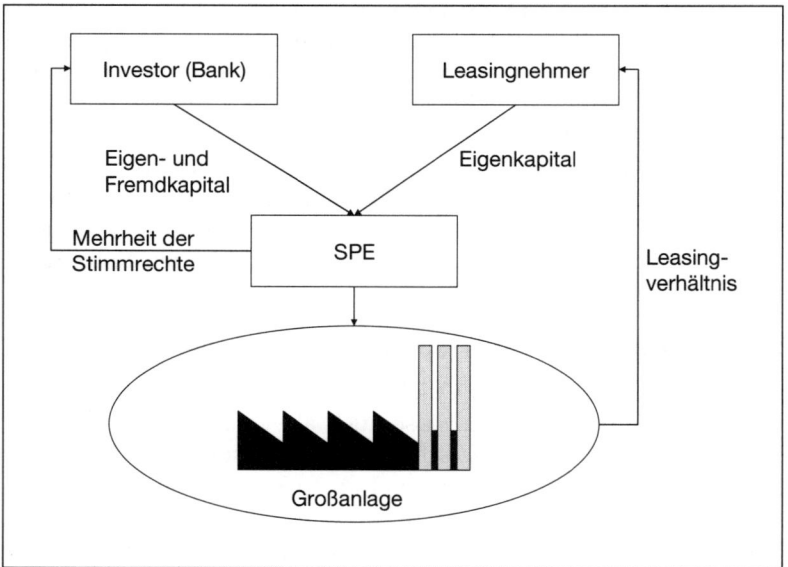

Quelle: *Hayn, S./Grüne, M.* (2004), S. 14

Abbildung 2-2: Typische Zweckgesellschaftskonstruktion auf der Basis eines sale-and-lease-back

16 Vgl. *Hayn, S./Grüne, M.* (2004), S. 13f.

Im dargestellten Sachverhalt liegt annahmegemäß ein Operating-Leasingverhältnis vor. Gem. IAS 17.41 wird die Großanlage durch den Leasinggeber (die Objekt- oder Zweckgesellschaft) aktiviert. Die SPE passiviert auch die zur Finanzierung des Kaufpreises erforderliche Fremdkapitalaufnahme. Der Leasingnehmer erfasst die Leasingzahlungen als Aufwand in der Gewinn- und Verlustrechung und zwar grundsätzlich linear verteilt über die Laufzeit des Leasingverhältnisses (vgl. IAS 17.25). Zusätzlich hat der Leasingnehmer bestimmte Angaben im Konzernanhang zu machen, u.a. (vgl. IAS 17.27): (i) die Summe der künftigen Mindestleasingzahlungen auf Grund von unkündbaren Operating-Leasingverhältnissen aufgeteilt nach Fälligkeiten; (ii) die Summe der erwarteten Mindestleasingzahlungen aus unkündbaren Untervermietverhältnissen; (iii) eine allgemeine Beschreibung der wesentlichen Leasingvereinbarungen (Grundlage der Festlegung bedingter Mietzahlungen, Bestehen und Bestimmungen von Mietverlängerungs- und Kaufoptionen; *financial covenants*, z.B. Beschränkungen, die Gewinnausschüttungen, weitere Verschuldung oder die Zulässigkeit weiterer Leasingverhältnisse betreffen).

Dennoch leuchtet unmittelbar ein, dass sich die wirtschaftliche Betrachtung der dargestellten Transaktionsstruktur von deren formalrechtlicher Sicht grundlegend unterscheidet. Insoweit bestehen in der Tat mehr als begründete Zweifel, die Auslagerung von Vermögenswerten und Schulden aus der Bilanz des Leasingnehmers zu bejahen (siehe auch Rahmenkonzept R.35). Es stellt sich die Frage, ob nicht Vermögenswerte und Schulden der SPE gegebenenfalls durch Vollkonsolidierung der SPE durch den Leasingnehmer in die Bilanz des Leasingnehmers aufzunehmen sind.

Eine Vollkonsolidierung könnte nach IAS 27 verlangt sein, wenn es sich bei der SPE um ein Tochterunternehmen handeln würde. Wie oben dargestellt, sind Tochterunternehmen dadurch definiert, dass sie vom Mutterunternehmen beherrscht werden (vgl. IAS 27.6), d.h. bei denen das Mutterunternehmen über die Mehrheit der Stimmrechte verfügt (vgl. IAS 27.12) oder bei denen das Mutterunternehmen zwar nicht über die Mehrheit der Stimmrechte verfügt, aber z.B. kraft Satzungsbestimmung das Recht inne hat, die Finanz- und Geschäftspolitik eines Unternehmens zu bestimmen oder die Mitglieder des Leitungsorgans zu ernennen oder abzusetzen (vgl. IAS 27.12a bzw. IAS 27.12c).

Im vorliegenden **Fall** stehen dem mit 90% am Eigenkapital der SPE beteiligten Leasingnehmer nur 10% der Stimmrechte zu. Aber selbst wenn die weiteren, in IAS 27.12 genannten Bedingungen nicht vorliegen sollten, kann man dennoch sehen, dass die Objektgesellschaft faktisch vom Leasingnehmer beherrscht wird: der einzige Gesellschaftszweck (Vermietung der Großanlage an den Leasingnehmer) ist ja unveränderlich. Zudem stehen dem Leasingnehmer 90% des von der SPE erwirtschafteten Ergebnisses zu.

Zur Anwendung der wirtschaftlichen Betrachtungsweise legt SIC-12 unterschiedliche Kriterien fest, anhand derer die ökonomische Kontrolle der Objektgesellschaft zu bestimmen ist. Zunächst wird konkretisiert, dass die Beherrschung einer Objektgesellschaft auch durch die Vorherbestimmung der Geschäftstätigkeit (sog. „Autopilot") erreicht werden kann. Zudem ist auch in den Fällen, in denen ein Leasingnehmer wenig oder sogar überhaupt kein Eigenkapital der SPE hält, bei Vorliegen eines der folgenden Tatbestände von einer Beherrschung der SPE durch den Leasingnehmer auszugehen (vgl. SIC-12.10)[17]: (i) bei wirtschaftlicher Betrachtung wird die Geschäftstätigkeit der SPE zu Gunsten des Leasingnehmers geführt. Dieser zieht den Nutzen aus der Geschäftstätigkeit der SPE. Im dargestellten Fall ist dieses Kriterium erfüllt, denn die SPE ist hauptsächlich damit beschäftigt, dem Leasingnehmer Finanzmittel für die Finanzierung der vom Leasingnehmer genutzten Großanlage zu beschaffen. (ii) Bei wirtschaftlicher Betrachtung zieht der Leasingnehmer die Mehrheit des Nutzens aus der Geschäftstätigkeit der SPE oder hat durch die Einrichtung eines Autopilot-Mechanismus dafür gesorgt, dass er auch ohne unmittelbare Entscheidungsmacht in den Genuss der Mehrheit des Nutzens kommt. Im vorliegenden Fall besteht der Autopilot-Mechanismus in der unveränderbaren Satzungsbestimmung, die vorsieht, dass die Großanlage nur dem Leasingnehmer vermietet werden darf. (iii) Bei wirtschaftlicher Betrachtung verfügt der Leasingnehmer über das Recht, die Mehrheit des Nutzens aus der SPE zu ziehen[18] und ist deshalb unter Umständen Risiken ausgesetzt, die mit der Geschäftstätigkeit der SPE verbunden sind. Hier beträgt der Anteil des Leasingnehmers am Gewinn der Objektgesellschaft 90%, d. h. der Leasingnehmer partizipiert mehrheitlich sowohl am laufenden Periodenergebnis wie auch an der Auskehrung im Fall der Liquidation der SPE. (iv) Bei wirtschaftlicher Betrachtung behält der Leasingnehmer die Mehrheit der mit der SPE verbundenen Residual- oder Eigentumsrisiken oder Vermögenswerte, um Nutzen aus der SPE-Tätigkeit zu ziehen. Im dargestellten Fall ist der Investor ausschließlich Kreditgeber, denn er ist Gewinnen und Verlusten aus der SPE nur begrenzt (mit maximal 10%) ausgesetzt. Die Risiken aus der SPE liegen mehrheitlich beim Leasingnehmer.

Somit liegt nach SIC-12 in unserem Fall tatsächlich eine Beherrschung der Objektgesellschaft durch den Leasingnehmer vor. D. h. die Objekt-

---

17 Vgl. auch *Schruff, W./Rothenburger, M.* (2002), S. 761 f., *Helmschrott, H.* (1999), S. 1869; *Helmschrott, H.* (2000), S. 427.
18 Vgl. *Brakensiek, S./Küting, K.* (2002), S. 215.

gesellschaft ist in den Konsolidierungskreis des Leasingnehmers aufzunehmen und trotz Vorliegens eines Operating-Leasingverhältnisses
werden im Konzernabschluss des Leasingnehmers sowohl die Großanlage als auch die Schulden gegenüber dem Investor ausgewiesen. Im
Rahmen der Konsolidierung (vgl. IAS 27.17) sind die beim Leasingnehmer erfassten Aufwendungen aus Mietzahlungen sowie die von
der SPE realisierten Erträge zu eliminieren. Aufwandswirksam werden ausschließlich die planmäßigen Abschreibungen der Großanlage
(vgl. IAS 16.41) sowie die an den Investor gezahlten Zinsen.

2.3 Prozess der Konzernabschlusserstellung

Der Konzernabschluss wird aus den Einzelabschlüssen aller in den
Konzern einbezogenen Unternehmen abgeleitet. Die Einzelabschlüsse
werden in einem Summenabschluss zusammengefasst, der die
Grundlage der eigentlichen Konsolidierungsmaßnahmen (Kapitalkonsolidierung, Schuldenkonsolidierung, Aufwands- und Ertragseliminierung und Zwischengewinneliminierung sowie Abgrenzung
latenter Steuern) bildet.

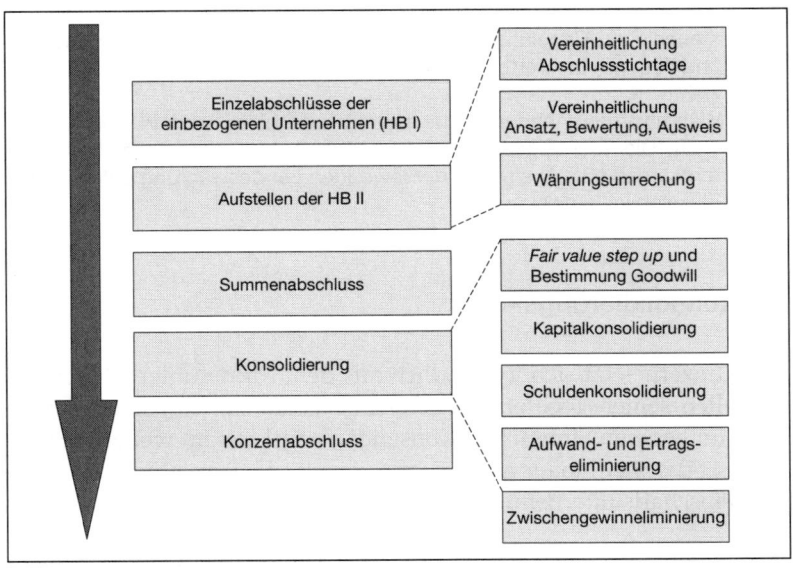

Quelle: nach *Baetge, J./Kirsch, H.-J./Thiele*, S. (2004), S. 149

Abbildung 2-3: Prozess der Konzernabschlusserstellung

Die lokal aufgestellten Einzelabschlüsse müssen vor der Zusammenfassung im Summenabschluss allerdings erst vereinheitlicht werden.

Folgende **Beispiele** verdeutlichen diese Notwendigkeit:
(i) unterschiedliche Abschlussstichtage – das Mutterunternehmen stellt einen Konzernabschluss auf den 31. Dezember eines Jahres auf; das Tochterunternehmen T GmbH hat ein vom Kalenderjahr abweichendes Geschäftsjahr.
(ii) Ansatz von Vermögenswerten – das Mutterunternehmen stellt einen IFRS-konformen Konzernabschluss auf, in dem selbstgeschaffene immaterielle Vermögenswerte unter den Voraussetzungen von IAS 38 zu aktivieren sind; im Einzelabschluss nach HGB der T GmbH werden selbstgeschaffene immaterielle Vermögensgegenstände gem. § 248 Abs. 2 HGB nicht aktiviert.
(iii) Ansatz von Schulden – das Mutterunternehmen stellt einen IFRS-konformen Konzernabschluss auf, in dem Rückstellungen unter den Voraussetzungen von IAS 37 zu passivieren sind; das Tochterunternehmen setzt im Einzelabschluss auch Aufwandsrückstellungen an (§ 249 Abs. 2 HGB).
(iv) Bewertung von Vermögenswerten – das Mutterunternehmen bewertet Finanzinstrumente gem. IAS 39 mit dem beizulegenden Zeitwert; das Tochterunternehmen verwendet die Anschaffungskosten als Wertobergrenze (§ 253 Abs. 1 Satz 1 HGB).
(v) Bewertung von Schulden – das Mutterunternehmen bewertet Pensionsrückstellungen gem. IAS 19 nach dem Anwartschaftsbarwertverfahren (projected unit credit method) und mit einem auf der Basis von IAS 19.78 bestimmten Rechnungszins während die Tochter die steuerlichen Regelungen des § 6 a EStG (Teilwertverfahren) verwendet und für die Barwertermittlung einen Rechnungszins von 6% heranzieht.
(vi) Währungsumrechnung – der Konzernabschluss wird in Euro aufgestellt. Die Tochtergesellschaften berichten gegenüber dem Mutterunternehmen mittels eines in der jeweiligen Landeswährung aufgestellten Einzelabschlusses.

2.4 Konsolidierungskreis

Ein Konzern setzt sich letztendlich aus dem Mutterunternehmen sowie allen seinen Tochterunternehmen zusammen (Konsolidierungskreis im engeren Sinne). Der Konsolidierungskreis im weiteren Sinne umfasst darüber hinaus auch die assoziierten Unternehmen sowie die Gemeinschaftsunternehmen.

Bei assoziierten Unternehmen und bei Gemeinschaftsunternehmen ist der Einfluss des Mutterunternehmens geringer, so dass eine Vollkonsolidierung nicht in Betracht kommt. Bei den Beteiligungen ist der Einfluss am geringsten, diese stellen im Konzernabschluss Finanzinstrumente dar, die nach den Regeln von IAS 39 zu bilanzieren sind. Die Darstellung in Abbildung 2-4 verdeutlicht dies.

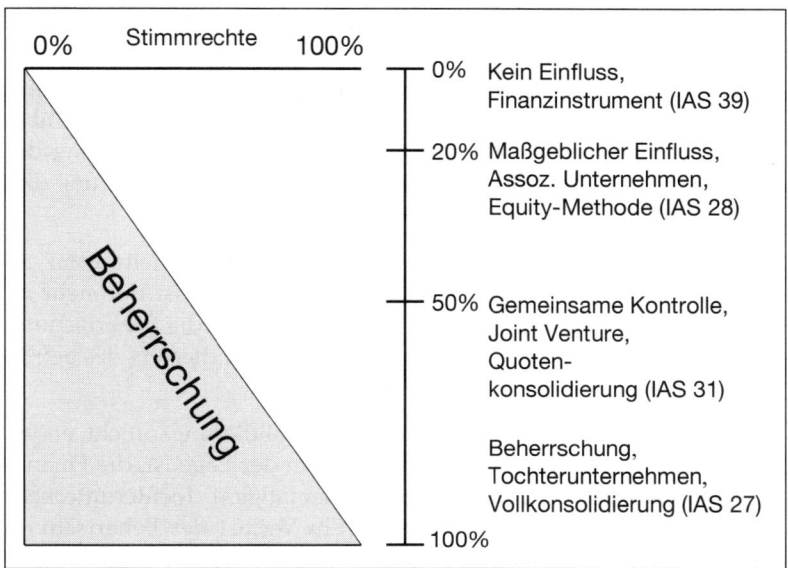

Abbildung 2-4: Konsolidierungskreis

Abweichende Geschäftätigkeiten begründen explizit kein Einbeziehungsverbot (vgl. IAS 27.20). Der IASB sieht in der Vollkonsolidierung bei gleichzeitiger Angabe zusätzlicher Informationen über die abweichende Geschäftätigkeit[19] eine deutlich höhere Transparenz als im Fall der Nichtkonsolidierung.

Allerdings sah IAS 27 in der vor dem *Improvements Project* gültigen Version in zwei Fällen einen Ausschluss von der Konsolidierung vor. Gem. 27.13 a (i. d. F. 2000) war ein Tochterunternehmen von der Konsolidierung auszuschließen, wenn eine Beherrschung nur vorübergehend begründet wurde, weil das Tochterunternehmen ausschließlich zum Zweck der Weiterveräußerung in naher Zukunft erworben und gehalten wurde. Nach IAS 27.13 b (i. d. F. 2000) war ein Tochterunternehmen von der Vollkonsolidierung auszuschließen, wenn es unter erheblichen und langfristigen Beschränkungen tätig war, die seine Fähigkeit zum Finanzmitteltransfer an das Mutterunternehmen wesentlich beeinträchtigen. Im Rahmen des *Improvements Project* wurde IAS 27.13 (i. d. F. 2000) gestrichen. Bei Tochterunternehmen, die ausschließlich mit dem Ziel der Weiterveräußerung in naher Zukunft[20]

---

19 Beispielsweise im Rahmen der Segmentberichterstattung nach IAS 14.
20 Darunter ist keinesfalls ein Zeitraum von fünf Jahren zu verstehen. Vielmehr ist die Ausnahme restriktiv anzuwenden, d. h. der Zeitraum innerhalb dessen die Veräußerung stattfinden hat, liegt bei zwölf Monaten. Darüber hinaus muss

erworben wurden, ist IFRS 5 anzuwenden[21]. Dennoch sind auch solche Tochterunternehmen zunächst zu konsolidieren, bis die Beherrschung durch das Mutterunternehmen tatsächlich endet. Gleiches gilt für Tochterunternehmen, die bislang in den Konzernabschluss einbezogen wurden und jetzt veräußert werden sollen. Die Erfüllung der Voraussetzungen des IFRS 5 begründet keine Endkonsolidierung dieser Tochterunternehmen.

Soweit Beschränkungen bestehen, die den Finanzmitteltransfer an das Mutterunternehmen wesentlich beeinträchtigen, ist nunmehr zu beurteilen, ob überhaupt Beherrschung vorliegt. Ist die Beherrschung allerdings dennoch gegeben, hat auch eine Konsolidierung des betreffenden Tochterunternehmens zu erfolgen.

Die Beherrschung, und damit auch die Konsolidierungspflicht, endet, wenn ein Mutterunternehmen nicht mehr in der Lage ist, die Finanz- und Geschäftspolitik des (nunmehr ehemaligen) Tochterunternehmens zu bestimmen (vgl. IAS 27.21). Ein Verlust der Beherrschung kann durch einen mit einer Anteilsveräußerung einhergehenden Verlust der Stimmrechtsmehrheit begründet sein. Der Verlust der Beherrschung ist aber nicht auf Änderungen der absoluten oder relativen Eigentumsverhältnisse beschränkt. Befindet sich das Tochterunternehmen unter der Zwangsverwaltung einer staatlichen Behörde, eines Gerichts oder einer Aufsichtsbehörde liegt ebenfalls regelmäßig ein Verlust der Beherrschung vor.

2.5 Konzerneinheitlicher Abschlussstichtag

Grundsätzlich sollen der für die Erstellung des Konzernabschlusses verwendete Abschluss des Mutterunternehmens und die verwendeten Abschlüsse der Tochterunternehmen zu einem einheitlichen Abschlussstichtag erstellt werden (IAS 27.26). Wenn die Abschlussstichtage des Mutterunternehmens und eines Tochterunternehmens dennoch voneinander abweichen, hat das Tochterunternehmen zum Abschlussstichtag des Mutterunternehmens zusätzlich einen Zwischenabschluss zu erstellen, es sei denn, dies ist „undurchführbar". Sofern der Abschlussstichtag eines in den Konzernabschluss einbezogenen Abschlusses eines Tochterunternehmens von dem des Mutterunternehmens abweicht, ist dieser Abschluss bei Vorliegen von

---

das Management nachweislich aktiv nach einem Käufer suchen; vgl. IAS 27.BC19.
21 Vgl. *Ruhnke, K./Schmidt, M./Seidel, T.* (2004), S. 2232.

bedeutsamen Transaktionen und Ereignissen zwischen den Abschlussstichtagen anzupassen. In keinem Fall darf die Abweichung zwischen den Bilanzstichtagen mehr als drei Monate betragen (vgl. IAS 27.27).

Entsprechendes gilt auch für Gemeinschaftsunternehmen (vgl. IAS 31.33). Bei assoziierten Unternehmen ist der Equity-Methode jeweils der letzte verfügbare Abschluss des assoziierten Unternehmens zugrunde zu legen. Weichen die Abschlussstichtage des Anteilseigners und des assoziierten Unternehmens voneinander ab, muss das assoziierte Unternehmen einen Zwischenabschluss auf den Stichtag des Anteilseigners aufstellen, der dem Anteilseigner zur Verfügung gestellt wird, es sei denn, dies ist aus Praktikabilitätsgründen nicht durchführbar (vgl. IAS 28.24). Wenn also dennoch Abschlüsse mit unterschiedlichen Abschlussstichtagen verwendet werden, sind Berichtigungen für die Auswirkungen aller bedeutenden Transaktionen oder Ereignisse vorzunehmen, die zwischen dem Bilanzstichtag des assoziierten Unternehmens und dem Bilanzstichtag des Anteilseigners auftreten. In keinem Fall dürfen die Abschlussstichtage mehr als drei Monate voneinander abweichen. Nach dem Grundsatz der Stetigkeit haben die Länge der Berichtsperioden und die Abweichung zwischen den Abschlussstichtagen im Zeitablauf gleich zu bleiben (vgl. IAS 28.25).

2.6 Konzerneinheitliche Bilanzierung und Bewertung

Nach IAS 27.4 wird ein Konzernabschluss so aufgestellt, als ob es sich bei den einbezogenen Unternehmen um ein einziges Unternehmen handeln würde. Damit wird deutlich, dass bei der Aufstellung eines Konzernabschlusses für ähnliche Geschäftsvorfälle und andere Ereignisse unter vergleichbaren Umständen einheitliche Bilanzierungs- und Bewertungsmethoden anzuwenden sind (IAS 27.28).

Eine Ausnahme, nach der die Anwendung einheitlicher Bilanzierungs- und Bewertungsmethoden nicht verpflichtend ist, wenn sich dies nicht durchführen lässt, existiert nach IAS 27 und IAS 28 nicht. Da IAS 31 in diesem Punkt auf IAS 27 verweist, gilt dies entsprechend auch für gemeinschaftlich geführte Einheiten. Nach IAS 28 sind sachgerechte Berichtigungen im Abschluss des assoziierten Unternehmens vorzunehmen, wenn die Bilanzierungs- und Bewertungsmethoden des assoziierten Unternehmens von denen des Anteilseigners abweichen.

Tochterunternehmen, Gemeinschaftsunternehmen und assoziierte Unternehmen müssen also ihren gegebenenfalls nach lokalen Grundsätzen aufgestellten Einzelabschluss auf einen IFRS-konformen Abschluss überleiten, der die Grundlage der Konsolidierung bildet: Erstellt werden muss die bereits erwähnte Handelsbilanz II. Insbesondere bei den assoziierten Unternehmen kann dieses Erfordernis mit Schwierigkeiten verbunden sein.

Dies mag das folgende **Beispiel** verdeutlichen: Eine deutsche Muttergesellschaft, die einen IFRS-Konzernabschluss aufstellt, hält 22% an einer spanischen Gesellschaft, die ihren gesetzlichen Verpflichtungen dann nachgekommen ist, wenn sie ihren lokalen Einzelabschluss nach den spanischen Rechnungslegungsgrundsätzen aufstellt. In diesem Fall muss die spanische Gesellschaft als assoziiertes Unternehmen der deutschen Muttergesellschaft dennoch mit IFRS-Zahlen in den Konzernabschluss der deutschen Konzernmutter einbezogen werden. Ist die deutsche Konzernmutter nicht in der Lage, die erforderlichen Informationen zu erhalten, stellt sich zwar grundsätzlich die Frage, ob überhaupt von maßgeblichem Einfluss auszugehen ist, d. h. ob eine Einbeziehung nach der Equity-Methode überhaupt in Frage kommt oder ob nicht die Regeln von IAS 39 zur Anwendung kommen. Allerdings führt allein das Argument, dass das assoziierte Unternehmen keine IFRS-Zahlen liefern will, nicht zur Widerlegung eines maßgeblichen Einflusses. Diesbezüglich sind die allgemeinen Kriterien nach IAS 28 heranzuziehen. Im Zweifel muss das investierende Unternehmen anhand von separaten Daten eines Management-Informations-Systems eigenständige Anpassungsbuchungen vornehmen.

2.7 Währungsumrechnung im Konzern

Sofern in den Konzernabschluss ausländische Gesellschaften einbezogen werden, sind deren Abschlüsse, die zumeist in der lokalen Währung des Sitzlandes der jeweiligen Gesellschaft aufgestellt sind, in die Darstellungswährung des Konzernabschlusses umzurechnen. Dies betrifft vollkonsolidierte Tochterunternehmen, quotenkonsolidierte Gemeinschaftsunternehmen und die nach der Equity-Methode einbezogenen assoziierten Unternehmen (vgl. IAS 21.44[22]).

2.7.1 Grundsätzliches

IAS 21 verfolgt das Konzept der funktionalen Währung, die als die Währung des primären Wirtschaftsumfelds, in dem das Unternehmen tätig ist, definiert wird (vgl. IAS 21.8). Davon zu unterscheiden ist die sog. Darstellungswährung, d.h. die Währung, in der der Ab-

---

[22] IAS 21 ist auch der relevante Standard, wenn es um die Umrechnung von Fremdwährungstransaktionen geht.

schluss veröffentlicht wird. Während die Darstellungswährung frei gewählt werden kann, ist dies für die funktionale Währung nicht der Fall[23].

2.7.1.1 Bestimmung der funktionalen Währung

Wenn das bilanzierende Unternehmen bei der Wahl der funktionalen Währung nicht frei ist, stellt sich die Frage, wie die funktionale Währung bestimmt werden muss, d.h. wie das primäre wirtschaftliche Umfeld, in dem ein Unternehmen auftritt, zu ermitteln ist. Folgende Faktoren sind dabei zu berücksichtigen (vgl. IAS 21.9f.): (i) die Währung, die die Verkaufspreise maßgeblich beeinflusst sowie die Währung des Landes, dessen Wettbewerbs- und gesetzliche Rahmenbedingungen die Verkaufspreise maßgeblich beeinflussen; (ii) die Währung, die Personal- und Materialaufwand sowie andere Kosten zur Herstellung von Produkten oder Erbringung von Dienstleistungen maßgeblich beeinflusst; (iii) die Währung, in der sich die Gesellschaft refinanziert; (iv) die Währung, in der Einnahmen aus operativer Tätigkeit erzielt werden.

Folgende weitere Überlegungen werden bei der Bestimmung der funktionalen Währung eines ausländischen (Tochter-)Unternehmens und bei der Beantwortung der Frage, ob dessen funktionale Währung mit der des Mutterunternehmens übereinstimmt herangezogen (vgl. IAS 21.11): (i) ob die Aktivitäten des ausländischen Unternehmens als Erweiterung des Mutterunternehmens oder eher mit einem gewissen Grad an Autonomie ausgeführt werden; (ii) ob die Geschäftsvorfälle mit dem Mutterunternehmen einen hohen oder einen geringen Anteil an den Aktivitäten des ausländischen Unternehmens repräsentieren; (iii) ob Zahlungsmittelzu- und -abflüsse aus dem ausländischen Unternehmen die Zahlungsmittelzu- und -abflüsse des Mutterunternehmens direkt beeinflussen; (iv) ob Zahlungsmittelzu- und -abflüsse aus den Aktivitäten des ausländischen Unternehmens ausreichen, um bestehenden oder üblichen, voraussichtlich anfallenden Schuldverpflichtungen nachzukommen, ohne dass das Mutterunternehmen hierfür Finanzmittel zur Verfügung stellt.

Sofern die angeführten Indikatoren zu unterschiedlichen Ergebnissen führen und die funktionale Währung nicht eindeutig bestimmt werden kann, hat das Management im Rahmen seines Beurteilungsspielraums die Währung als funktionale Währung zu bestimmen, die am

---

23 Die funktionale Währung kann nur dann geändert werden, wenn sich die der Bestimmung zugrunde liegenden Determinanten geändert haben (vgl. IAS 21.13).

verlässlichsten die wirtschaftlichen Effekte der zugrunde liegenden Transaktionen, Geschäftsvorfälle und Bedingungen widerspiegelt. Hierbei hat das Management zunächst die in IAS 21.9 genannten Indikatoren zu berücksichtigen, bevor die in IAS 21.10 f. genannten Faktoren herangezogen werden.

Zusammenfassend kann festgehalten werden, dass mit abnehmendem Grad an Selbstständigkeit des ausländischen Tochterunternehmens die Wahrscheinlichkeit zunimmt, dass dessen funktionale Währung mit der funktionalen Währung des Mutterunternehmens übereinstimmt. Umgekehrt nimmt mit steigendem Grad an Autonomie des Tochterunternehmens die Wahrscheinlichkeit zu, dass die funktionale Währung des betreffenden ausländischen Tochterunternehmens von der funktionalen Währung des Mutterunternehmens abweicht.

Das Konzept der funktionalen Währung sieht zur Währungsumrechnung der Abschlüsse ausländischer Tochterunternehmen zwei Methoden vor: (i) die Zeitbezugsmethode und (ii) die modifizierte Stichtagskursmethode. Die Zeitbezugsmethode kommt bei den ausländischen Tochtergesellschaften zur Anwendung, deren lokale Währung zwar von der funktionalen Währung des Konzerns abweicht, deren funktionale Währung aber die des Konzerns ist. Der in lokaler Währung aufgestellte Abschluss der ausländischen Tochtergesellschaft wird dann so umgerechnet, als wären die Transaktionen bereits originär in der funktionalen Währung des Konzerns erfasst worden. Die modifizierte Stichtagskursmethode hingegen wird verwendet, um die Abschlüsse derjenigen ausländischen Tochterunternehmen umzurechnen, deren funktionale Währung mit ihrer lokalen Währung übereinstimmt, von der des Konzerns jedoch abweicht. Die beiden Verfahren werden nachfolgend genauer erläutert.

2.7.1.2 Zeitbezugsmethode

Gründet eine deutsche M AG, deren funktionale Währung der Euro ist, in Kanada eine rechtlich selbstständige Gesellschaft, deren Geschäftstätigkeit im Wesentlichen darin besteht, Waren von der M AG zu importieren, auf dem kanadischen Markt zu vertreiben und die erzielten Einnahmen an die M AG zu überweisen, so wird die funktionale Währung der kanadischen Tochter auch der Euro sein (vgl. IAS 21.11). Die kanadische Tochter ist eine reine Vertriebsgesellschaft und stellt einen erweiterten Bestandteil der deutschen M AG dar. Die von ihr in kanadischen Dollar abgewickelten Transaktionen sind daher genauso in Euro umzurechnen, als wenn die M AG die Transaktionen selbst vorgenommen hätte (Zeitbezugsmethode). Bei einem derartigen Ausmaß der Integration des Tochterunternehmens in das Mutterunternehmen kann es aus Konzernsicht wirtschaftlich keinen Unterschied machen, ob das Tochterunternehmen in die Transaktion eingeschaltet war oder nicht.

Für die Umrechnung des Abschlusses des kanadischen Tochterunternehmens sind daher die Regeln des IAS 21.20f. anzuwenden: führt ein Unternehmen seine Bücher in einer anderen Währung als seiner funktionalen Währung sind bei der Erstellung seines Abschlusses alle Beträge gem. IAS 21.20–26 (Regeln zur Umrechnung von Fremdwährungsgeschäften) in die funktionale Währung umzurechnen. Monetäre Posten werden mit dem Kurs am Abschlussstichtag umgerechnet; nicht monetäre Posten, die zu historischen Anschaffungs- oder Herstellungskosten bewertet werden, werden mit dem Wechselkurs am Tag des Geschäftsvorfalls der zu ihrer Erfassung geführt hat, in die funktionale Währung umgerechnet (vgl. IAS 21.34).

Monetäre Posten sind neben den im Besitz befindlichen Währungseinheiten die Vermögenswerte und Schulden, für die das Unternehmen eine feste oder bestimmbare Anzahl von Währungseinheiten erhält oder bezahlen muss (vgl. IAS 21.16; z.B. Pensionsverpflichtungen, Forderungen aus Lieferungen und Leistungen). Nicht monetäre Posten zeichnen sich dadurch aus, dass sie eben nicht mit einem Recht auf Erhalt (oder Verpflichtung zur Bezahlung) einer festen oder bestimmbaren Anzahl von Währungseinheiten verbunden sind (z.B. geleistete Anzahlungen, erhaltene Anzahlungen, Vorräte, Sachanlagen, Geschäfts- oder Firmenwert, immaterielle Vermögenswerte).

In der Gewinn- und Verlustrechnung werden die Aufwendungen und Erträge mit den historischen Kursen zum Zeitpunkt der jeweiligen Transaktion umgerechnet. Wertänderungen von Vermögenswerten (beispielsweise planmäßige Abschreibungen) werden mit demselben Kurs umgerechnet, wie der zugehörige Vermögenswert. Aus Vereinfachungsgründen kann die Umrechnung auf der Basis von Durchschnittskursen erfolgen, jedoch ist die Verwendung von Durchschnittskursen nicht angemessen, wenn die Wechselkurse starken Schwankungen unterliegen (vgl. IAS 21.21).

> Die Vorgehensweise bei der Zeitbezugsmethode kann anhand des nachfolgenden **Beispiels** erläutert werden: Unterstellt sei dabei die M AG, die in Kanada eine Vertriebsgesellschaft (CAN Inc.) gegründet hat. Funktionale Währung im Konzern ist der Euro. Der Euro ist auch die funktionale Währung der kanadischen Tochtergesellschaft, die ihre lokalen Bücher aller-

dings in CAD führt. Die folgenden Transaktionen seien angenommen: die M AG stattet die CAN Inc. am Tag der Gründung (1. Januar 2005) durch Bareinlage von 50.000 € mit Eigenkapital aus. Am 2. Januar 2005 erwirbt die CAN Inc. Sachanlagen im Wert von 50.000 € mit einer Nutzungsdauer von 4 Jahren. Am 31. März 2005 erwirbt die CAN Inc. von der M AG Vorräte im Wert von 500.000 €, die am 30. September 2005 zur Hälfte verkauft werden (Verkaufspreis 490.000 CAD). Der Zahlungseingang im November 2005 wurde am 31. Dezember 2005 noch nicht dazu verwendet, die Verbindlichkeiten gegenüber der M AG zu tilgen. Der Wechselkurs soll sich wie folgt entwickeln:

Datum	CAD	EUR
01. 01. 2005	1,50	1
31. 03. 2005	1,25	1
30. 09. 2005	1,40	1
31. 12. 2005	1,75	1

Tabelle 2-1: Beispiel zur Zeitbezugsmethode (I)

Die in lokaler Währung (CAD) aufgestellte Bilanz der CAN Inc. sieht zum 31. Dezember 2005 wie folgt aus:

	CAD
Bankguthaben	490.000
Vorräte [500.000 € * 1,25 CAD/€ * 50%]	312.500
Sachanlagen (nach Abschreibung) [50.000 € * 1,50 CAD/€ * 0,75]	56.250
Summe Aktiva	**858.750**
Eigenkapital	
Gezeichnetes Kapital [50.000 € * 1,50 CAD/€]	75.000
Jahresfehlbetrag	(91.250)
Verbindlichkeiten [500.000 € * 1,75 CAD/€]	875.000
Summe Passiva	**858.750**

Tabelle 2-2: Beispiel zur Zeitbezugsmethode (II)

Die in lokaler Währung (CAD) aufgestellte Gewinn- und Verlustrechnung ist in der folgenden Tabelle dargestellt.

	CAD
Umsatzerlöse	490.000
Wareneinsatz [500.000 € * 1,25 CAD/€ * 50%]	(312.500)
Abschreibungen [50.000 € * 1,50 CAD/€ * 25%]	(18.750)
Währungsverlust EUR-Schulden [500.000 € * (1,75–1,25) CAD/€]	(250.000)
Jahresfehlbetrag	**(91.250)**

Tabelle 2-3: Beispiel zur Zeitbezugsmethode (III)

Die Umrechnung des lokalen Abschlusses in die funktionale Währung des M-Konzerns auf Basis der Zeitbezugsmethode wird in der nachfolgenden Tabelle dargestellt.

	CAD	CAD/EUR	EUR
Bankguthaben	490.000	1,75	280.000
Vorräte	312.500	1,25	250.000
Sachanlagen (nach Abschreibung)	56.250	1,50	37.500
Summe Aktiva	**858.750**		**567.500**
Eigenkapital			
Gezeichnetes Kapital	75.000	1,50	50.000
Jahresfehlbetrag/ -überschuss	(91.250)	–	17.500
Verbindlichkeiten	875.000	1,75	500.000
Summe Passiva	**858.750**		**567.500**
Umsatzerlöse	490.000	1,40	350.000
Wareneinsatz	(312.500)	1,25	(250.000)
Abschreibungen	(18.750)	1,50	(12.500)
Währungsverlust CAN Inc.	(250.000)	–	–
Währungsverlust			(70.000)
Jahresüberschuss	**(91.250)**		**17.500**

Tabelle 2-4: Beispiel zur Zeitbezugsmethode (IV)

Der Währungsverlust bezieht sich auf eine konzerninterne Verbindlichkeit. Aus Konzernsicht ist kein Währungsverlust entstanden. Deswegen werden die 250.000 CAD für Umrechnungszwecke in die Gewinn- und Verlustrechnung der CAN Inc. wieder storniert. Andererseits ist zu berücksichtigen, dass aus Sicht der M AG die 490.000 CAD Zahlungsmittel durch den Kursverfall des CAD auch an Wert verloren haben. Der gesamte Währungsverlust kann aus der Saldenliste der CAN Inc. ermittelt werden. Dabei wird die von der CAN Inc. im Einzelabschluss berücksichtigte (und aus Konzernsicht irrelevante) Erhöhung der CAD-Verbindlichkeit für das EUR-Darlehen der M AG wieder nicht berücksichtigt.

	CAD		CAD/ EUR	EUR	
	Soll	Haben		Soll	Haben
Bankguthaben	490.000		1,75	280.000	
Vorräte	312.500		1,25	250.000	
Sachanlagen (nach Abschreibung)	56.250		1,50	37.500	
Gezeichnetes Kapital		75.000	1,5		50.000
Verbindlichkeiten		625.000	–		500.000
Umsatzerlöse		490.000	1,40		350.000
Wareneinsatz	312.500		1,25	250.000	
Abschreibungen	18.750		1,50	12.500	
Summe	**1.190.000**	**1.190.000**		**830.000**	**900.000**
Differenz (Aufwand)				70.000	

Tabelle 2-5: Beispiel zur Zeitbezugsmethode (V)

Stellt man die Saldenliste der CAN Inc. vor und nach Währungsumrechnung einander gegenüber, zeigt sich nach Währungsumrechnung eine Differenz von 70.000 €. Um diese Differenz übersteigen nach Währungsumrechnung die Habenpositionen die Sollpositionen. Es ist daher ein Währungsverlust in Höhe von 70.000 € aus der Währungsumrechnung zu berücksichtigen.

2.7.1.3 Modifizierte Stichtagskursmethode

Bei der Umrechnung des Abschlusses eines weitgehend selbstständigen ausländischen Unternehmens zur Einbeziehung in den Abschluss des Mutterunternehmens ist die sog. modifizierte Stichtagskursmethode anzuwenden. Dabei sind für die Umrechnung des in lokaler Währung aufgestellten Abschlusses in die funktionale Währung des Mutterunternehmens die folgenden Schritte vorzunehmen (vgl. IAS 21.39): (i) Umrechnung aller Vermögenswerte und Schulden (inklusive Vergleichsinformationen) zum Stichtagskurs; (ii) Umrechnung der Ertrags- und Aufwandsposten (inklusive Vergleichsinformationen) mit den Umrechnungskursen am Tag der jeweiligen Geschäftsvorfälle; (iii) erfolgsneutrale Klassifizierung der sich ergebenden Umrechnungsdifferenzen als Eigenkapital.

Aus praktischen Erwägungen wird zur Umrechnung von Ertrags- und Aufwandsposten eines ausländischen Unternehmens häufig ein Kurs verwendet, der einen Näherungswert für den Umrechnungskurs zum Zeitpunkt des Geschäftsvorfalls darstellt, beispielsweise der Durchschnittskurs einer Periode. Sofern jedoch die Umrechnungskurse stark schwanken, ist die Anwendung von Durchschnittskursen nicht zulässig (vgl. IAS 21.40).

Wenn das **Beispiel** von oben noch einmal aufgriffen und nunmehr unterstellt wird, dass die funktionale Währung der CAN Inc. der kanadische Dollar ist und dass der Durchschnittskurs bei 1,40 CAD/€ lag, sieht die Währungsumrechnung wie folgt aus:

	CAD	CAD/EUR	EUR
Bankguthaben	490.000	1,75	280.000
Vorräte	312.500	1,75	178.571
Sachanlagen (nach Abschreibung)	56.250	1,75	32.143
Summe Aktiva	**858.750**		**490.714**
Eigenkapital			
Gezeichnetes Kapital	75.000	1,50	50.000
Jahresfehlbetrag	(91.250)	1,40	(65.178)
Währungsumrechnung	–	–	5.892
Verbindlichkeiten	875.000	1,75	500.000
Summe Passiva	**858.750**		**490.714**
Umsatzerlöse	490.000	1,40	350.000
Wareneinsatz	(312.500)	1,40	(223.214)
Abschreibungen	(18.750)	1,40	(13.393)
Währungsverlust CAN Inc.	(250.000)	1,40	(178.571)
Jahresfehlbetrag	**(91.250)**	**1,40**	**(65.178)**

Tabelle 2-6: Beispiel zur modifizierten Stichtagskursmethode

Der im Eigenkapital erfasste Währungsgewinn in Höhe von 5.892 € ergibt sich wie folgt: Aus der Umrechnung des Nettoreinvermögens von 75.000 CAD am 1. Januar 2005 ergibt sich ein Nettoreinvermögen in Euro in Höhe von 50.000 € (Umrechnungskurs 1,50 CAD/€). Umgerechnet mit dem Kurs zum Abschlussstichtag (1,75 CAD/€) ergibt sich ein Nettoreinvermögen von 42.857 €, d.h. eine Differenz von 7.143 € (Währungsverlust). Da die Gewinn- und Verlustrechnung nicht mit dem Kurs am Abschlussstichtag (91.250 CAD/1,75 CAD/€ = 52.143 €) sondern mit dem Durchschnittskurs umgerechnet wird (91.250 CAD/1,40 CAD/€ = 65.178 €), resultiert eine weitere Differenz von 13.035 € (Währungsgewinn, da die Gewinn- und Verlustrechnung in einem Jahresfehlbetrag endet). Zusammen erhält man den Währungsgewinn von 5.892 €.

Es wird deutlich, dass der Währungsverlust, den die CAN Inc. mit ihrer Euro-Verbindlichkeit erleidet, nicht storniert wird. Obwohl es sich um eine konzerninterne Forderung bzw. Verbindlichkeit handelt, resultiert der Währungsverlust aus der wirtschaftlichen Autonomie der CAN Inc. Dies macht unter wirtschaftlicher Betrachtungsweise auch Sinn, denn die M AG hat 500.000 € *de facto* in den CAD-Währungsraum investiert. Entsprechend dem Kursverfall des kanadischen Dollars wird diese Investition auch aus Sicht der M AG weniger wert. Der Währungsverlust bleibt im Konzern demnach stehen. Dies stellt sich anders dar, wenn das von der M AG ausgereichte Darlehen sich als sog. „Nettoinvestition in einen ausländischen Geschäftsbetrieb" qualifiziert[24]. In diesem Fall wird auch diese Umrechnungsdifferenz erfolgsneutral im Eigenkapital erfasst. Nettoinvestitionen in einen ausländischen Geschäftsbetrieb werden im nächsten Abschnitt diskutiert.

Es ist zu beachten, dass die Geschäfts- oder Firmenwerte, die beim Erwerb einer ausländischen Einheit entstanden sind und die am beizulegenden Zeitwert ausgerichteten Anpassungen der Buchwerte der Vermögenswerte und Schulden, die aus dem Unternehmenserwerb stammen, als Vermögenswerte und Schulden des ausländischen Unternehmens in dessen funktionaler Währung zu erfassen und entsprechend den Regelungen zur Umrechnung in die Darstellungswährung umzurechnen sind (vgl. IAS 21.47).

Somit sind der Geschäfts- oder Firmenwert sowie sämtliche Anpassungsbeträge von ehemaligen Buchwerten an Zeitwerte im Rahmen der Kaufpreisallokation (Aufdeckung stiller Reversen und stiller Lasten, *fair value step ups*) der Sphäre des Tochterunternehmens, assoziierten Unternehmens oder Gemeinschaftsunternehmens zuzurechnen. Der Geschäfts- oder Firmenwert sowie die *fair value step-ups* schwanken also mit dem Wechselkurs.

Die erfolgsneutral im Eigenkapital erfassten Differenzen aus Währungsumrechnung werden dann ergebniswirksam, wenn der betreffende ausländische Geschäftsbetrieb den Konzernkreis verlässt (vgl. IAS 21.48). Nach IAS 21.49 ist neben dem Abgang durch Verkauf oder Liquidation auch eine Kapitalrückzahlung relevant. Geht nur ein Teil des ausländischen Geschäftsbetriebs ab (beispielsweise durch Einstellung eines Teils der betrieblichen Tätigkeit) werden die im Eigenkapi-

---

24 Vgl. Abschnitt 2.7.2.

tal erfassten Währungsdifferenzen entsprechend auch teilweise erfolgswirksam aufgelöst.

2.7.2 Nettoinvestition in einen ausländischen Geschäftsbetrieb

IAS 21.8 definiert den Begriff der Nettoinvestition in einen ausländischen Geschäftsbetrieb als die Höhe des Anteils des Mutterunternehmens am Nettovermögen dieses Geschäftsbetriebs, wobei es sich bei einem ausländischen Geschäftsbetrieb um ein Tochterunternehmen, ein Gemeinschaftsunternehmen, ein assoziiertes Unternehmen oder eine Niederlassung des Mutterunternehmens handeln kann. Entscheidend ist, dass der ausländische Geschäftsbetrieb seine Aktivitäten in einem Währungsraum oder in einer Währung entfaltet, die von der funktionalen Währung des den Konzernabschluss aufstellenden Unternehmens abweicht.

Die Problematik kann anhand des folgenden **Beispiels** verdeutlicht werden[25]: Angenommen werden soll die britische Gesellschaft M Plc, die einen Konzernabschluss in ihrer funktionalen Währung (britische Pfund, £) aufstellt. Die M Plc hat eine 100%ige Tochtergesellschaft in Belgien (BE), deren funktionale Währung der Euro ist. Die M Plc hat der BE am 31. März 2004 (Geschäftsjahresende) ein Darlehen in Höhe von 1.000.000 £ zur Verfügung gestellt, dessen Rückzahlung in einem absehbaren Zeitraum weder geplant noch wahrscheinlich ist. Aus Sicht der M Plc handelt es sich bei dem Darlehen daher um einen Nettoinvestition in einen ausländischen Geschäftsbetrieb. Es soll weiterhin angenommen werden, dass am 31. März 2004 der Wechselkurs 1 £ = 1,40 €, am 31. März 2005 der Wechselkurs 1 £ = 1,50 € und der durchschnittliche Wechselkurs des Jahre 2004/2005 1 £ = 1,45 € betrug.

Da das Darlehen am letzten Tag des Geschäftsjahres ausgereicht wurde, sind in den zum 31. März 2004 aufgestellten Abschlüssen keine Differenzen aus Währungsumrechnung zu erfassen.

Im gesonderten Einzelabschluss der M Plc zum 31. März 2005 führt die Veränderung des Wechselkurses im Geschäftsjahr 2004/2005 nicht zur Erfassung eines Währungsdifferenz, denn das Darlehen wurde in der funktionalen Währung der M Plc ausgereicht.

Im Einzelabschluss der BE zum 31. März 2005 wird die £-Verbindlichkeit in die funktionale Währung (Euro) umgerechnet. Nach IAS 21.23(a) wird dafür der am 31. März 2005 gültige Wechselkurs herangezogen, denn es handelt sich bei der Darlehensverbindlichkeit um einen monetären Posten im Sinne von IAS 21.8 bzw. IAS 21.16. Bemessen in Euro hat sich die Verbindlichkeit der BE von 1.400.000 € auf 1.500.000 € erhöht, so dass im Einzelabschluss der BE entsprechend ein Währungsverlust in Höhe von 100.000 € zu berücksichtigen ist.

Im Konzernabschluss der M Plc wird dieser Währungsverlust der BE mit dem Durchschnittskurs in £ umgerechnet (100.000 € = 68.966 £) und im

---

25 Vgl. *Ernst & Young LLP* (2004), S. 559.

Eigenkapital erfasst. Diese Größe entspricht aber noch nicht dem tatsächlichen Währungsverlust: aus Sicht der M Plc ist die Nettoinvestition in einen Geschäftsbetrieb des €-Währungsraums durch den Verfall des Euro weniger wert geworden. Diese Differenz ergibt sich aus der Nettoinvestition in Höhe von 1.400.000 € bzw. 1.000.000 £ am 31. März 2004 und der Nettoinvestition in Höhe von 1.400.000 € bzw. 933.333 £ am 31. März 2005. Die Investition von £ im €-Währungsraum verliert insgesamt 66.667 £ an Wert. Bislang sind im Eigenkapital aber 68.966 £ (Umrechnung von 100.000 € Währungsverlust der BE mit dem Durchschnitts- statt mit dem Stichtagskurs) erfasst, so dass noch ein Währungsgewinn in Höhe von 2.299 £ im Eigenkapital der M Plc zu berücksichtigen ist.

Es stellt sich die Frage, wie sich die Situation ändert, wenn die M Plc der BE ein €-Darlehen gewährt hätte: In diesem Fall würde die M Plc für das Geschäftsjahr 2004/2005 einen Währungsverlust in Höhe von 66.667 £ zu berücksichtigen haben. Da die BE das Darlehen in ihrer eigenen funktionalen Währung erhalten hat, ergibt sich aus dem Einzelabschluss der BE keine zu berücksichtigende Währungsdifferenz. Wie auch im Fall des £-Darlehens hat die M Plc den Währungsverlust direkt im Eigenkapital und nicht in der Gewinn- und Verlustrechnung des Konzerns zu erfassen.

Nach IAS 21.15 fallen diejenigen Forderungen bzw. Verbindlichkeiten unter die Definition der Nettoinvestition in einen ausländischen Geschäftsbetrieb, bei denen die Tilgung oder anderweitige Begleichung (beispielsweise durch Aufrechnung) in einem absehbaren Zeitraum weder geplant noch wahrscheinlich ist. Dazu können langfristige Forderungen bzw. Darlehen gehören, keinesfalls jedoch Forderungen oder Verbindlichkeiten aus Lieferungen und Leistungen.

2.7.3 Auswirkungen von Hyperinflation

Die modifizierte Stichtagskursmethode nach IAS 21.39 wird angewandt, um den Abschluss einer ausländischen Tochtergesellschaft, deren funktionale Währung von derjenigen der Konzernmutter abweicht, in die Darstellungswährung des Konzerns umzurechnen. Die Umrechnung von Vermögenswerten und Schulden zum Stichtagskurs und die Umrechnung von Aufwendungen und Erträgen zum Transaktionskurs erfolgt jedoch nur dann, wenn es sich bei der funktionalen Währung der Tochtergesellschaft nicht um die Währung eines Hochinflationslandes handelt. Ist die funktionale Währung der Tochtergesellschaft die eines Hochinflationslandes, sind die besonderen Regelungen von IAS 21.42 zu beachten[26].

---

26 Zur erstmaligen Anwendung der Regelungen von IAS 21 vgl. IFRIC D5 „Applying IAS 29 Financial Reporting in Hyperinflationary Economies for the First Time".

Bevor die Umrechnung nach IAS 21.42 vorgenommen wird, hat zunächst eine Anpassung des Abschlusses nach IAS 29 zu erfolgen (vgl. IAS 21.43)[27]. Ist der Abschluss entsprechend den Regelungen von IAS 29 angepasst worden, werden alle Beträge (Vermögenswerte, Schulden, Eigenkapital, Erträge, Aufwendungen) zum Stichtagskurs am Abschlussstichtag umgerechnet. Soweit die funktionale Währung, in die umgerechnet wird, nicht die eines Hochinflationslandes ist, werden als Vergleichsinformationen die Werte herangezogen, die im Vorjahresabschluss ausgewiesen worden sind.

Die Vorgehensweise der Umrechnung nach IAS 21.42 kann an anhand eines **Beispiels** verdeutlicht werden[28]. Unterstellt werden soll die oben bereits erwähnte M AG. Diese hat die funktionale Währung Euro und damit eine Währung, die nicht hyperinflationär ist. Angenommen werden soll, dass die M AG eine Tochtergesellschaft (T) in einem Land mit Hyperinflation hat. Bilanz und Gewinn- und Verlustrechnung der T werden von der lokalen ausländischen Währung (LFC) erstellt. Weiterhin soll angenommen werden, dass der Wechselkurs folgende Entwicklung genommen hat.

Datum	LFC	EUR
31. 12. 2004	3,00	1
31. 12. 2005	4,00	1
Durchschnitt 2005	3,50	1

Tabelle 2-7: Beispiel zur Umrechnung bei Hyperinflation (I)

Die Gewinn- und Verlustrechnung der T für das Jahr 2005 wird mit dem Stichtagskurs zum 31. Dezember 2005 umgerechnet.

	LFC	LFC/EUR	EUR
Umsatzerlöse	35.000	4,00	8.750
Umsatzkosten	(33.190)	4,00	(8.298)
Abschreibungen	(500)	4,00	(125)
Zinsaufwand	(350)	4,00	(87)
Ergebnis vor Steuern	**960**	**4,00**	**240**
Steuern	(460)	4,00	(115)
Ergebnis nach Steuern	**500**	**4,00**	**125**

Tabelle 2-8: Beispiel zur Umrechnung bei Hyperinflation (II)

---

27 Vgl. *Mujkanovic, R./Hehn, B.* (1996), S. 613.
28 Vgl. *Ernst & Young LLP* (2004), S. 538.

Gleiches gilt für die Bilanz der T. Die Umrechnung erfolgt mit dem Kurs zum Abschlussstichtag. Da der Euro keine hyperinflationäre Währung ist, werden die Vorjahreswerte weiterhin mit dem Kurs zum letzten Abschlussstichtag umgerechnet und damit so ausgewiesen wie im letzten Abschluss.

	2004			2005		
	LFC	LFC/EUR	EUR	LFC	LFC/EUR	EUR
Sachanlagen	6.000	3,00	2.000	5.500	4,00	1.375
Vorräte	2.700	3,00	900	3.000	4,00	750
Forderungen	4.800	3,00	1.600	4.000	4,00	1.000
Zahlungsmittel	200	3,00	67	600	4,00	150
	13.700	**3,00**	**4.567**	**13.100**	**4,00**	**3.275**
Verbindlichkeiten (kurzfristig)	4.530	3,00	1.510	3.840	4,00	960
Steuern	870	3,00	290	460	4,00	115
Verbindlichkeiten (langfristig)	3.600	3,00	1.200	3.600	4,00	900
Gezeichnetes Kapital	1.000	3,00	333	1.000	4,00	250
Gewinnvortrag	3.700	3,00	1.234	4.200	4,00	1.050
	13.700	**3,00**	**4.567**	**13.100**	**4,00**	**3.275**

Tabelle 2-9: Beispiel zur Umrechnung bei Hyperinflation (III)

Die Veränderung des Gewinnvortrags ergibt sich aus dem Bestand am 31. Dezember 2004, dem Jahresüberschuss für das Jahr 2005 und dem Effekt aus der Währungsumrechnung.

	EUR
Gewinnvortrag 31. 12. 2004	1.234
Jahresüberschuss 2005	125
Währungsdifferenz	(309)
	1.050

Tabelle 2-10: Beispiel zur Umrechnung bei Hyperinflation (IV)

Die Währungsdifferenz ergibt sich unmittelbar aus der Umrechung des Gewinnvortrags zum 31. Dezember 2004.

	EUR
Gewinnvortrag 31. 12. 2004 [3.700 LFC * 1/3 €/LFC]	1.234
Gewinnvortrag 31. 12. 2004 [3.700 LFC * 1/4 €/LFC]	925
Währungsverlust	(309)

Tabelle 2-11: Beispiel zur Umrechnung bei Hyperinflation (V)

IAS 21.42 enthält keine Regelungen ob die Währungsdifferenz im Eigenkapital oder in der Konzern-Gewinn- und Verlustrechnung zu erfassen ist. Es erscheint jedoch angemessen, die Währungsdifferenz erfolgsneutral direkt im Eigenkapital zu erfassen.

2.8 Befreiung von der Konzernrechnungslegungspflicht

In Deutschland resultiert die Konzernrechnungslegungspflicht weiterhin aus den Regelungen der §§ 290 ff. HGB. Es sind nun allerdings Situationen denkbar, in denen der lokale Gesetzgeber auch für die Aufstellungspflicht eines Konzernabschlusses bzw. die Befreiung von der Konzernrechnungslegungspflicht auf die IFRS zurückgreift.

IAS 27.10 sieht bestimmte Voraussetzungen vor, bei deren Vorliegen ein Mutterunternehmen nicht mehr verpflichtet ist, einen Konzernabschluss aufzustellen. Danach braucht ein Mutterunternehmen dann keinen Konzernabschluss aufzustellen, wenn (i) das Mutterunternehmen selbst ein Tochterunternehmen, also eine Zwischenholding ist, (ii) alle Gesellschafter dieser Zwischenholding über den Verzicht auf die Aufstellung eine Teilkonzernabschlusses unterrichtet wurden und keine Einwendungen dagegen erheben, (iii) keine Eigen- oder Fremdkapitalinstrumente der betreffenden Zwischenholding an einer Börse gehandelt werden, (iv) die Emission von Finanzinstrumenten auch nicht beabsichtigt ist (v) das oberste Mutterunternehmen einen IFRS-konformen Konzernabschluss aufstellt und veröffentlicht.

Wenngleich die Bedingungen, die für eine Befreiung von der Konzernrechnungslegungspflicht auf den ersten Blick unproblematisch erscheinen, können im Einzelfall Schwierigkeiten auftreten.

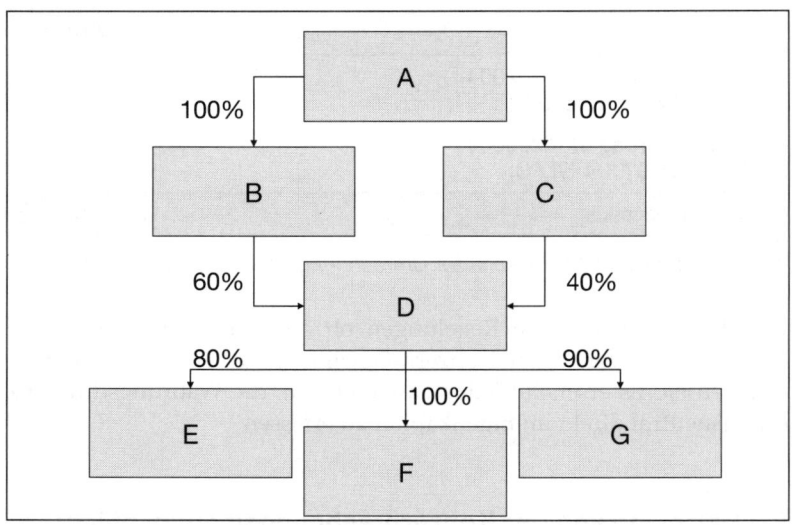

Abbildung 2-5: Beispiel zu IAS 27.10(a)

Angenommen werden soll die in der Abbildung 2-5 dargestellte Konzern-struktur. Es stellt sich die Frage, ob die Gesellschaft D, die eigentlich zur Aufstellung eine (Teil)Konzernabschlusses verpflichtet ist, auf die Aufstel-lung eines solchen verzichten kann. D ist unmittelbar kein 100%iges Toch-terunternehmen. Muss also der Minderheitsgesellschafter C formal über den Verzicht auf die Aufstellung informiert werden und darf er keine Ein-wendungen erheben? Oder ist die Existenz eines weiteren, obersten Mut-terunternehmens, das 100% der Anteile an C hält, ausreichend, auf diesen Schritt zu verzichten? Dem Sinn und Zweck der Vorschrift entsprechend dürfte von der zweiten Lösung auszugehen sein. Anders stellt sich die Si-tuation aber dar, wenn es sich bei A um eine Privatperson handelt: In die-sem Fall gibt es kein weiteres oberstes Mutterunternehmen, d.h. D muss C in der Tat über die Nichtaufstellung des Teilkonzernabschlusses infor-mieren und C darf dagegen keine Einwendungen erheben.

3 Die Vollkonsolidierung

IAS 27.22–25 beschreibt das grundlegende Vorgehen bei der Konsolidierung. Zunächst wird durch Addition des Einzelabschlusses des Mutterunternehmens und der Handelsbilanzen II der Tochterunternehmen ein Summenabschluss erstellt. Dann werden die im Einzelabschluss des Mutterunternehmens ausgewiesenen Beteiligungsbuchwerte an den Tochterunternehmen mit dem anteiligen Eigenkapital der Töchter aufgerechnet und die Minderheitenanteile ermittelt (Kapitalkonsolidierung). Anschließend werden alle konzerninternen Salden, Transaktionen, Gewinne und Aufwendungen in voller Höhe eliminiert (Schuldenkonsolidierung, Aufwands- und Ertragseliminierung, Zwischengewinneliminierung). IAS 27.25 stellt darüber hinaus klar, dass IAS 12 auf temporäre Differenzen, die aus Konsolidierungsmaßnahmen resultieren, anzuwenden ist.

In Kapitel 3 wird zunächst die Technik der Kapitalkonsolidierung erläutert. Ausgehend von der Darstellung der Erwerbsmethode als Grundlage der Kapitalkonsolidierung werden die bei einem Unternehmenserwerb durchzuführenden Schritte (Bestimmung des Erwerbszeitpunkts, Identifikation des Erwerbers, Ermittlung der Anschaffungskosten etc.) gezeigt. Anschließend werden „Sonderfälle" der Kapitalkonsolidierung diskutiert: die Berücksichtigung von Minderheiten, sukzessive Anteilserwerbe, *transactions under common control* und die sog. umgekehrten Anteilserwerbe. Danach werden die übrigen Schritte der Konsolidierung (Schuldenkonsolidierung, Zwischenergebniseliminierung, Aufwands- und Ertragseliminierung) behandelt. Fragen der Folgekonsolidierung sowie der Übergangs- und Endkonsolidierung und ein Überblick über die erforderlichen Anhangangaben schließen das Kapitel ab.

3.1 Kapitalkonsolidierung

Die Kapitalkonsolidierung ist der erste Schritt zur Einbeziehung eines Tochterunternehmens in den Konzernabschluss. Beteiligungsbuchwert und anteiliges Eigenkapital des Tochterunternehmens werden dabei gegeneinander aufgerechnet. Es ist an dieser Stelle zu erwähnen, dass IFRS 3 die zulässige Methode der Erstkonsolidierung gegenüber dem davor geltenden Standard IAS 22 grundlegend eingeschränkt hat. Während im Rahmen von IAS 22 neben der Erwerbsmethode noch die sog. Interessenzusammenführungsmethode[1] *(pooling oder uniting of interest method)* zulässig war und bei der Erwerbsmethode zwischen zwei unterschiedlichen Vorgehensweisen gewählt werden konnte[2], sieht IFRS 3 nunmehr nur noch die Erwerbsmethode in der Form vor, dass bei der Kaufpreisallokation auch die auf die Minderheitenanteile entfallenden stillen Reserven aufgedeckt werden. Man spricht hier auch von der vollständigen Neubewertung (im Gegensatz zur vormals auch zulässigen beteiligungsproportionalen Neubewertung).

3.1.1 Technik der Erstkonsolidierung

Die Technik der Erstkonsolidierung kann anhand des folgenden **Beispiels** verdeutlicht werden[3]. Die M AG erwirbt für einen Kaufpreis von 1.300.000 € die Gesellschaft T AG, die über ein Nettoreinvermögen (ermittelt nach den für sie gültigen lokalen Rechnungslegungsgrundsätzen) von 500.000 € verfügt. Die M AG hat festgestellt, dass die T AG über zusätzliche identifizierbare Vermögenswerte von 150.000 € in Form eines Kundenstamms verfügt. Zusätzlich wird ermittelt, dass das Sachanlagevermögen zwar einen Buchwert von 500.000 €, jedoch einen beizulegenden Zeitwert von 700.000 € hat. Dies soll darauf zurückzuführen sein, dass ein Grundstück ursprünglich zu einem Preis von 200.000 € erworben wurde, seit dem Erwerb des Grundstücks aber dessen beizulegender Zeitwert auf 400.000 € gestiegen ist und diese Wertsteigerung in der Handelsbilanz der

---

1 Gem. § 302 HGB ist nach den deutschen Rechnungslegungsgrundsätzen die Kapitalkonsolidierung in Form der Interessenzusammenführung zulässig. Falls das Mutterunternehmen mehr als 90% der Anteile an dem Tochterunternehmen erwirbt und mindestens 90% des Kaufpreises durch Ausgabe von Anteilen eines in den Konzernabschluss einbezogenen Unternehmens beglichen wurde, besteht das Wahlrecht zur Anwendung der Interessenzusammenführungsmethode. Da die Interessenzusammenführungsmethode nicht von einem Erwerbsvorgang ausgeht, werden mit Ausnahme der im Rahmen der Anpassung der lokalen Buchwerte an die konzerneinheitlichen Bilanzierungs- und Bewertungsmethoden, die Buchwerte aus dem Einzelabschluss in den Summenabschluss übernommen. Ein eventuell entstehender Unterschiedsbetrag wird mit dem Eigenkapital des Mutterunternehmens verrechnet.
2 Bei der nach IAS 22.32 (i.d.F. 1998) vorgesehenen *Benchmark*-Methode wurden die identifizierbaren Vermögenswerte und Schulden mit dem beizulegenden Zeitwert angesetzt und zwar in der Höhe des Anteils, den das erwerbende Unternehmen erhalten hat. In Höhe des Anteils der Minderheiten wurden keine stillen Reserven oder Lasten aufgedeckt. Nach der alternativ zulässigen Methode (IAS 22.34) wurden die identifizierten Vermögenswerte und Schulden mit ihrem vollen beizulegenden Zeitwert angesetzt. Unterschiede zwischen den beiden Methoden ergaben sich somit nur, wenn das erwerbende Unternehmen nicht 100% der Anteile erworben hatte und Minderheitenanteile zu berücksichtigen waren.
3 Zur Vereinfachung wird von der Ermittlung latenter Steuern abgesehen.

T AG nicht berücksichtigt wurde[4]. Zur Ermittlung des Geschäfts- oder Firmenwertes werden die erworbenen identifizierbaren Vermögenswerte und Schulden den Anschaffungskosten gegenübergestellt.

Alle Werte in T€	Haben
Kaufpreis	1.300
Erworbene Vermögenswerte (beizulegender Zeitwert)	(1.850)
Übernommene Schulden (beizulegender Zeitwert)	1.000
Geschäfts- oder Firmenwert	450

Tabelle 3-1: Ermittlung Geschäfts- oder Firmenwert

Als Differenz verbleibt ein Geschäfts- oder Firmenwert in Höhe von 450.000 €. Um diesen Betrag übersteigen die Anschaffungskosten den beizulegenden Nettozeitwert der identifizierbaren Vermögenswerte, Schulden und Eventualschulden. Nachdem der im Rahmen des Unternehmenszusammenschlusses erworbene Geschäfts- oder Firmenwert ermittelt wurde, soll nunmehr die Erstkonsolidierung der T GmbH durchgeführt werden.

In der nachfolgenden Tabelle wird zunächst der Einzelabschluss der M AG dargestellt[5]. Die M AG weist in ihrem Einzelabschluss eine Position „Beteiligungen" aus. In dieser Bilanzposition ist die Beteiligung an der T AG aktiviert. Der Aktivwert in Höhe von 1.300.000 € ergibt sich aus den bei der M AG im Zusammenhang mit dem Erwerb der Beteiligung entstandenen Anschaffungskosten. In der nächsten Spalte ist die Handelsbilanz I der T AG dargestellt. Grundlage der HB I sind die lokal anwendbaren Rechnungslegungsgrundsätze, so dass die HB I nur in Ausnahmefällen als Grundlage für die Konsolidierung herangezogen werden kann[6]. Daher ist für die Durchführung der Konsolidierung eine Handelsbilanz II aufzustellen. In dieser werden die Werte der HB I in IFRS-konforme Werte transformiert, d. h. an die konzerneinheitlichen Bilanzierungs- und Bewertungsmethoden angepasst. Da es um die Erstkonsolidierung geht, beschränken sich die Unterschiede auf die anzusetzenden Vermögenswerte, Schulden und

---

4 Gem. den deutschen Rechnungslegungsgrundsätzen stellen die Anschaffungskosten von 200.000 € die Wertobergrenze dar. § 253 Abs. 1 Satz 1 HGB sieht vor, dass Vermögensgegenstände höchstens mit ihren Anschaffungs- oder Herstellungskosten, vermindert um Abschreibungen nach § 253 Abs. 2 und Abs. 3 HGB anzusetzen sind.

5 Zur Vereinfachung soll angenommen werden, dass der in der Tabelle dargestellte Einzelabschluss der M AG bereits in Übereinstimmung mit den IFRS aufgestellt wurde. Würde es sich um einen nach den deutschen Rechnungslegungsgrundsätzen aufgestellten Einzelabschluss handeln, müsste dieser in eine den IFRS entsprechende HB II übergeleitet werden.

6 Dies wäre dann der Fall, wenn bereits im lokal zu erstellenden Einzelabschluss die IFRS angewendet werden dürften.

Eventualschulden. Zum Zeitpunkt der Erstkonsolidierung können beispielsweise Unterschiede in der Bilanzierung hinsichtlich der Umsatzrealisierung noch nicht relevant sein.
Die T AG weist in ihrer nach lokalen Rechnungslegungsgrundsätzen aufgestellten HB I ein Nettoreinvermögen (= Eigenkapital) von 500.000 € aus. In der HB I sind annahmegemäß keine stillen Lasten enthalten; der selbst geschaffene Kundenstamm in Höhe von 150.000 € wurde in der HB I ebenso wenig aktiviert, wie die stillen Reserven im Sachanlagevermögen in Höhe von 200.000 €. Unter Berücksichtigung der Regeln von IFRS 3 ist von einem Nettoreinvermögen in Höhe von 850.000 € auszugehen. Die Aktivierung bislang nicht angesetzter Vermögenswerte, Schulden und Eventualschulden bzw. die Aktivierung bislang bereits angesetzter Vermögenswerte und Schulden mit ihren beizulegenden Zeitwerten erfolgt in der HB II.

	M AG	T AG HB I	T AG HB II	Σ	Konsolidierung		Konzern
Alle Werte in T€	2005	2005	2005		Soll	Haben	2005
Sachanlagen	–	500	700	700			700
Immaterielle Vermögenswerte	–	–	150	150			150
Geschäfts- oder Firmenwert	–	–	–	–	450		450
Beteiligungen	1.300	500	500	1.800		1.300	500
Vorräte/sonst. Aktiva	900	500	500	1.400			1.400
Zahlungsmittel	100	–	–	100			100
Summe Aktiva	2.300	1.500	1.850	4.150			3.300
Eigenkapital	1.300	500	850	2.150	850		1.300
Schulden	1.000	1.000	1.000	2.000			2.000
Summe Passiva	2.300	1.500	1.850	4.150			3.300

Tabelle 3-2: Beispiel zur Kapitalkonsolidierung ohne Minderheiten

Der Einzelabschluss des Mutterunternehmens und die HB II des Tochterunternehmens werden in einem Summenabschluss zusammengefasst. Der Summenabschluss zeigt Aktiva von 4.150.000 € und ein Nettoreinvermögen bzw. Eigenkapital von 2.150.000 €. Damit wird unmittelbar deutlich, dass der Summenabschluss nur einen Teilschritt der Konsolidierung darstellen kann: Im Rahmen des Unternehmenserwerbs wurde ein Nettoreinvermögen von 850.000 € gegen die Zahlung von 1.300.000 € erworben. Das Nettoreinvermögen der neuen, größeren Einheit kann daher nicht um 850.000 € gestiegen sein. Ebenso wenig macht es wirtschaftlich Sinn, einen Anstieg der bilanzierten Aktiva von 1.850.000 € zu zeigen. Der gleich-

zeitige Ausweis der erworbenen Vermögenswerte und des Beteiligungsbuchwertes ist letztlich eine Doppelerfassung desselben Sachverhaltes. Im
Rahmen der Kapitalkonsolidierung werden daher das (anteilige) Eigenkapital und der Beteiligungsbuchwert des Tochterunternehmens gegeneinander aufgerechnet. Dies geschieht durch den folgenden Buchungssatz:

Alle Werte in T€	Soll	Haben
Eigenkapital	850	
Geschäfts- oder Firmenwert	450	
Beteiligung		1.300

Tabelle 3-3: Buchungssatz zur Kapitalkonsolidierung

Rechnet man (anteiliges) Eigenkapital und Beteiligungsbuchwert gegeneinander auf, verbleibt eine Differenz (hier ein aktivischer Unterschiedsbetrag) von 450.000 €. Da bereits alle Vermögenswerte, Schulden und Eventualschulden mit ihren beizulegenden Zeitwerten angesetzt sind, kann es
sich bei der Differenz nur um den Geschäfts- oder Firmenwert handeln.
Das Ergebnis der Erstkonsolidierung ist die Konzernbilanz zum Erwerbsstichtag. Diese zeigt ein Nettoreinvermögen von 1.300.000 €, das genau
dem Nettoreinvermögen der Muttergesellschaft entspricht. Tatsächlich
muss dieses Ergebnis auch resultieren, denn durch den Erwerbsvorgang
hat sich das Nettoreinvermögen der M AG nicht verändert.

Anhand des Beispiels wird deutlich, warum man von der Erwerbsmethode spricht, nach der die Erstkonsolidierung durchgeführt wird:
die Darstellung erfolgt wie der Erwerb anderer Vermögenswerte (vgl.
IFRS 3.15). Das heißt, der Erwerber erwirbt Nettovermögen und setzt
die erworbenen (nicht die vom erworbenen Unternehmen bilanzierten) Vermögenswerte, Schulden und Eventualschulden an. Dazu gehören auch solche Vermögenswerte, die vom erworbenen Unternehmen bislang nicht angesetzt wurden. Im vorliegenden Beispiel sind
dies der Kundenstamm und die bislang nicht aktivierten stillen Reserven im Anlagevermögen.

IFRS 3.16 beschreibt die erforderlichen Schritte der Erwerbsmethode:
(i) Identifizierung des Erwerbers, (ii) Ermittlung der Anschaffungskosten des Unternehmenszusammenschlusses und (iii) Verteilung der
Anschaffungskosten auf die erworbenen Vermögenswerte, Schulden
und Eventualschulden zum Erwerbszeitpunkt. Soweit die Anschaffungskosten den vom Erwerber identifizierten und angesetzten Anteil an dem beizulegenden Nettozeitwert der Vermögenswerten,
Schulden und Eventualschulden übersteigen, entsteht ein Geschäfts-
oder Firmenwert, der als Vermögenswert anzusetzen ist (vgl. IFRS
3.51). Es kann jedoch vorkommen, dass seitens des Erwerbers weniger als das erworbene neubewertete Nettoreinvermögen bezahlt

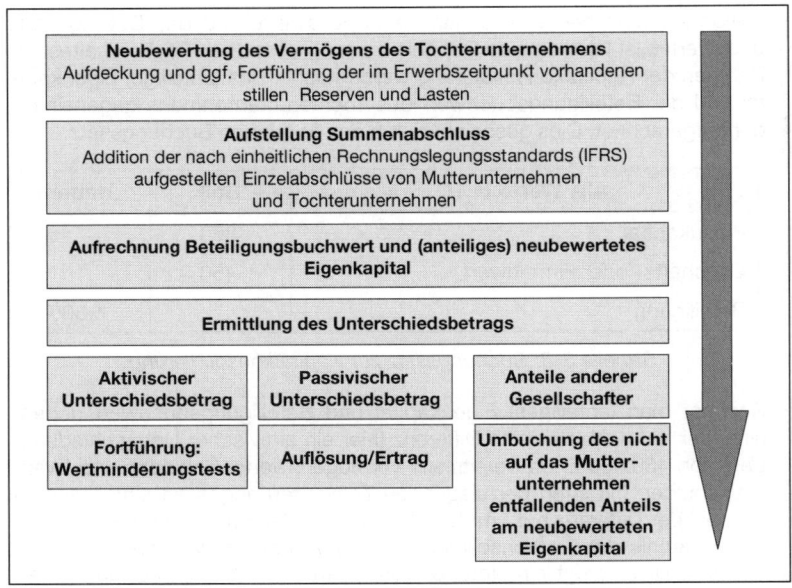

Abbildung 3-1: Ablauf der Kapitalkonsolidierung

wird. In diesem Fall kommt es zu einem passivischen Unterschiedsbetrag, der (soweit es sich nicht um einen Fehler in der Ermittlung der HB II handelt) zu einem Ertrag in der entsprechenden Höhe führt.

Daneben wird es nicht immer so sein, dass genau 100% der Stimmrechte an dem Tochterunternehmen erworben werden. Kauft der Erwerber z. B. nur 80%, sind in Höhe des anteiligen neubewerteten Eigenkapitals Anteile anderer Gesellschafter auszuweisen. Die beiden letzten Punkte (passivische Unterschiedsbeträge und Minderheiten) werden im Rahmen dieses Kapitels noch behandelt.

In Abbildung 3-1 sind die einzelnen Schritte der Kapitalkonsolidierung zusammengefasst.

3.1.2 Die Erwerbsmethode als Grundlage der Kapitalkonsolidierung

3.1.2.1 Bestimmung des Vorliegens eines Unternehmenserwerbs

IFRS 3 ist (soweit nicht die Ausnahmen von IFRS 3.3 relevant sind[7]) auf alle Unternehmenszusammenschlüsse anwendbar. Ein Unter-

---

7 Zu diesen Ausnahmen gehört z. B. die Zusammenführung von Unternehmen in ein *Joint Venture*. Wollen die M1 AG und die M2 AG ein *Joint Venture* „JV"

nehmenszusammenschluss ist nach IFRS 3.4 als die Zusammenführung von separaten Unternehmen oder Geschäftsbereichen in ein Bericht erstattendes Unternehmen definiert[8].

Die korrekte Anwendung dieser Definition kann von entscheidender Bedeutung sein, wie das folgende **Beispiel** zeigt: Die Muttergesellschaft M AG erwirbt 100% der Anteile an der Gesellschaft S GmbH. Die Bilanz der S GmbH ist in der nachfolgenden Tabelle dargestellt. Der Kaufpreis soll insgesamt 10.500.000 € betragen. Die S GmbH weist auf der Aktivseite nur die folgenden Vermögenswerte aus: Zahlungsmittel und ein auf einem eigenen Grundstück errichtetes Gebäude. Der beizulegende Zeitwert des Gebäudes und des Grundstücks am Tag des Erwerbs der S GmbH wurde durch ein Wertgutachten ermittelt.

Alle Werte in T€	Buchwert	Beizulegende Zeitwerte
Bankguthaben	2.000	2.000
1 Grundstück und 1 Gebäude	6.000	8.000
Summe Aktiva	8.000	10.000
Eigenkapital	8.000	
Summe Passiva	8.000	

Tabelle 3-4: Beispiel zum Begriff des Unternehmenszusammenschlusses (I)

Es stellt sich nunmehr die Frage, ob ein Unternehmenszusammenschluss vorliegt. Sind die einzigen Vermögenswerte der S GmbH in der Tat nur das Bankguthaben, das Gebäude und das Grundstück, hat die S GmbH darüber hinaus praktisch keine Mitarbeiter (z.B. aufgrund einer Auslagerung des Rechnungswesens auf ein externes Dienstleistungsunternehmen), könnte man hinsichtlich der S GmbH in der Tat am Vorliegen eines Unternehmens und damit am Vorliegen eines Unternehmenszusammenschlusses zweifeln. Handelt es sich bei dem Gebäude allerdings z.B. um ein Hotel, das auf eigenem Grundstück betrieben wird und das einen entsprechenden Kundenkreis, einen Mitarbeiterstamm und ähnliches hat, das ein Unternehmen ausmacht, wird es sich viel eher um einen Unternehmenszusammenschluss im Sinne des IFRS 3 handeln. Die Bedeutung des Unterschieds wird deutlich, wenn man sich die weitere Bilanzierung der Transaktion ansieht.

gründen und bringt M1 AG ihr Tochterunternehmen T1 und die M2 AG Zahlungsmittel in das *Joint Ventur* ein, sind die Regeln von IFRS 3 nicht anwendbar (vgl. IFRS 3.3b). Der Fall stellt eine Lücke im Regelwerk der IFRS dar, die unter Anwendung von IAS 8.10 zu schließen ist. Denkbar ist hier die Anwendung der Erwerbsmethode aber auch die Übernahme der bislang von M1 bzw. T1 bilanzierten Buchwerte durch das *Joint Venture* auf der Basis von IAS 8.12. Vgl. zu weiteren Ausnahmen *Fuchs, M./Stibi, B.* (2004), S. 1010 f.

8 Vgl. *Andrejewski, K. C./Kühn, S.* (2005), S. 225; *Küting, K./Wirth, J.* (2004), S. 168.

Wurde ein Unternehmen im Sinne von IFRS 3 erworben, werden die An-schaffungskosten auf die erworbenen Vermögenswerte sowie die über-nommenen Schulden und Eventualschulden verteilt. Da es im vorliegen-den Beispiel annahmegemäß weder Schulden noch Eventualschulden noch weitere, zu identifizierende immaterielle Vermögenswerte gibt, ergibt sich folgende Ermittlung des Geschäfts- oder Firmenwertes.

Alle Werte in T€	
Kaufpreis	10.500
Beizulegender Zeitwert der erworbenen Vermögenswerte	(10.000)
Geschäfts- oder Firmenwert	500

Tabelle 3-5: Beispiel zum Begriff des Unternehmenszusammenschlusses (II)

Anders stellt sich die Situation dar, wenn kein Unternehmen erworben wurde. Erwirbt ein Unternehmen nur eine Gruppe von Vermögenswerten (in diesem Fall neben den Zahlungsmitteln das Grundstück einschließlich dem darauf errichteten Gebäude), sind die Anschaffungskosten zwischen den einzelnen identifzierbaren Vermögenswerten der Gruppe auf der Grundlage ihrer relativen beizulegenden Zeitwerte zum Erwerbszeitpunkt aufzuteilen (vgl. IFRS 3.4).

Alle Werte in T€	
Kaufpreis	10.500
Zahlungsmittel	(2.000)
Grundstück und Gebäude	8500

Tabelle 3-6: Beispiel zum Begriff des Unternehmenszusammen-schlusses (III)

Dabei wird unmittelbar klar, dass die Zahlungsmittel nicht mit einem Wert über ihrem Nennwert angesetzt werden können. Letztlich wurde das Ge-bäude für einen Kaufpreis von netto (d. h. nach Abzug der mit erworbenen Zahlungsmittel von 2.000.000 €) 8.500.000 € erworben. Dies bedeutet, dass (rationales Verhalten der Akteure unterstellt) entweder der Wertgut-achter den beizulegenden Zeitwert des Grundstücks nicht korrekt ermittelt hat oder dass der Erwerber schlecht verhandelt hat. In jedem Fall dürfte das annahmegemäß vorliegende Wertgutachten Zweifel an der Werthaltig-keit wecken, die Anlass sind einen Wertminderungstest nach IAS 36 durchzuführen und Grundstück und Gebäude in der Bilanz des Erwerbers auf einen gegebenenfalls niedrigeren erzielbaren Betrag abzuschreiben.

3.1.2.2 Bestimmung des Erwerbszeitpunkts

Der Erwerbszeitpunkt ist als der Tag definiert, an dem das erwerben-de Unternehmen die Beherrschung über das erworbene Unternehmen erhält (vgl. IFRS 3.25 und IFRS 3 Anhang A). Der Erwerber hat ab dem Tag des Unternehmenserwerbs: (i) die Ergebnisse aus der Geschäftstätigkeit des erworbenen Unternehmens in die Gewinn- und Verlustrechnung des Konzerns aufzunehmen und (ii) die identifizierbaren Vermögenswerte und Schulden des erworbenen Unternehmens sowie einen eventuell aus dem Unternehmenserwerb entstehenden Geschäfts- oder Firmenwert in der Konzernbilanz anzusetzen.

Der Übergang der Beherrschung nach IFRS 3 stellt häufig eine kritische Abgrenzungsfrage dar, bei der regelmäßig eine Gesamtbetrachtung aller relevanten Tatbestandsmerkmale erforderlich ist. Dabei ist neben der ausreichenden Sicherung der Interessen des Erwerbers insbesondere auf das Recht des Erwerbers abzustellen, die Finanz- und Geschäftspolitik des erworbenen Unternehmens zu beherrschen, um daraus Nutzen zu ziehen. Faktoren, die die Ausübung von Beherrschung – auch rein theoretisch – begrenzen können (bspw. aufschiebende Bedingung eines Zulassungsverfahrens oder Gremienvorbehalte), haben grundsätzlich die Verneinung von Beherrschung zur Folge.

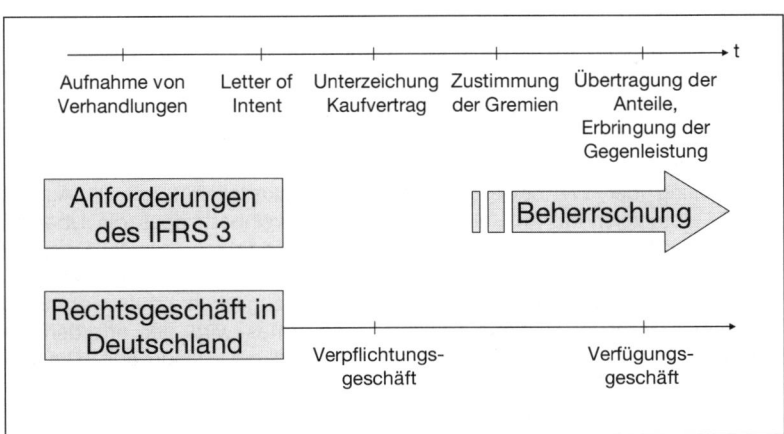

Abbildung 3-2: Bestimmung Erwerbsstichtag

Zur Erlangung der Beherrschung ist es nach IFRS 3 nicht erforderlich, dass die rechtliche Transaktion abgeschlossen ist, bevor die Beherrschung auf den Erwerber übergeht (vgl. IFRS 3.39). Zur Beurteilung der Frage des Kontrollübergangs ist das erreichte Transaktionsstadium wirtschaftlich zu beurteilen[9]. Die folgende Darstellung verdeut-

---

9 Vgl. *Janßen, T./Freiberg, J.* (2005), S. 30.

licht die Problematik nochmals anhand des typischen Ablaufs eines Unternehmenszusammenschlusses.

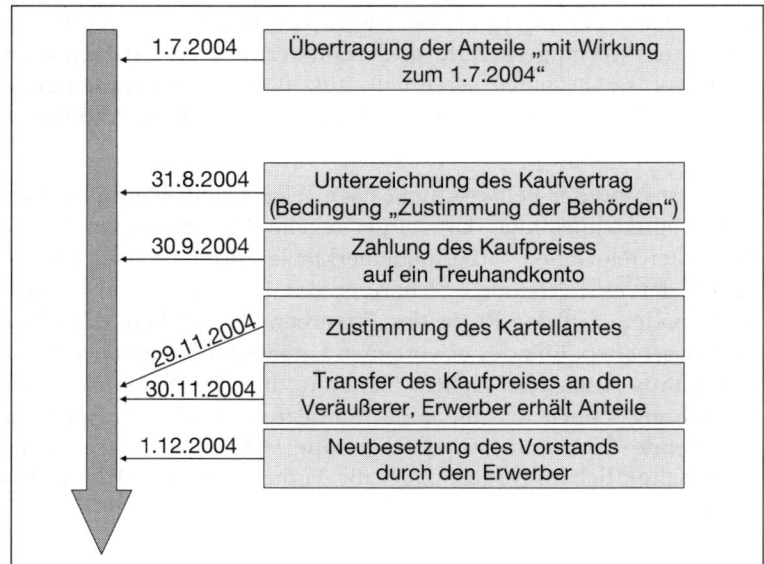

Abbildung 3-3: Beispiel zur Bestimmung des Erwerbsstichtags

In der ersten Hälfte des Jahres 2004 haben sich die Parteien erstmals getroffen, um über den Unternehmenszusammenschluss zu verhandeln. Veräußerer und Erwerber haben den Kaufvertrag vorbehaltlich der Zustimmung der Wettbewerbsaufsicht (Bundeskartellamt) am 31. August 2004 unterzeichnet. Im Kaufvertrag wurde vereinbart, dass die Übertragung der Anteile mit Wirkung zum 1. Juli 2004 erfolgen soll. Der Erwerber hat das zu erwerbende Unternehmen gegen Zahlung des Kaufpreises in bar erworben. Zur Gewährleistung der unverzüglichen Kaufpreiszahlung unmittelbar nach Zustimmung des Kartellamtes wird der erforderliche Betrag im September 2004 auf ein Treuhandkonto eingezahlt. Die Zustimmung des Kartellamtes wird am 29. November 2004 gewährt. Unmittelbar daran wird der Kaufpreis an den Veräußerer gezahlt, der wiederum für den sofortigen Transfer der Anteile sorgt. Ohne Zeitverzug wird der neue Vorstand vom Erwerber der Gesellschaft am 1. Dezember 2004 eingesetzt.

Es stellt sich nun die Frage, ab wann der Erwerber die Beherrschung über die im Rahmen des Unternehmenszusammenschlusses erworbene Gesellschaft erlangt hat.

Unstrittig ist dabei, dass die im Kaufvertrag getroffene Vereinbarung, die Anteile mit Wirkung zum 1. Juli 2004 veräußern zu wollen, irrelevant ist. Es handelt sich bei dieser Vertragsgestaltung um eine Form der Kaufpreisgestaltung bzw. eine Gewinnverteilungsabrede. Dem Veräußerer stehen alle von der Gesellschaft bis zum 30. Juni 2004 erwirtschafteten Gewinne zu. Der Erwerber hat Anspruch auf die ab 1. Juli 2004 erwirtschafteten Gewinne, d. h. die Kaufpreiszahlung ist unabhängig vom Jahresüberschuss der zweiten Jahreshälfte. Solange die Zustimmung des Kartellamtes keine Formalie ist, muss auch der 31. August als Stichtag des Unternehmenszusammenschlusses verneint werden. Irrelevant ist auch der Zeitpunkt, an dem der Kaufpreis in das Treuhandkonto eingezahlt wird. Erst mit Zustimmung des Kartellamtes wird vom Übergang der Beherrschung vom Veräußerer auf den Erwerber auszugehen sein. Fraglich könnte sein, ob letztlich erst die Einsetzung des vom Erwerber bestimmten Managements zur Beherrschung führen würde. In der Realität ist aber davon auszugehen, dass der Erwerber bereits vorher die bisherige, vom Veräußerer bestimmte Unternehmensleitung entsprechend überwachen und steuern wird, so dass alle unternehmerischen Entscheidungen in seinem Sinne getroffen werden. Als Ergebnis kann daher festgehalten werden, dass sich im dargestellten Beispiel insbesondere der 29. November 2004 als Stichtag des Unternehmenszusammenschlusses qualifiziert. Der Erwerber hat ab diesem Tag das erworbene Unternehmen in seinen Konzernabschluss einzubeziehen.

Wie an diesem Beispiel ersichtlich ist, werden Abschlussstichtag des Erwerbers und Stichtag des Unternehmenszusammenschlusses regelmäßig nicht identisch sein. Die IFRS sehen hier keine Erleichterungsregel wie in § 301 Abs. 2 HGB vor[10]. Allenfalls unter Berücksichtigung der Wesentlichkeit kann gegebenenfalls auf die Aufstellung eines Zwischenabschlusses verzichtet werden.

Der Erwerber hat die Erträge und Aufwendungen des erworbenen Unternehmens ab dem Erwerbszeitpunkt im Konzernabschluss aufzunehmen (vgl. IAS 27.30). Auch aus diesem Grund wird in der Regel die Aufstellung eines Zwischenabschlusses erforderlich sein. Daneben schreibt IAS 7.39 für die Kapitalflussrechnung vor, dass die Summe der Cash Flows aus dem Erwerb und der Veräußerung von Tochterunternehmen gesondert darzustellen und als Investitionstätigkeit zu qualifizieren ist. Angabepflichtig sind nach IAS 7.40 darüberhinaus neben dem Kauf- oder Veräußerungspreis auch der Teil des Preises, der durch Zahlungsmittel beglichen wurde und der Betrag der Zahlungsmittel des Tochterunternehmens, der mit dem Erwerb übernommen (bzw. dem Verkauf abgegeben) wurde. Angabepflichtig sind auch die Beträge der nach Hauptgruppen gegliederten Vermögenswerte und Schulden des Tochterunternehmens das erworben bzw. veräußert wurden. Alle diese Angaben werden ohne die Aufstel-

---

10 Nach § 301 Abs. 2 HGB kann die Verrechnung von Beteiligungsbuchwert und (anteiligem) Eigenkapital des erworbenen Tochterunternehmens entweder auf der Grundlage der Wertansätze zum Zeitpunkt des Unternehmenserwerbs oder der erstmaligen Einbeziehung des Tochterunternehmens in den Konzernabschluss vorgenommen werden.

lung eines Zwischenabschlusses auf den Erwerbszeitpunkt schwer zu ermitteln sein.

Die Bestimmung des Erwerbsstichtags ist weiterhin von entscheidender Bedeutung für die Bestimmung der Anschaffungskosten eines Unternehmenserwerbs. Begleicht der Erwerber eines Unternehmens den Kaufpreis durch die Ausgabe von eigenen Aktien, bestimmt sich der Kaufpreis nach dem beizulegenden Zeitwert der Anteile am Erwerbsstichtag (vgl. IFRS 3.24a). Bei entsprechend volatilem Kurs kann dies einen erheblichen Einfluss auf den vom Erwerber anzusetzenden Geschäfts- oder Firmenwert haben.

3.1.2.3 Identifikation des Erwerbers

Nachdem IFRS 3 bzw. die in diesem Standard für die bilanzielle Abbildung von Unternehmenszusammenschlüssen ausschließlich vorgesehene Erwerbsmethode unterstellt, dass sich ein Unternehmenszusammenschluss stets als Unternehmenserwerb qualifiziert, ist bei allen Unternehmenszusammenschlüssen stets ein Erwerber zu identifizieren (vgl. IFRS 3.17). Gem. IFRS 3.17 ist dasjenige Unternehmen als Erwerber zu identifizieren, das im Rahmen des Unternehmenszusammenschlusses die Beherrschung über das oder die anderen Unternehmen erlangt. Basierend auf der Definition von Beherrschung und der (widerlegbaren) Vermutung, dass die Beherrschung mit der Mehrheit der Stimmrechte einhergeht, ist Erwerber zumeist das Unternehmen, das die Mehrheit der Stimmrechte an einem anderen Unternehmen übernimmt (vgl. IFRS 3.19).

Wenn ein Unternehmen gegen die Zahlung von liquiden Mitteln erworben wird, stellt sich die Identifikation des Erwerbers regelmäßig einfach dar. Es gibt jedoch Fälle, in denen die Bestimmung des Erwerbers mit Schwierigkeiten verbunden ist. Oftmals ist dies der Fall, wenn ein kleineres Unternehmen durch Ausgabe von Anteilen die Beherrschung an einem größeren Unternehmen erlangt, letztlich aber die Gesellschafter des größeren Unternehmens die Kontrolle über den vermeintlichen Erwerber bekommen (Fall des sog. umgekehrten Anteilserwerbs oder *reverse acquisition*). Die Bilanzierung umgekehrter Anteilserwerbe wird in Abschnitt 3.1.3.6 näher beleuchtet.

Ein Erwerber kann auch dann identifiziert werden, wenn im Rahmen des Unternehmenszusammenschlusses zunächst ein neues Unternehmen gegründet wird, das durch Ausgabe von Anteilen die Beherrschung an den sich zusammenschließenden Unternehmen erwirbt.

Zur Verdeutlichung kann das folgende **Beispiel** dienen: Unternehmen A und Unternehmen B entschließen sich vertraglich zu einem Unternehmenszusammenschluss. Beide Unternehmen bringen ihr Reinvermögen in das neu gegründete Unternehmen C ein. Die ursprünglichen Anteilseigner von A besitzen nach dem Unternehmenszusammenschluss 60% der Anteile an Unternehmen C. Der Vorstandsvorsitzende von A führt nach dem Unternehmenszusammenschluss auch die Geschäfte des Unternehmens C. Unternehmen A stellt in diesem Fall das erwerbende Unternehmen dar. Erworbenes Unternehmen ist Unternehmen B.

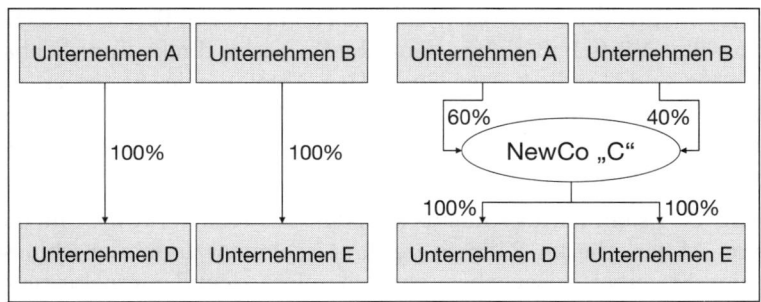

Abbildung 3-4: Beispiel zur Bestimmung des Erwerbers

IFRS 3.20 gibt dem IFRS-Anwender Anhaltspunkte, anhand derer es im Normalfall möglich ist, den Erwerber im Rahmen eines Unternehmenszusammenschlusses zu identifizieren: (i) die Unternehmensgröße, (ii) die Art der Bezahlung und (iii) das Management des Konzerns nach dem Unternehmenszusammenschluss. Schließen sich unterschiedlich große Unternehmen zusammen, besteht die Vermutung, dass das größere der beteiligten Unternehmen auch der Erwerber ist. Soweit im Rahmen eines Unternehmenszusammenschlusses Anteile gegen Zahlungsmittel getauscht werden, ist in der Regel das Unternehmen der Erwerber, das die Zahlungsmittel hergibt. Zudem ist regelmäßig davon auszugehen, dass dasjenige Unternehmen der Erwerber im Rahmen eines Unternehmenszusammenschlusses ist, das die Zusammensetzung des Managements des Konzerns bestimmen kann.

3.1.2.4 Bestimmung der Anschaffungskosten

Sind der Erwerbszeitpunkt und der Erwerber bestimmt, werden als nächster Schritt die Anschaffungskosten ermittelt. Gem. IFRS 3.24 setzen sich die Anschaffungskosten aus den folgenden Komponenten zusammen: (i) die beizulegenden Zeitwerte der hingegebenen Vermögenswerte (einschließlich der eventuell vom Erwerber ausgegebenen eigenen Anteile/Eigenkapitalinstrumente) und der übernommenen Schulden zum Erwerbszeitpunkt und (ii) alle dem Unternehmenszusammenschluss direkt zurechenbaren Kosten. Wurden vom Erwerber im Rahmen des Unternehmenszusammenschlusses Anteile ausgegeben, bestimmt sich der beizulegende Zeitwert nach dem Börsenkurs, soweit die Anteile öffentlich gehandelt werden. Auf den Zusammenhang von Kursverlauf, Anschaffungskosten und Erwerbsstichtag wurde bereits hingewiesen.

Beispiele für typischerweise direkt dem Unternehmenszusammenschluss zurechenbare Kosten sind die Honorare von Beratern (Rechtsanwälte, Wirtschaftsprüfer, Gutachter). Nicht direkt zurechenbare Kosten sind u. a. die Kosten einer M&A-Abteilung des Erwerbers und zwar selbst dann nicht, wenn anhand von Projektdokumentation und Stundenerfassung die für den Erwerb angefallenen Aufwendungen ermittelt werden könnten (vgl. IFRS 3.29).

IFRS 3.31 stellt darüber hinaus klar, dass die Kosten für die Emission von Aktien, die im Rahmen des Unternehmenszusammenschlusses vom Erwerber ausgegeben wurden, nicht dem Unternehmenszusammenschluss unmittelbar zurechenbar sind. Die Kosten sind vielmehr nach IAS 32 direkt mit dem Eigenkapital zu verrechnen.

IFRS 3 enthält keine Regelungen hinsichtlich der Frage, ob bei der Bestimmung der Kosten des Unternehmenszusammenschlusses gegebenenfalls die steuerliche Abzugsfähigkeit dieser Kosten zu berücksichtigen ist[11].

> Zur Verdeutlichung sei unterstellt, die M AG hätte im Jahr 2004 die T GmbH als neues Tochterunternehmen für einen Kaufpreis von 10.000.000 € erworben. Im Rahmen des Erwerbs sind Anschaffungsnebenkosten in Höhe von 500.000 € angefallen, die im Wesentlichen für Gutachter und Rechtsanwälte bezahlt wurden. Sämtliche Kosten sind steuerlich abzugsfähig, d. h. bei einem Steuersatz von 25% führen die angefallenen Aufwendungen zu einer Steuerminderung von 125.000 €. Da IFRS 3 explizit keinen *net of tax* Ansatz der Anschaffungsnebenkosten vorsieht, ist unter Anwendung der allgemeinen Regeln (insbesondere das in IAS 1.32 enthaltene Saldierungsverbot) ein Ansatz der 500.000 € als Anschaffungsnebenkosten geboten.

Sondervorschriften bestehen für (i) die Anpassung der Gegenleistung für den Erwerb in Abhängigkeit künftiger Ereignisse zum Erwerbsstichtag (vgl. IFRS 3.32 ff.) sowie (ii) nachträgliche Änderungen der Anschaffungskosten (vgl. IFRS 3.63 f.).

---

11 Dies wäre eine Vorgehensweise ähnlich der in IAS 32.35: Transaktionskosten, die im Zusammenhang mit der Ausgabe von Eigenkapitaltransaktionen anfallen, werden grundsätzlich als Abzug vom Eigenkapital erfasst und zwar vermindert um die mit den Transaktionskosten verbundenen Ertragsteuervorteile.

IFRS 3 berücksichtigt auch, dass in vielen Fällen von Unternehmenszusammenschlüssen, die Anschaffungskosten von künftigen Ereignissen abhängen können (sog. *contingent consideration*). Typischerweise werden im Rahmen von Unternehmenszusammenschlüssen sog. *earn-out*-Klauseln vereinbart: Der Erwerber sichert in solchen Fällen dem Veräußerer eine weitere Kaufpreiszahlung zu, wenn in späteren Perioden z. B. der Jahresüberschuss (oder eine ähnliche Größe wie *earnings before taxation* EBT oder *earnings before interest and taxation* EBIT) einen bestimmten Betrag übersteigt[12]. Sofern die Anpassung wahrscheinlich ist und der Anpassungsbetrag zuverlässig und angemessen geschätzt werden kann, erfolgt die Einbeziehung dieser bedingten Kaufpreisbestandteile in die Anschaffungskosten bereits zum Erwerbszeitpunkt (vgl. IFRS 3.32). Soweit dagegen eine Schätzung des Anpassungsbetrages nicht zuverlässig und angemessen möglich ist, sind die Anschaffungskosten entsprechend anzupassen, sobald eine zuverlässige und angemessene Schätzung möglich ist. Gleiches gilt, wenn eine vorgenommene Schätzung revidiert werden muss.

In der Abbildung 3-5 ist diese Vorgehensweise dargestellt.

Quelle: *Weiser, F.* (2005), S. 276.

Abbildung 3-5: Vorgehensweise bei bedingten Kaufpreiszahlungen

12 Vgl. *Weiser, F.* (2005), S. 269 f., *Schmidbauer, R.* (2005), S. 123.

Erwartete Kaufpreisanpassungen sind also bereits bei der Erstkonsolidierung zu berücksichtigen, wenn sie wahrscheinlich sind und der Anpassungsbetrag geschätzt werden kann. IFRS 3 Anhang A definiert „wahrscheinlich" als „es spricht mehr dafür als dagegen". Zudem geht IFRS 3.33 von der Annahme aus, dass es in der Regel möglich ist, den Betrag der erwarteten Anpassung zu schätzen. Ist es entgegen dieser Annahme nicht möglich zu einer verlässlichen Schätzung zu kommen oder ist der Eintritt des künftigen Ereignisses nicht hinreichend wahrscheinlich, wird die *contingent consideration* bei der Erstkonsolidierung zunächst nicht berücksichtigt. Kommt es zur (dann nachträglichen) Berücksichtigung, wird diese regelmäßig zu einer Anpassung des Geschäfts- oder Firmenwertes führen.

> Unterstellt sei die M AG, die im Jahr 2005 die T GmbH für einen Kaufpreis von 5.000.000 € erwirbt. Basierend auf diesem Basiskaufpreis soll ein Geschäfts- oder Firmenwert von 250.000 € ermittelt worden sein. Neben dem Basispreis hat die M AG an den Veräußerer folgende weitere Zahlungen zu leisten: 500.000 €, falls der Jahresüberschuss des Jahres 2006 um mehr als 20% über dem Jahresüberschuss 2005 liegt und 250.000 € falls der Jahresüberschuss 2007 um mehr als 20% über dem Jahresüberschuss 2006 liegt. Maximal wird die M AG also eine bedingte Kaufpreiszahlung von 750.000 € zu leisten haben. Angenommen werden soll, dass die M AG von einer Ergebnissteigerung von 10% bis 15% in den Jahren nach dem Unternehmenserwerb ausgeht und dass im Jahr 2006 das Ziel „20%" verfehlt wird, im Jahr 2007 aber erreicht wird. Auf der Basis der Erwartungen der M AG wird die bedingte Kaufpreiszahlung zum Erwerbsstichtag nicht in den Anschaffungskosten des Unternehmenserwerbs berücksichtigt, da die Eintrittswahrscheinlichkeit nicht hinreichend groß ist. Dies ändert sich im Jahr 2007: Gem. IFRS 3.34 ist die zusätzliche Gegenleistung für den Unternehmenserwerb als eine Anpassung der Anschaffungskosten zu behandeln. Die Anpassung wird retrospektiv vorgenommen, d. h. so als wären die Anschaffungskosten bereits im Zeitpunkt des Unternehmenszusammenschlusses richtig ermittelt worden.

IFRS 3 berücksichtigt auch, dass der Erwerber in einigen Fällen verpflichtet ist, weitere Aktien an den Veräußerer auszugeben, wenn die im Rahmen des Unternehmenszusammenschlusses bereits ausgegebenen Aktien an Wert verloren haben (vgl. IFRS 3.35). In diesen Fällen erhöhen sich die Anschaffungskosten des Unternehmenserwerbs nicht nachträglich. Soweit es sich um Eigenkapitalinstrumente handelt, die zum Ausgleich zwischenzeitlich eingetretener Kursverluste „nachgeliefert" werden, wird diese Nachlieferung nur im Eigenkapital erfasst. Bei der zusätzlichen Ausgabe von Schuldinstrumenten kommt es zu einer Zahlung durch den Unternehmenserwerber, die als Abschlag auf die ursprüngliche Ausgabe der Schuldinstrumente behandelt wird: letztlich wird der zusätzlich gezahlte Betrag über die Laufzeit der Schuldinstrumente als Zinsaufwand in der Gewinn- und Verlustrechnung erfasst.

3.1.2.5 Durchführung der Kaufpreisallokation

Nachdem Erwerber, Erwerbszeitpunkt und Anschaffungskosten des Unternehmenszusammenschlusses bestimmt wurden, sind die ermittelten Anschaffungskosten auf die erworbenen identifizierbaren Vermögenswerte, Schulden und Eventualschulden anhand ihrer beizulegenden Zeitwerte zu verteilen.

Von Bedeutung ist dabei, dass der Unternehmenserwerber die Anschaffungskosten auf alle Vermögenswerte, Schulden und Eventualschulden verteilt, die die Kriterien von IFRS 3.37 erfüllen, d.h. es spielt keine Rolle, ob die Vermögenswerte, Schulden und Eventualschulden bislang vom erworbenen Unternehmen bilanziert wurden oder nicht. IFRS 3.37 legt dafür unterschiedliche Kriterien fest. Bei immateriellen Vermögenswerten oder bei Eventualschulden muss der beizulegende Zeitwert verlässlich ermittelt werden können. Bei allen anderen Vermögenswerten, muss es darüber hinaus wahrscheinlich sein, dass der mit diesen Vermögenswerten verbundene Nutzen dem Erwerber zufließt. Bei den Schulden ist es neben der verlässlichen Bewertung des beizulegenden Zeitwertes notwendig, dass ein Abfluss von Ressourcen mit wirtschaftlichem Nutzen zur Erfüllung der Verpflichtung erforderlich ist. Wie man sieht, unterstellt IFRS 3, dass bei immateriellen Vermögenswerten, die im Rahmen eines Unternehmenszusammenschlusses erworben wurden, stets hinreichend belegt ist, dass dem Erwerber ein Nutzen zufließt.

IFRS 3.B16 enthält einige Hilfestellungen, wie die beizulegenden Zeitwerte von Vermögenswerten, Schulden und Eventualschulden ermittelt werden können (siehe Tabelle 3-7):

3.1.2.6 Immaterielle Vermögenswerte

Bei der Frage des Ansatzes immaterieller Vermögenswerte muss zunächst untersucht werden, ob die Kriterien für das Vorliegen eines immateriellen Vermögenswertes erfüllt sind. Diese Kriterien sind: (i) Identifizierbarkeit, (ii) Beherrschung und (iii) Bestehen eines künftigen wirtschaftlichen Nutzens.

Vermögenswert/Schuld	Beispiel für den beizulegenden Zeitwert
Finanzinstrumente	Börsenkurs soweit verfügbar, sonst Schätzung z. B. auf der Basis von Kurs-Gewinn-Verhältnis, Rendite
Forderungen	Barwert (abgezinst mit anwendbarem Marktzins) abzüglich Wertberichtigung für Ausfallrisiken
Vorräte – Fertigerzeugnisse	Verkaufspreise abzüglich Kosten der Veräußerung und angemessene Marge
Vorräte – unfertige Erzeugnisse	Verkaufspreis, abzüglich noch anfallender Kosten (Fertigstellung und Verkauf)
Vorräte – Roh-, Hilfs- und Betriebsstoffe	Wiederbeschaffungskosten
Grundstücke und Gebäude	Marktwert
Technische Anlagen, Maschinen, Betriebs- und Geschäftsausstattung	Marktwert soweit ermittelbar, sonst Schätzung nach dem Ertragswertverfahren oder auf Basis von Wiederbeschaffungs- kosten abzüglich Abschreibungen
Immaterielle Vermögens- werte	Bewertung nach IAS 38 zu Marktpreisen. Falls kein aktiver Markt existiert: Schätzung des Marktwertes auf Basis des Betrags, den das erwerbende Unternehmen bei einer Transaktion zu marktüblichen Bedingungen zwischen fremden Dritten gezahlt hätte
Verbindlichkeiten (lang- und kurzfristig), Rückstellungen	Barwert der Auszahlungen. Keine Abzinsung kurzfristiger Verbindlichkeiten soweit Differenz zwischen Barwert und Nominalwert unwesentlich
Belastende Verträge (onerous contracts)	Barwerte der Beträge, die aufgewendet werden müssen, um die Verpflichtungen zu erfüllen (angemessene, aktuell gültige Marktzinsen sind zugrunde zu legen)
Eventualverbindlichkeiten	Betrag, der einem fremden Dritten gezahlt werden müsste, damit dieser die Verpflichtung übernimmt
Steueransprüche und -schulden	Betrag des Steuervorteils oder der zu zahlenden Steuern
Saldo aus Planvermögen und Schulden für leistungsorientierte Pläne	Barwert der leistungsorientierten Verpflichtung abzüglich des beizulegenden Zeitwertes des Planvermögens

Tabelle 3-7: Beispiele für die Bestimmung beizulegender Zeitwerte

Ist geklärt, ob ein immaterieller Vermögenswert vorliegt, wird in einem zweiten Schritt untersucht, ob dieser auch aktivierungsfähig ist. Zwei Aktivierungskriterien müssen erfüllt sein (vgl. IAS 38.21): (i) es ist wahrscheinlich, dass dem Unternehmen der erwartete künftige wirtschaftliche Nutzen aus dem Vermögenswert zufließen wird und (ii) die Anschaffungs- und Herstellungskosten des Vermögenswertes lassen sich verlässlich bewerten.

Wie oben erwähnt, gelten im Falle von Unternehmenszusammenschlüssen besondere Regelungen (vgl. IAS 38.33). Wenn ein immaterieller Vermögenswert bei einem Unternehmenszusammenschluss erworben wird, entsprechen die Anschaffungskosten dieses immateriellen Vermögenswertes seinem beizulegenden Zeitwert zum Erwerbszeitpunkt. Der beizulegende Zeitwert eines immateriellen Vermögenswertes reflektiert gleichzeitig die Markterwartungen über die Wahrscheinlichkeit, dass der künftige wirtschaftliche Nutzen aus dem Vermögenswert dem Unternehmen zufließen wird. Mit anderen Worten: Die Auswirkungen der Wahrscheinlichkeit spiegeln sich bereits im beizulegenden Zeitwert des Vermögenswertes wider. Das Ansatzkriterium aus IAS 38.21a über die Wahrscheinlichkeit wird für immaterielle Vermögenswerte, die bei Unternehmenszusammenschlüssen erworben wurden, stets als erfüllt angesehen. Die Zusammenhänge werden durch Abbildung 3-6 verdeutlicht.

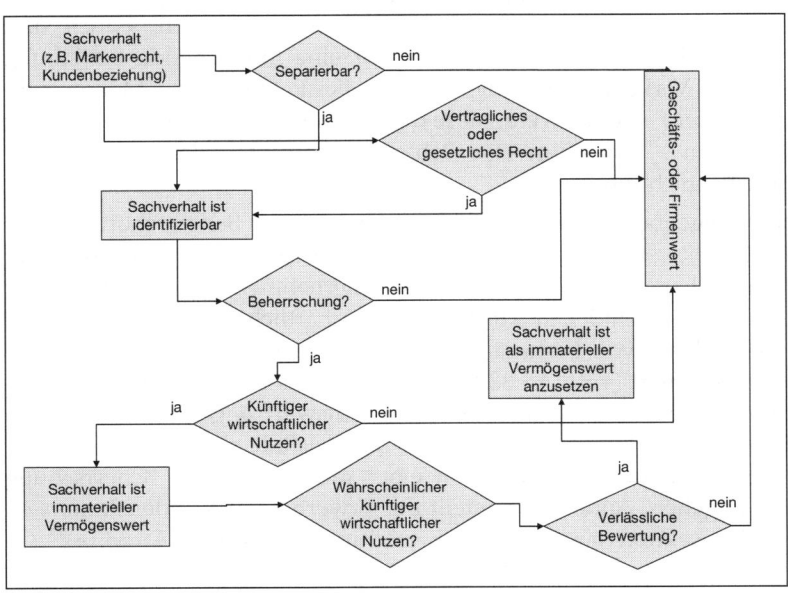

Abbildung 3-6: Immaterielle Vermögenswerte – Ansatzkriterien

Im ersten Schritt ist zu beurteilen, ob überhaupt ein immaterieller Vermögenswert vorliegt oder ob der zu beurteilende Sachverhalt nicht Bestandteil des Geschäfts- oder Firmenwertes ist. Wurden beispielsweise im Rahmen eines Unternehmenserwerbs Patente, Markenrechte oder Kundenbeziehungen erworben, ist zunächst zu untersuchen, ob ein immaterieller Vermögenswert identifizierbar ist, d. h. ob sich der Sachverhalt vom Geschäfts- oder Firmenwert unterscheiden lässt. Identifizierbarkeit im Sinne von Unterscheidbarkeit vom Geschäfts- oder Firmenwert liegt gem. IAS 38.12 vor, wenn der Sachverhalt (i) separierbar ist oder (ii) aus vertraglichen oder anderen gesetzlichen Rechten entsteht. Separierbarkeit liegt vor, wenn die Möglichkeit besteht, den (potenziellen) Vermögenswert einzeln oder zusammen mit anderen Vermögenswerten oder Schulden (in jedem Fall aber getrennt vom Unternehmen) zu verkaufen, zu vermieten oder ähnlich zu verwerten. Bei Patenten und Markenrechten sind beide Kriterien oftmals gleichzeitig erfüllt. Bei den Kundenbeziehungen liegen zumeist vertragliche Rechte vor, die eine Unterscheidbarkeit vom Geschäfts- oder Firmenwert begründen.

Als nächster Schritt ist zu prüfen, ob das Unternehmen den Vermögenswert beherrscht. Gem. IAS 38.13 beherrscht ein Unternehmen einen Vermögenswert, wenn es in der Position ist, sich den künftigen wirtschaftlichen Nutzen zu verschaffen und der Zugriff Dritter auf diesen Nutzen beschränkt werden kann. Beherrschung basiert typischerweise auf juristisch durchsetzbaren Ansprüchen, jedoch sind diese keine notwendige sondern nur eine hinreichende Bedingung für das Vorliegen von Beherrschung. Bei Patenten und Markenrechten besteht – zumal wenn diese durch Eintragung gesetzlichen Schutz genießen – typischerweise Beherrschung durch den Patent- oder Markenrechtinhaber.

Ein Gegenbeispiel für das Nichtvorliegen von Beherrschung ist der Mitarbeiterstamm, d. h. das im Unternehmen vorhanden Wissen bzw. Humankapital. Gewöhnlich haben Unternehmen keine Beherrschung des voraussichtlichen künftigen wirtschaftlichen Nutzens, der aus einem Team von Fachkräften oder der Weiterbildung von Mitarbeitern resultiert (vgl. IAS 38.15). Der Mitarbeiterstamm kann ex definitione nicht als immaterieller Vermögenswert angesetzt werden, da die Ansatzvoraussetzungen stets nicht erfüllt sind. Beim Kundenstamm ist im Normalfall von einer unzureichenden Beherrschung auszugehen. Andererseits stellt der Erwerb eines Kundenstamms eine Transaktion dar, die eine Beherrschung belegt (vgl. IAS 38.16)[13].

---

13 Im Übrigen erbringen derartige Transaktionen auch den Nachweis, dass Kundenbeziehungen separierbar sind.

Der künftige wirtschaftliche Nutzen kann sich entweder aus dem Verkauf von Gütern bzw. der Erbringung von Dienstleistungen oder aus Kosteneinsparungen ergeben (vgl. IAS 38.17). Patente und erworbene Kundenbeziehungen werden regelmäßig die Herstellungskosten reduzieren oder – ebenso wie die Markenrechte – den Vertrieb der Produkte bzw. Dienstleistungen erst ermöglichen.

Nachdem geprüft worden ist, ob überhaupt ein immaterieller Vermögenswert vorliegt, kann untersucht werden, ob dieser die Ansatzkriterien erfüllt. Wie ausgeführt, stellt IAS 38.21 zwei Ansatzkriterien auf: neben der Wahrscheinlichkeit des Zuflusses erwarteter künftiger wirtschaftlicher Nutzen auch die verlässliche Bewertung der Anschaffungs- und Herstellungskosten. Im Falle von Unternehmenszusammenschlüssen reduzieren sich die Ansatzkriterien auf die verlässliche Bewertung der Anschaffungs- und Herstellungskosten, da stets von einem wahrscheinlichen Zufluss erwarteter künftiger wirtschaftlicher Nutzen ausgegangen wird.

Immaterielle Vermögenswerte, die typischerweise im Rahmen eines Unternehmenszusammenschlusses erworben werden, sind in der nachfolgenden Tabelle dargestellt.

Marketingbezogene immaterielle Vermögenswerte

Markennamen, Schutzmarken, Herkunftsbezeichnungen
Markennamen und ähnliche Rechte können z. B. durch gesetzliche Vorschriften geschützt sein. Soweit ein solcher Schutz gegeben ist, erfüllen die Markenrechte regelmäßig das Kriterium „Identifizierbarkeit" von IFRS 3.46 b bzw. IAS 38.12 (vertragliche oder andere gesetzliche Rechte). Zum anderen ist üblicherweise davon auszugehen, dass sich Markenrechte vom Geschäfts- oder Firmenwert separieren lassen.

Internet domains
Eine *Internet domain* wird dazu benutzt, eine bestimmte Internetadresse zu identifizieren. Die Registrierung der *domain* führt zu einem immateriellen Vermögenswert der aufgrund des Vorliegens von Rechten identifiziert werden kann.

Kundenbezogene immaterielle Vermögenswerte

Kundenlisten
Eine Kundenliste besteht aus Informationen über die Kunden (Namen, Adressen). Es kann sich auch um eine Datenbank handeln, die weitere kundenbezogene Daten enthält (bisheriges Transaktionsvolumen, demographische Merkmale, …). Typischweise basiert eine Kundenliste nicht auf vertraglichen oder anderen gesetzlichen Rechten. Dennoch ist zu beobachten, dass Kundenlisten regelmäßig veräußert werden. Somit erfüllt eine Kundenliste, die im Rahmen eines Unternehmenszusammenschlusses

---

Kundenbezogene immaterielle Vermögenswerte

erworben wurde, regelmäßig das Separabilitätskriterium und stellt daher einen identifizierbaren immateriellen Vermögenswert dar.

Auftrags- oder Produktionsrückstand

Ein Produktionsrückstand resultiert aus geschlossenen aber noch nicht erfüllten Verträgen. Selbst wenn die Aufträge vom Auftraggeber noch gekündigt werden können, handelt es sich um identifizierbare immaterielle Vermögenswerte, da sie auf vertraglichen oder anderen gesetzlichen Rechten basieren.

Kundenbeziehungen

Soweit die Kundenbeziehungen auf geschlossenen Vereinbarungen beruhen, besteht eine vertraglichen Grundlage, so dass aufgrund des Bestehens gesetzlicher oder vertraglicher Rechte eine Identifizierbarkeit dieser immateriellen Vermögenswerte vorliegt. Selbst wenn keine Verträge die Grundlage der Kundenbeziehungen bilden, kann es sich um immaterielle Vermögenswerte handeln, die aufgrund des Separabilitätskriteriums als identifizierbar beurteilt werden können.

Künstlerische immaterielle Vermögenswerte

Künstlerische immaterielle Vermögenswerte sind identifizierbar, wenn sie durch vertragliche oder gesetzliche Rechte geschützt sind (z. B. Copyright). Typische immaterielle Vermögenswerte sind: Drehbücher, Skripte, Choreographien, Kompositionen, Texte, Bilder, Photographien, Videos, TV Programme

Vertragsbasierte immaterielle Vermögenswerte

Lizenzvereinbarungen
Dienstleistungsverträge, Liefervereinbarungen
Leasingverträge
Franchisevereinbarungen
Ausstrahlungsrechte für TV

Technologiebasierte immaterielle Vermögenswerte

Patentierte Technologien
Software
Datenbanken
Geschäftsgeheimnisse (Rezepturen, u. ä.)

Tabelle 3-8: Typische immaterielle Vermögenswerte und Unternehmens-zusammenschlüsse

Die nachfolgenden **Beispiele aus IFRS 3** verdeutlichen den vom Geschäfts- oder Firmenwert getrennt erfolgenden Ansatz von Kundenbeziehungen als immaterielle Vermögenswerte[14].

Das Mutterunternehmen M AG erwirbt am 31. Dezember 2004 im Rahmen eines Unternehmenserwerbs die Beherrschung über eines ihrer Zulieferunternehmen, die T1 GmbH. Die erworbene Gesellschaft hat nicht nur die M

---

14 Vgl. auch *Lüdenbach, N./Prusaczyk, P.* (2004), S. 208.

AG beliefert, sondern auch weitere Unternehmen. In diesem Zusammenhang hat die T1 GmbH mit einem ihrer Kunden (XY AG) eine langfristige Liefervereinbarung geschlossen. Diese gilt für einen Zeitraum von fünf Jahren und es ist davon auszugehen, dass der Kunde die Vereinbarung verlängern wird. Die Vereinbarung ist nicht übertragbar.

Die langfristige Liefervereinbarung erfüllt, unabhängig davon, ob die Vereinbarung gekündigt werden kann, die Anforderungen an einen immateriellen Vermögenswert in Bezug auf die Identifizierbarkeit nach IAS 38.12b, denn sie basiert auf einem vertraglichen Recht. Die Liefervereinbarung wird daher – sofern verlässlich bewertbar – vom Geschäfts- oder Firmenwert separiert. Zusätzlich ist in diesem Fall zu berücksichtigen, dass die Liefervereinbarung zu einer Kundenbeziehung mit der XY AG führt, die ebenfalls die Definitionskriterien des IAS 38.12b für einen immateriellen Vermögenswert in Bezug auf die Identifizierbarkeit erfüllt. Daher wird auch die Kundenbeziehung vom Geschäfts- oder Firmenwert separiert und gesondert aktiviert, sofern der beizulegende Zeitwert verlässlich ermittelt werden kann. Bei der Bestimmung des beizulegenden Zeitwerts der Kundenbeziehung wird die M AG auch berücksichtigen, inwieweit eine Verlängerung der Liefervereinbarung erwartet werden kann.

Das Mutterunternehmen M AG erwirbt am 31. Dezember 2004 im Rahmen eines Unternehmenserwerbs die Beherrschung über die T2 GmbH. Die T2 GmbH stellt Produkte in zwei unterschiedlichen Geschäftsbereichen her: Unterhaltungselektronik und Sportartikel. Die Kunden beziehen regelmäßig Produkte aus beiden Geschäftsbereichen. Die T2 GmbH hat mit ihren Kunden langfristige und exklusive Liefervereinbarungen geschlossen, die sich allerdings nur auf den Bereich der Sportartikel beziehen. Sowohl die M AG als auch die T2 GmbH gehen davon aus, dass die Kundenbeziehung beide Bereiche, Unterhaltungselektronik und Sportartikel, umfasst. Unabhängig davon, ob die Liefervereinbarungen für die Sportartikel kündbar sind, erfüllen diese die Anforderungen an einen immateriellen Vermögenswert in Bezug auf die Identifizierbarkeit nach IAS 38.12b, denn sie basieren auf einem vertraglichen Recht. Soweit der beizulegende Zeitwert der Liefervereinbarungen verlässlich ermittelt werden kann, werden die Liefervereinbarungen als immaterielle Vermögenswerte vom Geschäfts- oder Firmenwert separiert und getrennt bilanziert. Zusätzlich ist zu berücksichtigen, dass auch die Kundenbeziehung auf einem vertraglichen Recht basiert und ebenfalls die Definitionskriterien des IAS 38.12b für einen immateriellen Vermögenswert in Bezug auf die Identifizierbarkeit erfüllt. Daher wird auch die Kundenbeziehung vom Geschäfts- oder Firmenwert separiert und getrennt bilanziert, wenn der beizulegende Zeitwert verlässlich ermittelt werden kann. Da es jeweils nur eine Kundenbeziehung zwischen der T2 GmbH und ihren Abnehmern gibt, wird in die Ermittlung des beizulegenden Zeitwerts der Kundenbeziehung nicht nur der Geschäftsbereich „Sportartikel" sondern auch der Geschäftsbereich „Unterhaltungselektronik" eingehen. Gehen die M AG oder die T2 GmbH allerdings davon aus, dass die Kundenbeziehungen der beiden Geschäftsbereiche voneinander unabhängig sind, d.h. dass es Kundenbeziehungen für Sportartikel und davon unabhängige Kundenbeziehungen für Unterhaltungselektronik gibt, muss hinsichtlich der Kundenbeziehungen für Unterhaltungselektronik eine

Einschätzung durch die M AG vorgenommen werden, inwieweit hier die Anforderungen an einen separierbaren immateriellen Vermögenswert erfüllt sind.

Das Mutterunternehmen M AG erwirbt am 31. Dezember 2004 im Rahmen eines Unternehmenserwerbs die Beherrschung über die T3 GmbH. Die T3 GmbH stellt Produkte nur aufgrund vorher eingegangener Kundenaufträge her. Ihre Kunden sind alles Stammkunden. Am 31. Dezember 2004 bestanden nicht bearbeitete Kundenaufträge von Kunden, die 60% des Kundenstamms ausmachen. Für die übrigen 40% des Kundenstamms lagen keine offenen Aufträge und auch keine sonstigen vertraglichen Vereinbarungen vor.

Unabhängig davon, ob die offenen Kundenaufträge kündbar sind, erfüllen diese die Anforderungen an einen immateriellen Vermögenswert in Bezug auf die Identifizierbarkeit nach IAS 38.12b, denn sie basieren auf einem vertraglichen Recht. Soweit der beizulegende Zeitwert der Aufträge verlässlich ermittelt werden kann, werden die offenen Aufträge als immaterielle Vermögenswerte vom Geschäfts- oder Firmenwert separiert und getrennt bilanziert. Zusätzlich ist zu berücksichtigen, dass für 60% des Kundenstamms die Kundenbeziehung auf einem vertraglichen Recht basiert und ebenfalls die Definitionskriterien des IAS 38.12b für einen immateriellen Vermögenswert in Bezug auf die Identifizierbarkeit erfüllt werden. Daher wird für 60% des Kundenstamms auch die Kundenbeziehung vom Geschäfts- oder Firmenwert separiert und getrennt bilanziert, wenn der beizulegende Zeitwert verlässlich ermittelt werden kann.

Die Erfahrung zeigt, dass die T3 GmbH auch mit den verbleibenden 40% des Kundenstamms regelmäßig in vertragliche Kundenbeziehungen tritt. Insofern basiert die Kundenbeziehung mit diesen 40% des Kundenstamms ebenfalls auf vertraglichen Rechten, so dass die Anforderungen an einen immateriellen Vermögenswert in Bezug auf die Identifizierbarkeit nach IAS 38.12b erfüllt sind. Die M AG wird daher auch die Beziehungen mit diesen Kunden vom Geschäfts- oder Firmenwert trennen und getrennt bilanzieren, soweit der beizulegende Zeitwert verlässlich ermittelt werden kann, selbst wenn, wie in diesem Fall, am 31. Dezember 2004 tatsächlich keine Kundenaufträge vorliegen.

3.1.2.7 Der Geschäfts- oder Firmenwert

3.1.2.7.1 Zum Begriff des Geschäfts- oder Firmenwerts

Der bei einem Unternehmenszusammenschluss erworbene Geschäfts- oder Firmenwert stellt eine Zahlung dar, die der Erwerber eines Unternehmens in der Erwartung künftigen wirtschaftlichen Nutzens aus Vermögenswerten, die nicht einzeln identifiziert oder getrennt angesetzt werden können, geleistet hat (vgl. IFRS 3.32 und Anhang A zu IFRS 3). Der Geschäfts- oder Firmenwert ist somit eine echte Residualgröße[15]. Dies wird auch anhand von IFRS 3.53 deutlich.

---

15 Genauso im Übrigen auch die Sichtweise der US-GAAP, vgl. SFAS 141.43.

Dort ist geregelt, dass sofern die identifizierbaren Vermögenswerte, Schulden oder Eventualschulden des erworbenen Unternehmens die Kriterien für den getrennten Ansatz zum Erwerbszeitpunkt in IFRS 3.37 nicht erfüllen, sich dies auf den als Geschäfts- oder Firmenwert angesetzten Betrag auswirkt: Dieser wird nach dem Ansatz der identifizierbaren Vermögenswerte, Schulden und Eventualschulden des erworbenen Unternehmens in Höhe der verbleibenden Kosten des Unternehmenszusammenschlusses bewertet.

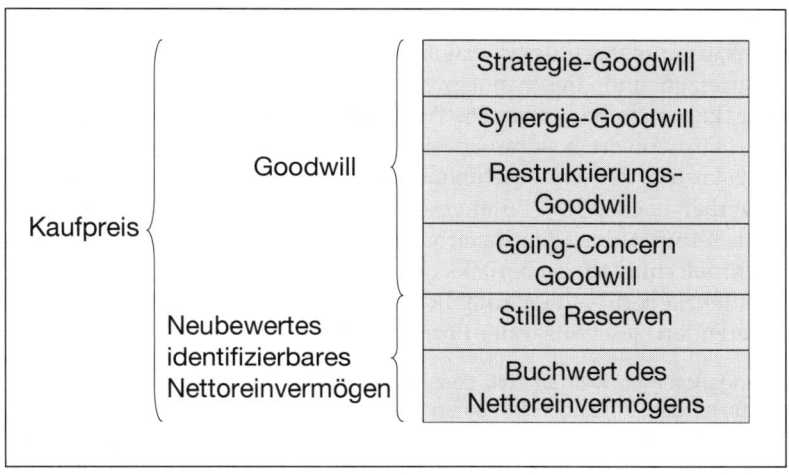

Quelle: nach *Pellens, B./Fülbier, R.U./Gassen, J.* (2004), S. 636.

Abbildung 3-7: Komponenten eines Geschäfts- oder Firmenwertes

Der Going-Concern Goodwill entspricht dem originären Goodwill des erworbenen Unternehmens, also der Differenz von Gesamtbewertungswert des erworbenen Unternehmens und der Summe der beizulegenden Zeitwerte der identifizierten Vermögenswerte und Schulden sowie Eventualschulden[16]. Das Unternehmen ist isoliert betrachtet eben mehr Wert als die Summe seiner Teile. Typisches Beispiel sind die qualifizierten Mitarbeiter oder ein fähiges Management. Beide können nicht vom Geschäfts- oder Firmenwert separiert und als immaterielle Vermögenswerte ausgewiesen werden.

Der Restrukturierungs-Goodwill ergibt sich als das aus künftigen Restrukturierungsmaßnahmen erwartete Ertragspotenzial. Daneben erwartet der Erwerber eines Unternehmens zumeist auch positive Effekte, die mit der Ausnutzung von Synergien einhergehen. Der

---

16 Vgl. *Watrin, C./Strohm, C./Struffert, R.* (2004), S 1456.

Synergie-Goodwill umfasst solche erwarteten Ertragspotenziale, die sich aus der Bündelung der Aktivitäten mit dem erwerbenden Unternehmen ergeben. Der Synergie-Goodwill dürfte zumeist nur schwer vom Strategie-Goodwill zu unterscheiden sein. Letzterer spiegelt den Beitrag des Unternehmenszusammenschlusses zur geplanten Strategieumsetzung des Erwerbers wider.

3.1.2.7.2 Zugangsbewertung des Geschäfts- oder Firmenwertes

Gem. IFRS 3.51a hat der Erwerber den im Rahmen eines Unternehmenszusammenschlusses erworbenen Geschäfts- oder Firmenwert anzusetzen und diesen entsprechend IFRS 3.51b mit den Anschaffungskosten zu bewerten. Die Anschaffungskosten für den Geschäfts- oder Firmenwert bestimmen sich als der Überschuss der Anschaffungskosten des Unternehmenszusammenschlusses über den vom Erwerber nach IFRS 3.36 angesetzten Anteil an dem beizulegenden Nettozeitwert der identifizierbaren Vermögenswerte, Schulden und Eventualschulden. Zu berücksichtigen ist dabei, dass die Abgrenzung latenter Steuern[17] einen erheblichen Einfluss auf die Höhe des zu aktivierenden Geschäfts- oder Firmenwertes hat.

Angenommen werden soll, dass die M AG am 1. Januar 2005 insgesamt 100% der T GmbH für einen Kaufpreis von 3.000.000 € erwirbt. Im Rahmen der Kaufpreisallokation hat die M AG Wertgutachten eingeholt und festgestellt, dass die beizulegenden Zeitwerte der identifizierbaren Vermögenswerte der T GmbH insgesamt 8.000.000 € betragen. Darin sind stille Reserven in Höhe von 4.000.000 € enthalten (bislang nicht aktivierte, vertragliche Kundenbeziehungen). Die T GmbH hat am Stichtag des Unternehmenszusammenschlusses insgesamt zu berücksichtigende Schulden in Höhe von 6.000.000 €. Der Ertragsteuersatz beträgt 40%.

Alle Werte in T€	
Kaufpreis	3.000
Beizulegender Zeitwert der erworbenen Vermögenswerte	(8.000)
Übernommene Schulden	6.000
Passive latente Steuer	1.600
Geschäfts- oder Firmenwert	2.600

Tabelle 3-9: Geschäfts- oder Firmenwert und passive Steuerabgrenzung

---

17 Latente Steuern im Konzernabschluss werden in Abschnitt 3.8 noch ausführlich erläutert.

Nach Durchführung der Kaufpreisallokation wird in der Konzernbilanz ein immaterieller Vermögenswert „Kundenstamm" in Höhe von 4.000.000 € angesetzt. Die Steuerbilanz der T GmbH wird hiervon nicht berührt, d. h. es entsteht eine temporäre Differenz zwischen IFRS-Bilanz und Steuerbilanz, auf die latente Steuern abzugrenzen sind. Wendet man den Steuersatz von 40 % auf die temporäre Differenz in Höhe von 4.000.000 € an, resultiert eine passive latente Steuer in Höhe von 1.600.000 €, die zu einer Erhöhung des Geschäfts- oder Firmenwertes führt.

Nicht nur eine Erhöhung des Geschäfts- oder Firmenwertes ist denkbar. Eine Verminderung ergibt sich, wenn der Unternehmenszusammenschluss zur Abgrenzung aktiver latenter Steuern führt. Unterstellt werden soll, dass die M AG am 1. Januar 2005 insgesamt 100 % der T2 GmbH für einen Kaufpreis von 3.000.000 € erwirbt. Im Rahmen der Kaufpreisallokation hat die M AG Wertgutachten eingeholt und festgestellt, dass die beizulegenden Zeitwerte der identifizierbaren Vermögenswerte den bisherigen Buchwerten (4.000.000 €) entsprechen. Die T2 GmbH hat ihren Mitarbeitern Pensionszusagen gegeben. Der gem. IAS 19 nach dem Anwartschaftsbarwertverfahren ermittelte Wert für die Pensionsverpflichtung übersteigt den steuerlich zulässigen Wert in Höhe von 1.150.000 € (ermittelt nach dem steuerlichen Teilwertverfahren) um insgesamt 750.000 €. Die übrigen Schulden der T2 GmbH belaufen sich auf 1.000.000 €. Der Steuersatz beträgt wieder 40 %.

Alle Werte in T€	
Kaufpreis	3.000
Beizulegender Zeitwert der erworbenen Vermögenswerte	(4.000)
Übernommene Schulden	2.900
Aktive latente Steuer	(300)
Geschäfts- oder Firmenwert	1.600

Tabelle 3-10: Geschäfts- oder Firmenwert und aktive Steuerabgrenzung

Aufgrund der Unterschiede zwischen dem deutschen Steuerrecht und IAS 19 resultiert bei der T2 GmbH eine temporäre Differenz im Zusammenhang mit der Pensionsrückstellung in Höhe von 750.000 €. Um diesen Wert übersteigen die Passiva laut IFRS die steuerlich zu erfassenden Passiva. Entsprechend ist eine aktive latente Steuer auf diese Differenz abzugrenzen. Bewertet mit dem Steuersatz von 40 % ergibt sich eine aktive latente Steuer in Höhe von 300.000 €.

Es ist zu beachten, dass auf den Geschäfts- oder Firmenwert selbst grundsätzlich keine latenten Steuern abgegrenzt werden. IAS 12.21 liefert hierfür die Begründung: der Geschäfts- oder Firmenwert wird als eine Residualgröße bewertet. Die Abgrenzung passiver latenter Steuern auf den Geschäfts- oder Firmenwert hätte zur Folge, dass sich der Buchwert des Geschäfts- oder Firmenwertes erhöhen würde, was die erneute Abgrenzung passiver latenter Steuern erfordern würde[18].

3.1.2.7.3 Folgebewertung des Geschäfts- oder Firmenwertes

IFRS 3.55 verbietet die planmäßige Abschreibung eines Geschäfts- oder Firmenwerts. Stattdessen hat der Erwerber den Geschäfts- oder Firmenwert nach IAS 36 einmal jährlich auf Wertminderung zu prüfen oder auch häufiger, falls Ereignisse oder veränderte Umstände darauf hindeuten, dass eine Wertminderung stattgefunden haben könnte. Im Gegensatz zur außerplanmäßigen Abschreibung anderer Vermögenswerte, die nur vorzunehmen ist, sofern eine sog. Wertminderungsindikation nach IAS 36.12 vorliegt[19], ist der Wertminderungstest für den Geschäfts- oder Firmenwert unabhängig vom Vorliegen etwaiger Indikatoren, also stets jährlich, durchzuführen[20].

Der Geschäfts- oder Firmenwert besteht aus künftigen wirtschaftlichen Nutzen von Vermögenswerten, die nicht einzeln identifiziert und separat angesetzt werden können. Es ist unmittelbar zu erkennen, dass es nicht möglich ist, den Geschäfts- oder Firmenwert isoliert und unabhängig von den übrigen Vermögenswerten auf das Vorliegen von Wertminderungen zu testen. Der Geschäfts- oder Firmenwert generiert keine Zahlungsströme, die von den Zahlungsströmen anderer Vermögenswerte unabhängig sind. Es ist daher erforderlich, den Geschäfts- oder Firmenwert einer oder mehreren zahlungsmittelgenerierenden Einheiten zuzuordnen und auf dieser Basis auf Wertminderung zu testen.

Zahlungsmittelgenerierende Einheiten sind definiert als die kleinste identifizierbare Gruppe von Vermögenswerten, die Mittelzuflüsse erzeugen, die weitestgehend unabhängig von den Mittelzuflüssen anderer Vermögenswerte oder anderer Gruppen von Vermögenswerten sind (vgl. IAS 36.6).

Gem. IAS 36.80 ist denn auch der bei einem Unternehmenszusammenschluss erworbene Geschäfts- oder Firmenwert vom Übernahmetag an jeder der zahlungsmittelgenerierenden Einheiten des

---

18 Es sind jedoch auch die Vorschriften von IAS 12.21A und IAS 12.21B zu beachten.
19 Sofern es sich nicht um immaterielle Vermögenswerte mit unbestimmter Nutzungsdauer handelt. Diese sind genau wie der Geschäfts- oder Firmenwert keiner planmäßigen Abschreibung zu unterziehen, sondern mindestens einmal jährlich, d.h. unabhängig vom Vorliegen von Wertminderungsindikatoren (jedoch häufiger bei Vorliegen derselben), im Rahmen eines Wertminderungstests auf Werthaltigkeit zu untersuchen.
20 Vgl. *Dobler, M.* (2005), S. 26; *Esser, M./Hackenberger, J.* (2005), S. 713.

erwerbenden Unternehmens, die aus den Synergien des Zusammenschlusses Nutzen ziehen sollen, zuzuordnen. Diese Zuordnung erfolgt unabhängig davon, ob andere Vermögenswerte oder Schulden des erworbenen Unternehmens diesen zahlungsmittelgenerierenden Einheiten oder Gruppen von Einheiten zugewiesen worden sind.

IAS 36.81 stellt fest, dass es zeitweise nur willkürlich möglich sein kann, den Geschäfts- oder Firmenwert einzelnen zahlungsmittelgenerierenden Einheiten zuzuordnen. In diesem Fall erlaubt der Standard, den Geschäfts- oder Firmenwert auch auf Gruppen von zahlungsmittelgenerierenden Einheiten zu verteilen.

In jedem Fall stellen aber diejenigen Einheiten oder Gruppen von Einheiten, denen der Geschäfts- oder Firmenwert zugeordnet wird, (i) die unterste Ebene innerhalb des Unternehmens dar, auf der der Geschäfts- oder Firmenwert für interne Managementzwecke kontrolliert wird. Diese Einheiten oder Gruppen von Einheiten dürfen (ii) nicht größer als ein Segment nach IAS 14 sein. Die Aufteilung kann dabei sowohl nach erwarteten Nutzenzuflüssen *(Expected Benefit Rule)* als auch nach einem Verhältnisansatz *(Relative Fair Value Approach)* erfolgen[21].

Für den Wertminderungstest des Geschäfts- oder Firmenwertes ist zunächst der erzielbare Betrag der zahlungsmittelgenerierenden Einheit zu ermitteln. Dieser ist definiert als der höhere der beiden Beträge aus dem beizulegenden Zeitwert abzüglich Veräußerungskosten und dem Nutzungswert. Der beizulegende Zeitwert wird im Regelfall durch den Verkauf eines Vermögenswertes oder einer zahlungsmittelgenerierenden Einheit zwischen zwei sachverständigen, vertragswilligen und voneinander unabhängigen Geschäftspartnern abzüglich der Veräußerungskosten nachgewiesen, wobei auch die Ermittlung nach der *Discounted Cash Flow*-Methode nach IAS 36 zu begründen ist. Der Nutzungswert wird als der Barwert der im Rahmen der gegenwärtigen Verwendung geschätzten künftig erwarteten Cashflows eines Vermögenswertes oder einer zahlungsmittelgenerierenden Einheit ermittelt.

Während für andere Vermögenswerte jährlich anhand von internen und externen Indikatoren zu prüfen ist, ob eine ehemals festgestellte Wertminderung noch besteht (IAS 36.110) und gegebenenfalls eine Wertaufholung durchzuführen ist, ist nach IAS 36.124 eine Wertholung beim Geschäfts- oder Firmenwert nicht zulässig.

---

21 Vgl. *Hachmeister, D./Kunath, O.* (2005), S. 71.

Abbildung 3-8: Vorgehensweise beim Wertminderungstest für den Geschäfts- oder Firmenwert

Hinsichtlich des Zeitpunkts des erstmaligen Wertminderungstest ist darauf hinzuweisen, dass es im Jahr des Unternehmenserwerbs nicht notwendigerweise zu einem Wertminderungstest für den erworbenen Geschäfts- oder Firmenwert kommen kann bzw. kommen muss. Nach IFRS 3.62 besteht die Möglichkeit, dass ein Unternehmenszusammenschluss im Abschluss des Geschäftsjahres, in dem dieser stattgefunden hat, nur vorläufig abgebildet werden kann. Im Regelfall resultiert eine solche Situation daraus, dass entweder die beizulegenden Zeitwerte der identifizierbaren Vermögenswerte und Schulden sowie Eventualschulden nur vorläufig bestimmt werden können oder dass die Anschaffungskosten des Unternehmenszusammenschlusses nicht endgültig bekannt sind. IAS 36.84 erkennt, dass es ähnliche Probleme bei der Aufteilung erworbener Geschäfts- oder Firmenwerte auf zahlungsmittelgenerierende Einheiten geben kann und legt fest, dass die Zuordnung des Geschäfts- oder Firmenwertes auf die zahlungsmittelgenerierenden Einheiten spätestens bis zum Ende der ersten Berichtsperiode, die nach dem Datum des Unternehmenszusammenschlusses beginnt, erfolgt sein muss.

Es stellt sich die Frage, ob gegebenenfalls eine vorläufige Aufteilung in der Berichtsperiode des Unternehmenszusammenschlusses vorzunehmen ist. Nach IAS 36.85 erfolgt dann jedoch keine Zuordnung des Geschäfts- oder Firmenwertes in der Berichtsperiode des Unternehmenszusammenschlusses. Vielmehr wird gem. IAS 36.133 im Anhang angegeben, dass ein (Teil des) Geschäfts- oder Firmenwertes zum Abschlussstichtag nicht zu einer zahlungsmittelgenerierenden Einheit (oder Gruppe von Einheiten) zugeordnet worden ist. Im Anhang sind zudem die Gründe für die Nichtzuordnung zu erläutern.

Die Anschaffungskosten des Unternehmenszusammenschlusses und die beizulegenden Zeitwerte der identifizierten Vermögenswerte und Schulden sowie Eventualschulden sind bis spätestens zwölf Monate nach dem Stichtag des Unternehmenszusammenschlusses zu ermitteln. Das heißt, auch der erworbene Geschäfts- oder Firmenwert steht der Höhe nach endgültig spätestens zwölf Monate nach dem Unternehmenszusammenschluss fest.

Findet also im September 2005 ein Unternehmenszusammenschluss statt, ist der Geschäfts- oder Firmenwert spätestens im September 2006 der Höhe nach bestimmt, zwingend aber erst im Dezember 2006 auf die zahlungsmittelgenerierenden Einheiten verteilt. Testet die bilanzierende Gesellschaft die von ihr aktivierten Geschäfts- oder Firmenwerte regelmäßig im August eines jeden Jahres, wurde der im Jahr 2005 erworbene Geschäfts- oder Firmenwert im Jahr 2006 nicht mehr auf eine Wertminderung hin getestet. Der erste Wertminderungstest findet (orientiert man sich streng am Wortlaut des Standards) erst im August des Jahres 2007, also fast zwei Jahre nach dem eigentlichen Unternehmenserwerb statt (vgl. IAS 36.91). Auf der Basis der vom IASB veröffentlichen Grundlagen von IAS 36 ist jedoch dem Sinn und Zweck von IAS 36.91 folgend erstmals Ende 2006 ein Wertminderungstest für den 2005 erworbenen Geschäfts- oder Firmenwert durchzuführen (vgl. IAS 36.BC.172 f.)

3.1.2.7.4 Beispiel zur Folgebewertung des Geschäfts- oder Firmenwertes

Das nachfolgende **Beispiel** basiert im Wesentlichen auf den Beispielen 2, 3 A und 4 zu IAS 36; ebenso wie dort werden auch im Folgenden Steuerabgrenzungen aus Vereinfachungsgründen vernachlässigt.
Zum Ende des Jahres 2005 erwirbt die M AG die T GmbH für einen Kaufpreis von 10.000.000 €. Die T GmbH hat Produktionsstätten in drei Ländern. Die M AG setzt die wirtschaftliche Nutzungsdauer der identifizierten Vermögenswerte mit zwölf Jahren an (Restwert von null).

Alle Werte in T€ Ende des Jahres 2005	Kaufpreisal-lokation	Beizulegen-der Zeitwert der identifi-zierbaren Vermögens-werte	Geschäfts-oder Firmenwert
Aktivitäten in Land A	3.000	2.000	1.000
Aktivitäten in Land B	2.000	1.500	500
Aktivitäten in Land C	5.000	3.500	1.500
Summe	10.000	7.000	3.000

Tabelle 3-11: Beispiel zum Wertminderungstest beim Goodwill (I)

Da der Geschäfts- oder Firmenwert den Aktivitäten in jedem Land zuge-ordnet wurde[22], sind alle diese Aktivitäten im Rahmen eines Wertminde-rungstests jährlich oder häufiger bei Vorliegen von Wertminderungsindika-toren auf Wertminderungen hin zu testen (vgl. IAS 36.90). Ein solcher Wertminderungsindikator soll im Beispiel zu Beginn des Jahres 2007 vor-liegen: die Regierung von Land A beschränkt massiv den Export des her-gestellten Produkts. Die überarbeitete Planung der (aus Vereinfachungs-gründen als nachschüssig angenommenen) Zahlungsmittelzuflüsse sieht dabei die in der folgenden Tabelle dargestellten Werte vor. Bei der Aufstel-lung der Planung hat das Management für die nächsten fünf Jahre, d.h. bis zum Jahr 2011, die Cash Flows aus den Aktivitäten in Land A direkt geplant. In Folgejahren wurden die Cash Flows unter Anwendung einer Wachstumsrate geschätzt.

Jahr	Wachs-tumsrate in %	Zukünftige Cash Flows T€	Barwert-faktor	Barwert der künftigen Cash Flows
2007		230	0,86957	200
2008		253	0,75614	191
2009		273	0,65752	180
2010		290	0,57175	166
2011		304	0,49718	151
2012	3	313	0,43233	135
2013	-2	307	0,37594	115
2014	-6	289	0,32690	94
2015	-15	245	0,28426	70
2016	-25	184	0,24719	45
2017	-67	61	0,21494	13
Nutzungswert				1.360

Tabelle 3-12: Beispiel zum Wertminderungstest beim Goodwill (II)

22 Die Aktivitäten in jedem Land sollen die kleinste Ebene darstellen, auf der der Geschäfts- oder Firmenwert für interne Berichtszwecke überwacht wird.

Im Rahmen des Wertminderungstests wird der als Nutzungswert ermittelte erzielbare Betrag (es sei unterstellt, dass der Nutzungswert den beizulegenden Zeitwert abzüglich Veräußerungskosten übersteigt) dem Buchwert der zahlungsmittelgenerierenden Einheit gegenübergestellt. Da der erzielbare Betrag (1.360 T€) den Buchwert der zahlungsmittelgenerierenden Einheit zu Beginn des Jahres 2007 (2.833 T€, siehe nachfolgende Tabelle) um 1.473 T€ unterschreitet, wird eine Wertminderung in dieser Höhe sofort aufwandswirksam erfasst.

Alle Werte in T€ Zu Beginn des Jahres 2007	Geschäfts- oder Firmenwert	Identifzier- bare Vermö- genswerte	Summe
Historische Anschaffungskosten	1.000	2.000	3.000
Kumulierte Abschreibungen	–	(167)	(167)
Buchwert	**1.000**	**1.833**	**2.833**
Wertminderung	(1.000)	(473)	(1.473)
Buchwert nach Wertminderung	**–**	**1.360**	**1.360**

Tabelle 3-13: Beispiel zum Wertminderungstest beim Goodwill (III)

Diese Wertminderung wird zuerst beim Geschäfts- oder Firmenwert erfasst (vgl. IAS 36.104).
Die Auswirkungen der Wertminderung auf die Steuerabgrenzung verdeutlicht die folgende Tabelle: Dabei wird angenommen, dass die identifizierbaren Vermögenswerte des zahlungsmittelgenerierenden Einheit A in der Steuerbilanz der T GmbH mit einem Buchwert von 900 T€ angesetzt werden. Darüber hinaus ist zu erwähnen, dass Wertminderungsaufwendungen nach IAS 36 für steuerliche Zwecke unbeachtlich sein sollen. Der Steuersatz beträgt 40%.

Alle Werte in T€ Zu Beginn des Jahres 2007	Identifizier- bare Vermö- genswerte vor Wert- minderung	Wertminde- rung	Identifizier- bare Vermö- genswerte nach Wert- minderung
Buchwert	1.833	473	1.360
Steuerbilanzansatz	900	–	900
Temporäre Differenz	**933**	**(473)**	**460**
Passive latente Steuer	373	(189)	184

Tabelle 3-14: Beispiel zum Wertminderungstest beim Goodwill (IV)

Unterstellt sei nun, dass sich die im Jahr 2007 teilweise abgeschriebene zahlungsmittelgenerierende Einheit A trotz der von der lokalen Regierung des Landes A eingeführten Exportbeschränkungen im Jahr 2008 besser als erwartet entwickelt. Insoweit ist zu prüfen, ob im Jahr 2008 eine Zuschreibung vorzunehmen ist, d. h. ob die im Vorjahr vorgenommene Erfassung einer Wertminderung wieder rückgängig zu machen ist. Im Jahr 2007 werden die im Rahmen des Unternehmenszusammenschlusses identifizierten Vermögenswerte zunächst weiter planmäßig abgeschrieben. Der Betrag der planmäßigen Abschreibung basiert auf der Restnutzungsdauer von elf Jahren, auf den der Restbuchwert zum Anfang des Jahres 2007 (nach Erfassung der Wertminderung) verteilt wird. Für die Jahre 2007 und 2008 ergibt sich damit pro Jahr eine planmäßige Abschreibung von 124 T€ (= 1.360 T€/11 Jahre Restnutzungsdauer), d. h. bis Ende 2008 sind seit der Wertminderung insgesamt 247 T€ an planmäßigen Abschreibungen berücksichtigt worden.

Alle Werte in T€ Zu Beginn des Jahres 2007	Geschäfts- oder Firmenwert	Identifizierbare Vermögenswerte	Summe
Historische Anschaffungskosten	1.000	2.000	3.000
Kumulierte Abschreibungen	–	(167)	(167)
Buchwert	1.000	1.833	2.833
Wertminderung	(1.000)	(473)	(1.473)
Buchwert nach Wertminderung	–	1.360	1.360
Zum Ende des Jahres 2008 Kumulierte Abschreibungen	–	(247)	(247)
Buchwert	–	1.113	1.113
Erzielbarer Betrag			1.910
Delta			797

Tabelle 3-15: Beispiel zum Wertminderungstest beim Goodwill (V)

Es sei angenommen, dass das Management der Gesellschaft Ende 2008 einen neuen erzielbaren Betrag der zahlungsmittelgenerierenden Einheit A in Höhe von 1.910 T€ ermittelt. Da der erzielbare Betrag den Buchwert der zahlungsmittelgenerierenden Einheit A übersteigt, ist der Umfang einer möglichen Wertaufholung zu prüfen. Gem. IAS 36 darf die Zuschreibung nicht auf den Geschäfts- oder Firmenwert und ansonsten nur bis zu maximal dem Betrag der fortgeführten Anschaffungskosten erfolgen, der sich ohne außerplanmäßige Abschreibung ergeben würde. Dieser Betrag wird in der nachfolgenden Tabelle ermittelt.

Alle Werte in T€ Zum Ende des Jahres 2008	Identifizierbare Vermögenswerte
Historische Anschaffungskosten	2.000
Kumulierte Abschreibung [3 Jahre à 167 T€]	(501)
Fortgeführte Anschaffungskosten	1.499
Tatsächlicher Buchwert	1.113
Maximale Zuschreibung	386

Tabelle 3-16: Beispiel zum Wertminderungstest beim Goodwill (VI)

Die im Jahr 2007 erfasste Wertminderung wird somit im Jahr 2008 in Höhe von 386 T€ wieder rückgängig gemacht.

Alle Werte in T€ Ende des Jahres 2008	Geschäfts- oder Fir- menwert	Identifizier- bare Vermö- genswerte	Summe
Historische Anschaf- fungskosten	1.000	2.000	3.000
Kumulierte Abschrei- bungen	–	(247)	(247)
Kumulierte Wertminde- rung	(1.000)	(473)	(1.473)
Buchwert	–	1.113	1.113
Zuschreibung	–	386	386
Buchwert nach Zuschreibung	–	1.499	1.499

Tabelle 3-17: Beispiel zum Wertminderungstest beim Goodwill (VII)

3.1.2.8 Passivischer Unterschiedsbetrag

Im Rahmen der Gegenüberstellung von Anschaffungskosten des Unternehmenserwerbs und beizulegenden Zeitwerten der erworbenen Vermögenswerte, Schulden und Eventualschulden muss sich nicht notwendigerweise ein Geschäfts- oder Firmenwert ergeben. Übersteigt der Anteil des Erwerbers an der Summe der beizulegenden Zeitwerte der nach IFRS 3.36 angesetzten identifizierbaren Vermögenswerte, Schulden und Eventualschulden die Anschaffungskosten des Unternehmenszusammenschlusses, sind nach IFRS 3.56 die folgenden Schritte erforderlich: Zunächst ist die Identifizierung und die Bewertung der identifizierbaren Vermögenswerte, Schulden und Eventualschulden des erworbenen Unternehmens sowie die Höhe der Anschaffungskosten des Unternehmenszusammenschlusses erneut zu beurteilen (vgl. IFRS 3.56a). Sollte sich nach dieser Prüfung ergeben, dass die Kaufpreisbestimmung und Kaufpreisallokation tatsächlich fehlerfrei vorgenommen wurden, wird der verbleibende Überschuss sofort erfolgswirksam erfasst (vgl. IFRS 3.56b).

Wie man anhand von IFRS 3.56 sehen kann, sieht das IASB in erster Linie Bewertungsfehler als die Ursache von passivischen Unterschiedsbeträgen an (vgl. IFRS 3.BC146). Ein günstiger Erwerb *(lucky buy)* ist unter fremden, rational handelnden Dritten naturgemäß sehr selten[23]. In der Regel wird es so sein, dass im Rahmen der Kaufpreisallokation vom Erwerber nicht alle Eventualverbindlichkeiten berücksichtigt wurden, dass die beizulegenden Zeitwerte der identifizierten Vermögenswerte überschätzt wurden oder dass Fehler bei der Bestimmung der Anschaffungskosten aufgetreten sind. Deshalb macht es Sinn, vor der ertragswirksamen Vereinnahmung des passivischen Unterschiedsbetrages die Überprüfung der Kaufpreisallokation zu fordern.

3.1.3 Besonderheiten

Im Rahmen des folgenden Abschnitts wird zunächst die Vollkonsolidierung bei Existenz von Minderheitsgesellschaftern erläutert. Daran anschließend wird die Durchführung eines Wertminderungstest für den Geschäfts- oder Firmenwert bei Existenz von Minderheitsgesellschaftern dargestellt. Schließlich werden die Besonderheiten der Vollkonsolidierung im engeren Sinne diskutiert: (i) sukzessive Anteilserwerbe, bei denen der Erwerber vor dem Unternehmenszusammenschluss bereits am erworbenen Unternehmen beteiligt war, aber eben noch keine Beherrschung an dem erworbenen Unternehmen hatte, (ii) Unternehmenszusammenschlüsse von Unternehmen unter gemeinsamer Beherrschung (diese beinhalten im Wesentlichen konzerninterne Restrukturierungen wie z.B. die Verschmelzung von Tochtergesellschaften) und (iii) die umgekehrten Anteilserwerbe *(reverse acquisitions)*, bei denen ein kleineres Unternehmen rechtlich als Erwerber eines größeren Unternehmens auftritt, das größere Unternehmen jedoch wirtschaftlich das neue Mutterunternehmen darstellt.

3.1.3.1 Vollkonsolidierung bei Minderheiten

Zur Darstellung der Vollkonsolidierung bei Existenz von Minderheitsgesellschaftern kann das einführende **Beispiel** vom Anfang dieses Kapiels nochmals aufgegriffen werden: Die M AG erwirbt für einen Kaufpreis von

---

23 Vgl. *Kühnberger, M.* (2005), S. 683.

1.040.000 € jetzt nur noch 80% der Anteile an der Gesellschaft T AG, die über ein Nettoreinvermögen von 500.000 € verfügt. Im Rahmen der Kaufpreisallokation wird wieder festgestellt, dass die T AG über zusätzliche identifizierbare Vermögenswerte von 150.000 € in Form eines Kundenstamms verfügt. Zusätzlich wird festgestellt, dass das Sachanlagevermögen zwar einen Buchwert von 500.000 €, jedoch einen beizulegenden Zeitwert von 700.000 € hat. Von der Abgrenzung latenter Steuern wird zur Vereinfachung abgesehen. Zur Ermittlung des Geschäfts- oder Firmenwertes werden die erworbenen identifizierbaren Vermögenswerte und Schulden den Anschaffungskosten gegenübergestellt.

Alle Werte in T€	
Kaufpreis	1.040
Erworbene Vermögenswerte zum beizulegenden Zeitwert [80% von 1.850 T€]	(1.480)
Übernommene Schulden zum beizulegenden Zeitwert [80% von 1.000]	800
Geschäfts- oder Firmenwert	**360**

Tabelle 3-18: Ermittlung Geschäfts- oder Firmenwert bei Existenz von Minderheiten

Als Differenz verbleibt ein Geschäfts- oder Firmenwert in Höhe von 360.000 €. Um diesen Betrag übersteigen die Anschaffungskosten den anteiligen beizulegenden Nettozeitwert der identifizierbaren Vermögenswerte, Schulden und Eventualschulden. Es ist ersichtlich, dass der Geschäftsoder Firmenwert nur in der Höhe angesetzt wird, in der er vom Erwerber erworben wurde. Anders bei den übrigen identifizierbaren Vermögenswerten und Schulden sowie Eventualschulden: hier wird nach IFRS 3.40 eine Neubewertung auch vorgenommen, soweit diese auf die Minderheiten entfallen.

In der nachfolgenden Tabelle ist die Erstkonsolidierung dargestellt. Zunächst wird der Beteiligungsbuchwert mit dem anteiligen neubewerteten Eigenkapital aufgerechnet (Buchung [1]). Der dabei entstehende aktivische Unterschiedsbetrag ist der beim Unternehmenszusammenschluss entstandene Geschäfts- oder Firmenwert in Höhe von 360.000 €. In der Konsolidierungsbuchung [2] werden die Minderheitenanteile erfasst. Das neubewertete Nettoreinvermögen der T AG beträgt 850.000 €, davon entfallen 20% (= 170.000 €) auf die Minderheitsgesellschafter.

Alle Werte in T€	M AG 2005	T AG HB I 2005	T AG HB II 2005	Σ	Konsolidierung Soll	Konsolidierung Haben	Konzern 2005
Sachanlagen	–	500	700	700			700
Immaterielle Vermögenswerte	–	–	150	150			150
Geschäfts- oder Firmenwert	–	–	–	–	350 [1]		360
Beteiligungen/ Finanzinstrumente (AFS)	1.040	500	500	1.540		1.040 [1]	500
Vorräte/sonst. Aktiva	900	500	500	1.400			1.400
Zahlungsmittel	360	–	–	360			360
Summe Aktiva	**2.300**	**1.500**	**1.850**	**4.150**			**3.470**
Eigenkapital	1.300	500	850	2.150	680 [1]		1.300
Eigenkapital – Minderh.					170 [2]	170 [2]	170
Schuldern	1.000	1.000	1.000	2.000			2.000
Summe Passiva	**2.300**	**500**	**1.850**	**4.150**			**3.470**

Tabelle 3-19: Beispiel zur Kapitalkonsolidierung bei Minderheiten

IFRS 3 sieht allein die sog. vollständige Neubewertungsmethode vor (im Gegensatz zur Buchwertmethode, die nach dem inzwischen aufgehobenen IAS 22 noch ebenso zulässig war): Vermögenswerte und Schulden werden stets mit ihren vollständigen beizulegenden Zeitwerten in der Konzernbilanz erfasst, unabhängig davon, welchen Anteil das Mutterunternehmen erworben hat.

Minderheitenanteile sind nach IAS 27 als gesonderte Position innerhalb des Eigenkapitals auszuweisen. Gewinne und Verluste, die im Konzern entstehen, sind den Minderheiten anteilig zuzurechnen. Bei der Zurechnung von Verlusten sind die Regelungen von IAS 27.35 zu beachten. Übersteigt die Verlustzuweisung den Minderheitenanteil, werden darüber hinausgehende Verlustanteile dem Mehrheitsgesellschafter zugerechnet, d.h. es wird keine Forderung gegenüber dem Minderheitsgesellschafter erfasst. Spätere, auf die Minderheiten entfallende Gewinnanteile werden zunächst ausschließlich dem Mehrheitsgesellschafter zugerechnet, bis die zuvor dem Mehrheitsgesellschafter zugerechneten Verlustanteile der Minderheiten kompensiert sind. Eine Fortschreibung des Minderheitenanteils unter den Wert null (d.h. der Ausweis einer Forderung in der Konzernbilanz) erfolgt nur, soweit die Minderheiten verbindlich zum Verlustausgleich verpflichtet und in der Lage sind, die Verluste zu tragen.

3.1.3.2 Geschäfts- oder Firmenwert und Minderheiten

IFRS 3 stellt klar, dass bei der Kaufpreisallokation der Geschäfts- oder Firmenwert nur in Höhe des Anteils ermittelt wird, der auf den Erwerber entfällt. Diese Vorgehensweise hat jedoch Implikationen für die Folgebewertung des Geschäfts- oder Firmenwertes. Im Rahmen der Folgebewertung ergibt sich bei Tochterunternehmen, an denen auch Minderheiten beteiligt sind, die Besonderheit, dass die einer zahlungsmittelgenerierenden Einheit zugeordneten Vermögenswerte mit dem vollen beizulegenden Zeitwert im Konzernabschluss ausgewiesen werden (d.h. auch insoweit dieser auf Minderheitsgesellschafter entfällt), der Firmenwert aber nur mit dem Anteil des Mutterunternehmens am beizulegenden Zeitwert bilanziert wird. IAS 36.92 sieht daher die Anpassung des Buchwertes der zahlungsmittelgenerierenden Einheit um den fiktiven Minderheitenanteil des Geschäfts- oder Firmenwertes vor. Ein etwaiger Wertminderungsverlust wird in einen Mehr- und einen Minderheitenanteil aufgeteilt; soweit die Wertminderung auf den Geschäfts- oder Firmenwert entfällt, wird in der Konzern-Gewinn- und Verlustrechnung nur der auf das Mutterunternehmen entfallende Teil des Wertminderungsaufwands berücksichtigt (vgl. IAS 36.93).

Das nachfolgende **Beispiel** (angelehnt an Beispiel 7 zu IAS 36, Steuerabgrenzungen werden auch hier aus Vereinfachungsgründen vernachlässigt) verdeutlicht die Problematik: Die M AG erwirbt am 1. Januar 2006 insgesamt 80 % der Anteile an der T GmbH. Der Kaufpreis beträgt 1.600.000 €. Zum Erwerbsstichtag haben die identifizierbaren Vermögenswerte der T GmbH einen beizulegenden Zeitwert von 1.500.000 €. Rechnet man den Beteiligungsbuchwert in Höhe von 1.600.000 € mit dem anteiligen neubewerteten Nettoreinvermögen in Höhe von 1.200.000 € (= 80% von 1.500.000 €) auf, ergibt sich ein Geschäfts- oder Firmenwert in Höhe von 400.000 €.

Es soll im Folgenden angenommen werden, dass die T GmbH eine eigene zahlungsmittelgenerierende Einheit darstellt. Weiterhin soll angenommen werden, dass der erworbene Geschäfts- oder Firmenwert ausschließlich dieser zahlungsmittelgenerierenden Einheit zugeordnet werden kann. Der im Konzernabschluss der M AG aktivierte Geschäfts- oder Firmenwert wird keiner planmäßigen Abschreibung unterworfen, vielmehr ist die zahlungsmittelgenerierende Einheit „T GmbH" einem jährlichen Wertminderungstest zu unterziehen. Die identifizierbaren Vermögenswerte der T GmbH haben eine Restnutzungsdauer von zehn Jahren und einen vernachlässigbaren Restwert.

Der am 31. Dezember 2006 für die T GmbH durchgeführte Wertminderungstest ergibt einen erzielbaren Betrag in Höhe von 1.000.000 €.

Alle Werte in T€ Ende des Jahres 2006	Geschäfts- oder Firmenwert	Identifizier- bare Vermö- genswerte	Summe
Bruttobuchwert	400	1.500	1.900
Abschreibung	–	(150)	(150)
Buchwert	**400**	**1.350**	**1.750**
Hochrechnung Minder- heitenanteil	100	–	100
Adjustierter Buchwert	500	1.350	1.850
Erzielbarer Betrag			1.000
Wertminderung			**850**

Tabelle 3-20: Beispiel zu Minderheiten und Goodwillabschreibung (I)

Aus der Tabelle ist ersichtlich, dass der Geschäfts- oder Firmenwert, der auf die T GmbH entfällt, zunächst um den nicht aktivierten Minderheitenanteil erhöht werden muss, bevor der erzielbare Betrag dem so adjustierten Buchwert gegenübergestellt werden kann. Im vorliegenden Fall ergibt sich eine Wertminderung in Höhe von 850.000 €, die zunächst zu einer Abschreibung des Geschäfts- oder Firmenwertes führen wird. Da in der Konzernbilanz der M AG allerdings nur 80% des Geschäfts- oder Firmenwertes aktiviert sind, werden auch nur 80 % der Goodwill-Wertminderung erfolgswirksam in der Konzern-Gewinn- und Verlustrechnung erfasst, d.h. 400.000 € (= 80% von 500.000 €). Es verbleibt ein Betrag von 350.000 € (= 850.000 € – 500.000 €), der den Buchwert der bilanzierten Vermögenswerte vermindert.

Alle Werte in T€ Ende des Jahres 2006	Geschäfts- oder Firmenwert	Identifizier- bare Vermö- genswerte	Summe
Bruttobuchwert	400	1.500	1.900
Abschreibung	–	(150)	(150)
Buchwert	**400**	**1.350**	**1.750**
Wertminderung	(400)	(350)	(750)
Buchwert nach Wert- minderung		**1.000**	**1.000**

Tabelle 3-21: Beispiel zu Minderheiten und Goodwillabschreibung (II)

Zur weiteren Verdeutlichung kann das Beispiel geringfügig abgewandelt werden. Unterstellt werden soll, dass der erzielbare Betrag der zahlungsmittelgenerierenden Einheit nunmehr 1.400.000 € beträgt.

Alle Werte in T€ Ende des Jahres 2006	Geschäfts- oder Firmenwert	Identifizier- bare Vermö- genswerte	Summe
Bruttobuchwert	400	1.500	1.900
Abschreibung	–	(150)	(150)
Buchwert	**400**	**1.350**	**1.750**
Hochrechnung Minder- heitenanteil	100	–	100
Adjustierter Buchwert	500	1.350	1.850
Erzielbarer Betrag			1.400
Wertminderung			**450**

Tabelle 3-22: Beispiel zu Minderheiten und Goodwillabschreibung (III)

Aus Tabelle 3-22 wird ersichtlich, dass der Wertminderungsaufwand insgesamt 450.000 € beträgt, der zunächst dem Geschäfts- oder Firmenwert zuzurechnen ist (vgl. IAS 36.104a). Dabei ist erneut zu berücksichtigen, dass die M AG in ihrem Abschluss nicht 500.000 € als Geschäfts- oder Firmenwert zeigt, sondern nur den auf sie entfallenden Anteil von 80%, d. h. 400.000 €. Entsprechend ist ein Wertminderungsaufwand in Höhe von 360.000 € (80% von 450.000 €) zu berücksichtigen.

Alle Werte in T€ Ende des Jahres 2006	Geschäfts- oder Firmenwert	Identifizier- bare Vermö- genswerte	Summe
Bruttobuchwert	400	1.500	1.900
Abschreibung	–	(150)	(150)
Buchwert	**400**	**1.350**	**1.750**
Wertminderung	(360)	–	(360)
Buchwert nach Wert- minderung	**40**	**1.350**	**1.390**

Tabelle 3-23: Beispiel zu Minderheiten und Goodwillabschreibung (IV)

Wäre im zweiten Fall der erzielbare Betrag in Höhe von 1.400.000 € der zahlungsmittelgenerierenden Einheiten einfach gegenübergestellt worden, d. h. ohne Berücksichtigung, dass der Geschäfts- oder Firmenwert nur insoweit aktiviert wird, als er auf die M AG entfällt, hätte sich ein Abschreibungsbedarf nur in Höhe von 350.000 € ergeben. Dieser wäre nach IAS 36.104a zunächst dem Geschäfts- oder Firmenwert zugeordnet worden, so dass ein Betrag für diesen nach Wertminderung in Höhe von 50.000 € verblieben wäre, d. h. der Geschäfts- oder Firmenwert wäre im Ergebnis in Höhe von 10.000 € überbewertet gewesen.

3.1.3.3 Sukzessive Anteilserwerbe

Ein sukzessiver Anteilserwerb (auch: stufenweiser Anteilserwerb) liegt vor, wenn die Beherrschung in mehreren Erwerbsschritten erzielt wird und die letzte Erwerbstranche zur Beherrschung führt. Wird ein Unternehmen in mehreren Tranchen erworben, wird jeder einzelne Anteilserwerb als einzelner Erwerbsvorgang betrachtet. Folglich ist für jeden einzelnen Erwerbsschritt gesondert ein Unterschiedsbetrag zum Transaktionsstichtag nach den dargestellten Vorschriften zur Erwerbsmethode zu ermitteln.

Üblicherweise werden sich die beizulegenden Zeitwerte der identifizierbaren Vermögenswerte und Schulden im Zeitablauf ändern. Die identifizierbaren Vermögenswerte und Schulden müssen im Zusammenhang mit dem Erwerb zu jedem Zeitpunkt des sukzessiven Erwerbs jeweils zu beizulegenden Zeitwerten neu angepasst werden (vgl. IFRS 3.58 ff.). Im Fall dieser Anpassung ist der sich ergebende Anpassungsbetrag hinsichtlich des zuvor gehaltenen Anteils bilanziell als Neubewertung zu behandeln.

Das folgende **Beispiel** lehnt sich an Beispiel 6 in IFRS 3 an:
Am 1. Januar 2005 erwirbt die M AG einen 20%-igen Anteil an der T AG. Der Kaufpreis beträgt 3.500.000 € in bar. Zum Erwerbszeitpunkt beträgt der beizulegende Zeitwert der identifizierbaren Vermögenswerte der T AG 10.000.000 €, der Buchwert beläuft sich auf 8.000.000 €. Die T AG hat zum Erwerbszeitpunkt keine Schulden. Die Bilanz der T AG sieht am 1. Januar 2005 wie folgt aus:

Alle Werte in T€	Buchwerte	Beizulegende Zeitwerte
Bankguthaben	2.000	2.000
Grundstücke	6.000	8.000
Summe Aktiva	**8.000**	**10.000**
Eigenkapital		
Gewinnvortrag	3.000	
Gezeichnetes Kapital		
1.000.000 Stammaktien	5.000	
Summe Passiva	**8.000**	

Tabelle 3-24: Beispiel zum sukzessiven Anteilserwerb (I)

Während des Jahres 2005 erwirtschaftet die T AG einen Jahresüberschuss in Höhe von 6.000.000 €. Dividenden werden nicht ausgeschüttet. Zusätzlich steigt der beizulegende Zeitwert der Grundstücke um 3.000.000 € auf

11.000.000 €. In der Bilanz der T AG werden die Grundstücke weiterhin mit ihren Anschaffungskosten (6.000.000 €) ausgewiesen. Der Marktpreis einer T-Aktie am 31. Dezember 2005 beträgt 30 €. Am 31. Dezember 2005 stellt sich die Bilanz der T AG wie folgt dar:

Alle Werte in T€	Buchwerte	Beizulegende Zeitwerte
Bankguthaben	8.000	8.000
Grundstücke	6.000	11.000
Summe Aktiva	**14.000**	**19.000**
Eigenkapital		
Gewinnvortrag	9.000	
Gezeichnetes Kapital		
1.000.000 Stammaktien	5.000	
Summe Passiva	**14.000**	

Tabelle 3-25: Beispiel zum sukzessiven Anteilserwerb (II)

Die Anschaffungskosten der Beteiligung betrugen 3.500.000 €. Wenn der Marktpreis der T-Aktien am 31. Dezember 2005 30 € beträgt, beläuft sich der beizulegende Zeitwert der Beteiligung auf 6.000.000 €. Die Wertänderung wird erfolgswirksam erfasst (Kategorie *„at fair value through profit or loss"*). Somit sieht die Bilanz der M AG am 31. Dezember 2005 vereinfacht wie folgt aus:

Alle Werte in T€	
Bankguthaben	26.500
Beteiligung an T AG	6.000
Summe Aktiva	**32.500**
Eigenkapital	
Gewinnvortrag	2.500
Gezeichnetes Kapitel	30.000
Summe Passiva	**32.500**

Tabelle 3-26: Beispiel zum sukzessiven Anteilserwerb (III)

Unterstellt werden soll, dass die M AG vor dem 1. Januar 2006 (Tag des Erwerbs von Kontrolle) keinen wesentlichen Einfluss auf die T GmbH hatte. Eine Bewertung der T AG im Konzernabschluss der M AG nach der Equity-Methode kam somit nicht in Betracht.

Am 1. Januar 2006 erwirbt die M AG für einen Kaufpreis von 22.000.000 €
in bar weitere 60% der Anteile an der T AG.
Der Unternehmenserwerb findet mit dem Erwerb der zweiten Tranche
(60%) der Anteile statt. Nach IFRS 3.25 gilt in diesem Fall folgendes: (i) die
Anschaffungskosten des Zusammenschlusses entsprechen der Summe
der Anschaffungskosten der einzelnen Transaktionen; und (ii) der Tauschzeitpunkt entspricht dem Zeitpunkt jeder einzelnen Tauschtransaktion (d. h.
der Zeitpunkt, zu dem jede einzelne Investition im Abschluss des Erwerbers
angesetzt wird), während der Erwerbszeitpunkt der Zeitpunkt ist, an dem
der Erwerber die Beherrschung über das erworbene Unternehmen erlangt.
Bezogen auf den hier diskutierten Fall bedeutet dies, dass die Anschaffungskosten der T AG 3.500.000 € für die erste Tranche und 22.000.000 €
für die zweite Tranche (in Summe 25.500.000 €) betragen. Irrelevant ist,
dass sich im Abschluss der M AG der Buchwert der Anteile der ersten
Tranche nach dem Erwerb geändert hat.

Nach IFRS 3.58 gilt weiter: In Fällen sukzessiver Unternehmenszusammenschlüsse ist jede Transaktion vom Erwerber getrennt zu behandeln, wobei zu jedem Tauschzeitpunkt die Anschaffungskosten
der Transaktion und die Information zum beizulegenden Zeitwert
benutzt werden, um den Betrag eines jeden mit der Transaktion verbundenen Geschäfts- oder Firmenwertes zu bestimmen. Dieses Vorgehen führt zu einer tranchenweisen Kaufpreisallokation.

Die Geschäfts- oder Firmenwerte bestimmen sich daher im hier diskutierten **Beispiel** wie folgt:

Alle Werte in T€	Buchwerte
Für den 20% Anteil mit Anschaffungskosten von 3.500 T€ entsteht ein Geschäfts oder Firmenwert in Höhe von: 3.500 T€ – 20% × 10.000 T€	1.500
Für den 60% Anteil mit Anschaffungskosten von 22.000 T€ entsteht ein Geschäfts- oder Firmen-wert in Höhe von: 22.000 T€ – 60% × 19.000 T€	**10.6000**

Tabelle 3-27: Beispiel zum sukzessiven Anteilserwerb (IV)

Die Ermittlung der Konzernbilanz unmittelbar nach Erwerb der weiteren 60% der Anteile an der T AG ist in der folgenden Tabelle dargestellt.

	M AG	T AG	Konsolidierung		Konzern	
			Soll	Haben		
Bankguthaben	4.500	8.000			12.500	
Beteiligungen	28.000	–		2.500 [2] 3.500 [3] 22.000 [4]	–	
Grundstücke	–	6.000	5.000 [1]		11.000	Anm. a
Geschäfts- oder Firmenwert	–	–	1.500 [3] 10.600 [4]		12.100	Anm. b
Summe Aktiva	32.500	14.000			35.600	
Gez. Kapital	30.000	5.000	1.000 [3] 3.000 [4] 1.000 [5]		30.000	Anm. c
Neubew. Rücklage	–	–	400 [3] 3.000 [4] 1.000 [5]	5.000 [1]	600	Anm. d
Gewinnvortrag	2.500	9.000	2.500 [2] 600 [3] 5.400 [4] 1.800 [5]		1.200	Anm. e
Minderheiten	–	–		3.800 [5]	3.800	Anm. a
Summe Passiva	32.500	14.000			35.600	

Tabelle 3-28: Beispiel zum sukzessiven Anteilserwerb (V)

In der Konsolidierungsbuchung [1] werden die identifizierbaren Vermögenswerte der Beteiligung mit ihrem beizulegenden Zeitwert erfasst. Die Konsolidierungsbuchung [2] führt dazu, dass die 20%-Beteiligung wieder mit ihren Anschaffungskosten ausgewiesen wird. Bei der Konsolidierungsbuchung [3] wird der Beteiligungsbuchwert mit dem anteiligen Eigenkapital verrechnet und der Geschäfts- oder Firmenwert der ersten Tranche des Unternehmenserwerbs angesetzt. Entsprechendes für die zweite Tranche erfolgt im Rahmen der Konsolidierungsbuchung [4]. Der Minderheitenanteil wird durch die Buchung [5] erfasst. Zum besseren Verständnis werden die Buchungssätze nachfolgend nochmals wiedergegeben:

Alle Werte in T€	Soll	Haben
Grundstücke	5.000	
Neubewertungsrücklage		5.000
Gewinnvortrag	**2.500**	
Beteiligung		**2.500**
Gezeichnetes Kapital [20% × 5.000]	1.000	
Neubewertungsrücklage [20% × 2.000[24]]	400	
Gewinnvortrag [20% × 3.000]	600	
Geschäfts- oder Firmenwert	1.500	
Beteiligung		3.500
Gezeichnetes Kapital [60% × 5.000]	3.000	
Neubewertungsrücklage [60% × 5.000]	3.000	
Gewinnvortrag [60% × 9000]	5.400	
Geschäfts- oder Firmenwert	10.600	
Beteiligung		22.000
Gezeichnetes Kapital [20% × 5.000]	1.000	
Neubewertungsrücklage [20% × 5.000]	1.000	
Gewinnvortrag [20% × 9.000]	1.800	
Minderheiten (am gez. Kapital)		1.000
Minderheiten (an Neubewertungsrückl.)		1.000
Minderheiten (am Gewinnvortrag)		1.800

Tabelle 3-29: Beispiel zum sukzessiven Anteilserwerb (VI)

Anmerkung a: Der beizulegende Zeitwert der Grundstücke beträgt zum Erwerbszeitpunkt 11.000.000 €. Mit diesem Wert sind die Grundstücke in der Konzernbilanz auszuweisen. 20% der Differenz von Buchwert und beizulegendem Zeitwert entfallen auf Minderheiten, d. h. 1.000.000 €.
Anmerkung b: Der Geschäfts- oder Firmenwert wird für jede Transaktion getrennt ermittelt.

---

24 Die 2.000.000 € Neubewertungsrücklage betreffen den Betrag, um den die beizulegenden Zeitwerte für die Grundstücke der T AG zum Zeitpunkt der Erwerbs der ersten Tranche den Buchwert überschritten haben. Als die M AG die ersten 20% der Anteile erwarb, betrug der Buchwert der Grundstücke 6.000.000 €, der beizulegende Zeitwert hingegen 8 000.000 €. Gem. IFRS 3.58 ist jede Transaktion vom Erwerber getrennt zu behandeln, wobei zu jedem Tauschzeitpunkt die Anschaffungskosten der Transaktion und die Information zum beizulegenden Zeitwert benutzt werden, um den Betrag eines jeden mit der Transaktion verbundenen Geschäfts- oder Firmenwertes zu bestimmen.

Anmerkung c: In der Konzernbilanz wird nur das gezeichnete Kapital des Mutterunternehmens ausgewiesen.

Anmerkung d: Die Neubewertungsrücklage in der Konzernbilanz beträgt 600.000 €. Dies entspricht dem Anteil der Wertsteigerung der Grundstücke in Höhe von 3.000.000 € (im Jahr 2005), der auf die ersten erworbenen 20% entfällt.

Anmerkung e: Der Gewinnvortrag in der Konzernbilanz beträgt 1.200.000 €. Dieser Betrag spiegelt die Änderung im Gewinnvortrag der Beteiligung (6.000.000 €) wider, die sich seit dem Erwerb der ersten 20% ergeben hat und zwar soweit diese auf den 20% Anteil entfällt (20% × 6.000.000 €).

3.1.3.4 Unternehmenszusammenschlüsse von Unternehmen unter gemeinsamer Beherrschung

Unternehmenszusammenschlüsse von Unternehmen unter gemeinsamer Beherrschung (sog. *transactions under common control*) treten regelmäßig bei konzerninternen Umstrukturierungen auf[25]. Typische Beispiele für solche Umstrukturierungen sind: (i) Einbringung eines Tochterunternehmens in ein anderes Tochterunternehmen (im Rahmen einer Veräußerung der Anteile oder durch Sacheinlage der Anteile mit oder ohne Ausgabe von neuen Anteilen des aufnehmenden Tochterunternehmens), (ii) Verschmelzung von Tochterunternehmens.

IFRS 3 ist explizit auf *transactions under common control* nicht anwendbar (vgl. IFRS 3.3b). Es gibt also weder Regelungen für die Darstellung im Teilkonzernabschluss eines aufnehmenden Tochterunternehmens noch für die Darstellung im Gesamtkonzernabschluss[26].

Auch hier kann ein **Beispiel** zur Verdeutlichung der Problematik dienen: Unternehmen A und B halten jeweils 50% an den Unternehmen C und D. Die Unternehmensgruppe soll umstrukturiert werden. Im Rahmen dieser Umstrukturierung soll die Gesellschaft D eine 100%-ige Tochtergesellschaft des Unternehmens C werden. C finanziert den „Erwerb" der Anteile an D durch die Ausgabe von eigenen Anteilen an die „Veräußerer" A und B. Es stellt sich die Frage, wie die Bilanzierung dieses Vorgangs bei A und bei C zu erfolgen hat.

---

25 Vgl. hierzu im Folgenden insbesondere IDW RS HFA 2.127 f.
26 Vgl. *Andrejewski, K. C.* (2005), S. 1436.

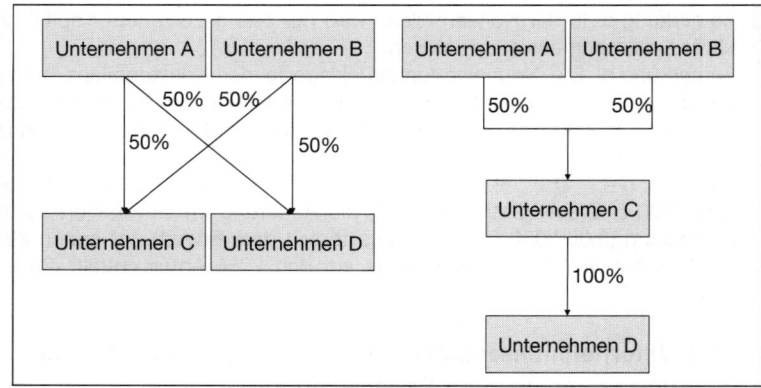

Abbildung 3-9: Transaction under common control (I)

Ein zweites Szenario stellt ebenfalls eine typische Konstellation einer *transaction under common control* dar. Unternehmen A besitzt alle Anteile und Stimmrechte sowohl an Unternehmen B wie auch an Unternehmen C. Unternehmen B hat ein Nettoreinvermögen zu Buchwerten in Höhe von 100.000 €. Der beizulegende Zeitwert des Nettoreinvermögens beträgt 1.000.000 €. Unternehmen C erwirbt von Unternehmen A sämtliche Anteile an Unternehmen B gegen Zahlung von 1.000.000 €. Fraglich ist, ob im Konzernabschluss des Unternehmens A (oder im Teilkonzernabschluss des Unternehmens C) das Nettoreinvermögens des Unternehmens B mit 100.000 € oder mit 1.000.000 € auszuweisen ist.

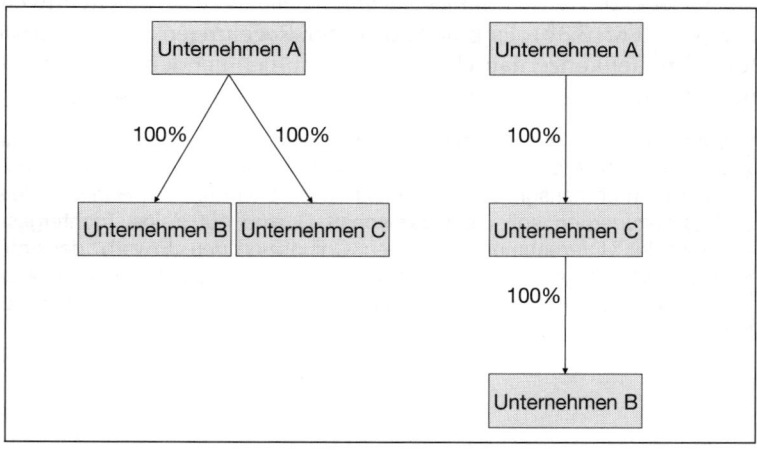

Abbildung 3-10: Transaction under common control (II)

Bei der Diskussion der bilanziellen Konsequenzen wird im Folgenden zwischen dem Teilkonzernabschluss des aufnehmenden Tochterunternehmens und dem Konzernabschluss des übergeordneten Mutterunternehmens unterschieden.

3.1.3.4.1 Bilanzierung im Konzernabschluss des übergeordneten Mutterunternehmens

Konzerninterne Umstrukturierungen, Einbringungen und Verschmelzungen sind Vorgänge, die nach IAS 27.24 vollständig zu eliminieren sind. Dies bedeutet, dass Vermögenswerte und Schulden mit den fortgeführten Konzernbuchwerten anzusetzen sind. Gewinne oder Verluste, die im Buchwert von Vermögenswerten oder Schulden enthalten sind, sind vollständig zu eliminieren (vgl. IAS 27.25).

Aus Sicht des Unternehmens A hat sich in beiden Fällen aufgrund der *transaction under common control* an der Vermögens-, Finanz- und Ertragslage nichts geändert, eine Realisierung von Gewinnen oder Verlusten aufgrund der beschriebenen Restrukturierungsmaßnahmen erscheint daher nicht gerechtfertigt.

3.1.3.4.2 Bilanzierung im Teilkonzernabschluss eines aufnehmenden Tochterunternehmens

Die Beurteilung der dargestellten Transaktionen aus Sicht des aufnehmenden Tochterunternehmens (Unternehmen D im ersten Fall und Unternehmen C im zweiten Fall) ist zunächst auf der Basis des wirtschaftlichen Gehalts der Transaktion zu beurteilen. Dabei kann man feststellen, dass die Situation für das aufnehmende Tochterunternehmen nicht so eindeutig ist, wie für das übergeordnete Mutterunternehmen. In beiden Fällen wurde eine Zwischenholding geschaffen, die nun ein Tochterunternehmen beherrscht. Nach der vom IDW in IDW RS HFA 2 vertretenen Ansicht ist es denkbar, dass im Teilkonzernabschluss der Zwischenholding der Unternehmenszusammenschluss durch Anwendung der Erwerbsmethode abgebildet wird. In diesem Fall käme IFRS 3 über IAS 8.10 analog zur Anwendung. Der analogen Anwendung der Erwerbsmethode liegt die Sichtweise zugrunde, dass es sich bei dem Teilkonzernabschluss um eine isolierte Berichterstattung eines Unternehmens handelt (sog. *separate reporting entity approach*[27]). Da IFRS 3 allerdings die Anwendung seiner Regeln auf *transactions under common control* explizit ausschließt (vgl. IFRS 3.3b), sollte nicht auf IFRS 3 analog sondern auf der Basis der in IAS 8.11 und IAS 8.12 vorgegebenen Hierarchie auf die Verlautbarungen anderer Standardisierungsgremien (z.B. in Kanada oder Australien) zurückgegriffen werden.

Beide Argumentationsketten führen zur Anwendung der Erwerbsmethode, d.h. die konzerninternen Einbringungs- und Verschmelzungs-

---

27 Vgl. IFRS RS HFA 2.131f.

vorgänge sind im Teilkonzernabschluss wie eine Transaktion mit fremden Dritten, d. h. wie ein Unternehmenszusammenschluss abzubilden. Entsprechend sind der Erwerbszeitpunkt, der Erwerber und die Anschaffungskosten des Unternehmenszusammenschlusses zu bestimmen und die Kaufpreisallokation durchzuführen sowie der Geschäfts- oder Firmenwert zu ermitteln und auf die relevanten zahlungsmittelgenerierenden Einheiten zu verteilen. Identifizierte Vermögenswerte, Schulden und Eventualschulden werden mit ihren beizulegenden Zeitwerten am Erwerbsstichtag im Teilkonzernabschluss angesetzt. Es kommt nicht zu einer Fortführung der bisherigen Konzernbuchwerte.

Denkbar ist bei den konzerninternen Einbringungs- und Verschmelzungsvorgängen, dass sich Leistung und Gegenleistung nicht wertgleich gegenüberstehen. So könnte beispielsweise im dargestellten zweiten Fall die Gesellschaft C die Anteile an der Gesellschaft B gegen Ausgabe nur eines weiteren Anteils an ihrem gezeichneten Kapital erwerben. In diesem Fall bleibt der beizulegende Zeitwert der Gegenleistung unter Umständen wesentlich hinter dem beizulegenden Zeitwert des erhaltenen Nettoreinvermögens zurück. Die Anschaffungskosten können sich demnach nicht nach dem beizulegenden Zeitwert des ausgegebenen Anteils bestimmen. Letztlich hat das Mutterunternehmen den Differenzbetrag erfolgsneutral in die Zwischenholding eingelegt, so dass die Differenz bei der Zwischenholding auch entsprechend erfolgsneutral in der Kapitalrücklage zu erfassen ist. Im Ergebnis werden damit die erhaltenen Vermögenswerte und Schulden mit ihren beizulegenden Zeitwerten im Teilkonzernabschluss erfasst.

Wird dagegen der Teilkonzernabschluss der Zwischenholding als Ausschnitt aus dem Gesamtkonzernabschluss interpretiert, ist bei der bilanziellen Abbildung der konzerninternen Transaktion zu berücksichtigen, dass sich die Vermögens-, Finanz- und Ertragslage des Konzerns nicht verändert hat. Der analog IFRS 3 erfolgende Ansatz der Vermögenswerte und Schulden mit deren beizulegenden Zeitwerten würde das Bild des Teilkonzernabschlusses verzerren. Vielmehr sind die Vermögenswerte und Schulden mit den Konzernbuchwerten des Mutterunternehmens im Zeitpunkt der Transaktion zu bewerten. Hat die übernehmende Gesellschaft das übernommene Nettoreinvermögen beispielsweise durch die Hingabe von Zahlungsmitteln in der Höhe des beizulegenden Zeitwertes des Nettoreinvermögens erworben, ist der Differenzbetrag erfolgsneutral mit dem Eigenkapital zu verrechnen.

Die gewählte Vorgehensweise ist stetig anzuwenden (vgl. IAS 8.14) und im Anhang zu erläutern (vgl. IAS 1.103a, IAS 1.105b, IAS 1.108).

3.1.3.5 Erwerb von Minderheitenanteilen

Eine weitere Regelungslücke in den IFRS betrifft den Hinzuerwerb von Anteilen an Tochtergesellschaften, d. h. von Unternehmen die von der Muttergesellschaft bereits beherrscht werden.

Der grundlegende Sachverhalt ist in der folgenden Graphik dargestellt.

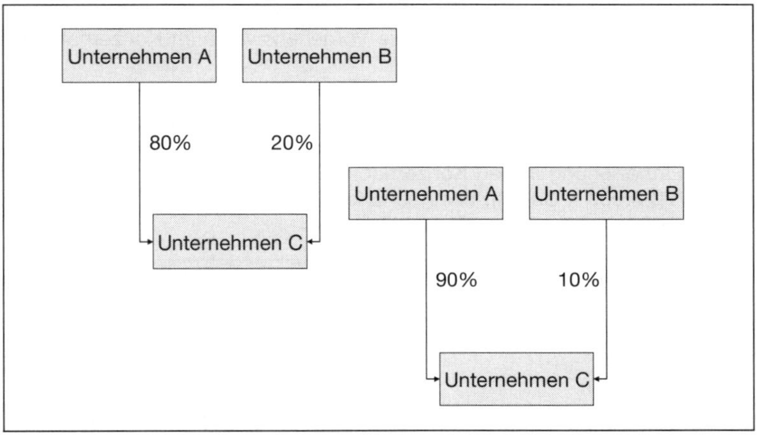

Abbildung 3-11: Erwerb von Minderheitenanteilen

Das Mutterunternehmen hat bislang 80% der Anteile am Unternehmen C gehalten. Entsprechend wurde Beherrschung ausgeübt und das Unternehmen C im Wege der Vollkonsolidierung in den Konzernabschluss einbezogen. Nunmehr hat das Mutterunternehmen vom Minderheitsgesellschafter B weitere 10% der Anteile hinzuerworben. In diesem Fall liegt kein Unternehmenszusammenschluss im Sinne von IFRS 3 vor, denn nach IFRS 3.4 ist das Ergebnis fast aller Unternehmenszusammenschlüsse, dass ein Unternehmen (der Erwerber) die Beherrschung über ein anderes Unternehmen (erworbenes Unternehmen) erlangt. Im dargestellten Fall, hatte das Mutterunternehmen aber bereits die Beherrschung mit dem Erwerb der ersten Tranche (80%) erlangt.

Fraglich ist insbesondere wie die Differenz zwischen den Anschaffungskosten und dem Wert des erworbenen Minderheitenanteils zu behandeln ist. Zu den möglichen Vorgehensweisen zählen die folgenden: (i) Ausweis eines Unterschiedsbetrags als Geschäfts- oder Firmenwert *(parent entity extension method)*; (ii) Verrechnung des Unterschiedsbetrags mit dem Eigenkapital des Mutterunternehmens und damit Darstellung als Transaktion zwischen den Gesellschaften des Konzerns *(entity concept method)* und (iii) Aufteilung des Unterschiedsbetrags auf Geschäfts- oder Firmenwert und Eigenkapital *(hybrid entity concept/parent entity method)*[28].

Die möglichen Vorgehensweisen bezüglich Abbildung 3-11 einer solchen Transaktion sollen anhand eines Zahlenbeispiels verdeutlicht werden. Angenommen werden soll die M AG, die am 1. Januar 2005 insgesamt 80% der Anteile an der T AG erworben hat und diese vollkonsolidiert. Am 1. Januar 2006 erwirbt die M AG die verbleibenden 20% von den bis dahin bestehenden Minderheitsgesellschaftern, so dass aus der T AG eine 100%-ige Tochtergesellschaft der M AG wird. Dabei wird zum besseren Verständnis zunächst nochmal die Vorgehensweise im Konzernabschluss zum 31. Dezember 2005 erläutert.

Es wird unterstellt, dass der Gewinnvortrag der T AG zum 31. Dezember 2005 in Höhe von insgesamt 17.000.000 € Gewinn aus der Zeit vor der Konzernzugehörigkeit in Höhe von 9.875.000 € enthält. Seit der erstmaligen Einbeziehung in den Konzernabschluss der M AG hat die T AG folglich 7.125.000 € Gewinn erwirtschaftet. Zum Erwerbsstichtag sah der Abschluss der T AG wie folgt aus:

Alle Werte in T€	Buchwerte	Beizulegende Zeitwerte
Bankguthaben	8.875	8.875
Grundstücke	6.000	11.000
Summe Aktiva	**14.875**	**19.875**
Eigenkapital		
Gewinnvortrag	9.875	
Gezeichnetes Kapital		
1.000.000 Stammaktien	5.000	
Summe Passiva	**14.875**	

Tabelle 3-30: Beispiel zum Erwerb von Minderheitenanteilen (I)

In der Konsolidierungsbuchung [1] erfolgt der Ansatz der Grundstücke mit ihrem beizulegenden Zeitwert am Tag des Unternehmenserwerbs. Anschließend wird in der Konsolidierungsbuchung [2] das anteilige neubewertete Eigenkapital der T AG mit dem Beteiligungsbuchwert der M AG aufgerechnet und der Geschäfts- oder Firmenwert erfasst. Konsolidierungsbuchung [3] resultiert in der Erfassung des Minderheitsanteils, Konsolidierungsbuchung [4] rechnet 20% des laufenden Ergebnisses für das Geschäftsjahr 2005 den Minderheiten zu.

28 An dieser Stelle soll darauf hingewiesen werden, dass die US-GAAP alleine die Anwendung der Erwerbsmethode vorsehen und sich in der Vorgehensweise daher grundlegend von den IFRS unterscheiden.

Alle Werte in T€	M AG	T AG	Konsolidierung		Kon-zern	
			Soll	Haben		
Zahlungsmittel	4.500	16.000			20.500	
Beteiligungen	28.000	–		28.000 [2]	–	
Grundstücke	–	6.000	5.000 [1]		11.000	Anm. a
Goodwill			12.100 [2]		12.100	Anm. b
Summe Aktiva	**32.500**	**22.000**			**43.600**	
Gez. Kapital	30.000	5.000	4.000 [2] 1.000 [3]		30.000	Anm c
Neubew. Rücklage			4.000 [2] 1.000 [3]	5.000 [1]		
Gewinnvortrag	2.500	17.000	7.900 [2] 1.975 [3] 1.425 [4]		8.200	Anm. d
Minderheiten				3.975 [3] 1.425 [4]	5.400	Anm. a
Summe Passiva	**32.500**	**22.000**			**43.600**	

Tabelle 3-31: Beispiel zum Erwerb von Minderheitenanteilen (II)

Anmerkung a: Der beizulegende Zeitwert der Grundstücke beträgt zum Erwerbszeitpunkt 11.000.000 €. Mit diesem Wert sind die Grundstücke in der Konzernbilanz auszuweisen. 20% der Differenz von Buchwert und beizulegendem Zeitwert entfallen auf Minderheiten, d. h. 1.000.000 €.
Anmerkung b: Der Geschäfts- oder Firmenwert bestimmt sich als Differenz von Anschaffungskosten (28.000.000 €) und anteiligem beizulegendem Zeitwert des erworbenen Nettoreinvermögens (80% von 19.875.000 €).
Anmerkung c: In der Konzernbilanz wird nur das gezeichnete Kapital des Mutterunternehmens ausgewiesen.
Anmerkung d: Der Gewinnvortrag in der Konzernbilanz beträgt 8.200.000 €. Dieser Betrag spiegelt die Änderung im Gewinnvortrag der Beteiligung (7.125.000 €) wider, die sich seit dem Erwerb des 80%-igen Anteils an der T AG ergeben hat und zwar soweit dieser auf den 80% Anteil entfällt (80% × 7.125.000 €).
Die Konsolidierungsbuchungen werden zum besseren Verständnis nochmal wiedergegeben.

Alle Werte in T€	Soll	Haben
Grundstücke	5.000	
Neubewertungsrücklage		5.000
Gezeichnetes Kapital [80% × 5.000]	4.000	
Neubewertungsrücklage [80% × 5.000]	4.000	
Gewinnvortrag [80% × 9.875]	7.900	
Geschäfts- oder Firmenwert	12.100	
Beteiligung		28.000
Gezeichnetes Kapital [20% × 5.000]	1.000	
Neubewertungsrücklage [20% × 5.000]	1.000	
Gewinnvortrag [20% × 9.875]	1.975	
Minderheiten (am gez. Kapital)		1.000
Minderheiten (an Neubewertungsrückl.)		1.000
Minderheiten (am Gewinnvortrag)		1.975
Gewinnvortrag [20% × 7.125]	1.425	
Minderheitenanteil (an Gewinnvortrag)		1.425

Tabelle 3-32: Beispiel zum Erwerb von Minderheitenanteilen (III)

Am 1. Januar 2006 erwirbt die M AG die verbleibenden 20% an der T AG. Der Kaufpreis beträgt 6.500.000 € und wird sofort in bar beglichen. Am 1. Januar 2006 beträgt der beizulegende Zeitwert der Grundstücke 15.000.000 €.

Da kein Unternehmenszusammenschluss vorliegt, erfasst IFRS 3 den vorliegenden Sachverhalt (Erwerb von Anteilen wenn bereits Beherrschung vorliegt) nicht. Zur Darstellung des Erwerbs von Minderheiten in einem IFRS-Konzernabschluss sind unterschiedliche Vorgehensweisen denkbar.

Eine Möglichkeit wäre der Verzicht auf die Neubewertung der erworbenen Vermögenswerte und Schulden. In diesem Fall würden einfach die Anschaffungskosten in Höhe von 6.500.000 € mit den zum Erwerbsstichtag bestehenden Minderheitenanteilen (5.400.000 €) aufgerechnet. Die Differenz (1.100.000 €) würde als Geschäfts- oder Firmenwert ausgewiesen (parent entity extension method).

Alternativ ist auch die Verrechung dieses Geschäfts- oder Firmenwertes mit dem Eigenkapital denkbar (entity concept method). Begründet werden kann dies damit, dass der Erwerb von Anteilen von Minderheitsgesellschaftern eine Transaktion zwischen den Gesellschaftern des Konzerns darstellt, durch die kein neuer Firmenwert im Konzern von fremden Dritten erworben wird.

Die dritte mögliche Vorgehensweise ist eine Mischform aus den beiden dargestellten Vorgehensweisen und berücksichtigt, dass die M AG ein Nettoreinvermögen in Höhe von 20% von 31.000.000 € erworben hat und dass dafür insgesamt 6.500.000 € aufgewendet wurden (hybrid entity concept/parent entity method). Es ergibt sich ein Firmenwert von 300.000 €, der als solcher in der Konzernbilanz ausgewiesen würde. Die restliche Differenz von 800.000 € verrechnet man dann mit dem Eigenkapital.

Mit der Veröffentlichung des Entwurfs von IFRS 3 *(Business Combinations Phase II)* hat sich der IASB für die zweite Variante ausgesprochen. Nach ED-IFRS 3.57 ist auf die Regelungen im Entwurf von IAS 27 zurückzugreifen: *„Once an acquirer has obtained control of an acquiree, subsequent acquisitions (for dispositions) of any non-controlling interests in the acquiree shall be accounted for as equity transactions in accordance with [draft] IAS 27."* *„Changes in the parent's ownership interest in a subsidiary after control is obtained that do not result in a loss of control shall be accounted for as transactions between equity holders in their capacity as equity holders. No gain or loss shall be recognized in profit or loss on such changes. The carrying amount of the non-controlling interest shall be adjusted to reflect the change in the parent's interest in the subsidiary's net assets. Any difference between the amount by which the non-controlling interest is so adjusted and the fair value of the consideration paid or received, if any, shall be recognized directly in equity and attributed to equity holders of the paren."* (ED-IAS 27.30A).

Wenn nach der vom IASB bevorzugten Methode am 1. Januar 2006, d.h. nach Erwerb der verbleibenden 20% an der T AG ein Konzernabschluss aufgestellt wird, ergibt sich folgendes Bild.

Alle Werte in T€	M AG	T AG	Konsolidierung		Konzern
			Soll	Haben	
Zahlungsmittel	4.500	16.000			20.500
Beteiligungen	34.500	–		28.000 [2] 5.400 [5] 1.100 [6]	–
Grundstücke	–	6.000	5.000 [1]		11.000
Goodwill			12.100 [2] 1.100 [6]	1.100 [7]	12.100
Summe Aktiva	**39.000**	**22.000**			**43.600**
Gez. Kapital	30.000	5.000	1.000 [3] 4.000 [2]		30.000
Neubew. Rücklage			1.000 [3] 4.000 [2]	5.000 [1]	
Gewinnvortrag	2.500	17.000	7.900 [2} 1.975 [3] 1.425 [4] 1.100 [7]		7.100
Minderheiten			5.400 [5]	3.975 [3] 1.425 [4]	–
Bankschulden	6.500				6.500
Summe Passiva	**39.000**	**22.000**	**46.000**	**46.000**	**43.600**

Tabelle 3-33: Beispiel zum Erwerb von Minderheitenanteilen (IV)

Das dargestellte Bild zeigt im Ergebnis die Transaktion so, dass ehemalige Ansprüche der Minderheitsgesellschafter gegenüber dem Konzern in Höhe von 5.400.000 € getilgt wurden und die Minderheitsgesellschafter darüber hinaus eine „Gewinnausschüttung" von 1.100.000 € erhalten haben. An dieser Stelle soll kurz darauf hingewiesen werden, dass nach den US-GAAP eine grundlegend andere Vorgehensweise zu erfolgen hat. SFAS 141 „Business Combinations" regelt in SFAS 141.11: *„The acquisition of some or all of the noncontrolling interests in a subsidiary is not a business combination. However, paragraph 14 of this Statement specifies the method of accounting for those transactions."* Nach SFAS 141.14 ist auf den Erwerb von Anteilen von Minderheitsgesellschaftern die Erwerbsmethode anzuwenden. Die konkrete, US-GAAP-konforme Vorgehensweise wird in Appendix A zu SFAS 141 erläutert. In diesem Fall wäre danach ein Geschäfts- oder Firmenwert in Höhe von 300.000 € auszuweisen. Die verbleibende Differenz zwischen Anschaffungskosten und Minderheitenanteil in Höhe von 800.000 € würde in der Bilanzposition Grundstücke ausgewiesen. Der Gesamtwert der Grundstücke beträgt damit 11.800.000 € und setzt sich aus dem beizulegenden Zeitwert für die erste Tranche (80% von 11.000.000 € = 8.800.000 €) und dem beizulegenden Zeitwert für die zweite Tranche (20% von 15.000.000 € = 3.000.000 €) zusammen.

Wie man anhand des Erwerbs von Anteilen von Minderheiten sehen kann, führt eine Lücke im Regelwerk der IFRS nicht im Wege einer Einbahnstraße zum Regelwerk der US-GAAP. Entscheidend ist das Rahmenkonzept, das keine *fair value step ups* zulässt. Soweit es tatsächlich gilt, eine Regelungslücke zu schließen, sind zunächst die Anforderungen und Anwendungsleitlinien in Standards und Interpretationen der IFRS heranzuziehen, die ähnliche und verwandte Fragen behandeln (vgl. IAS 8.11a). Wenn diese Vorgehensweise zu keinem Ergebnis führt, werden die im Rahmenkonzept enthaltenen Definitionen, Erfassungskriterien und Bewertungskonzepte für Vermögenswerte, Schulden, Erträge und Aufwendungen berücksichtigt (vgl. IAS 8.11b). Erst dann kann auf die aktuellen Verlautbarungen anderer Standardisierungsgremien, die ein ähnliches Rahmenkonzept zur Entwicklung von Bilanzierungs- und Bewertungsmethoden einsetzen sowie auf sonstige Rechnungslegungsverlautbarungen und anerkannte Branchenpraktiken zurückgegriffen werden. Dies ist aber nur möglich, sofern sie nicht mit den in IAS 8.11 enthaltenen Quellen in Konflikt stehen. Bei der Anwendung der US-GAAP würde ein solcher Konflikt bestehen. Die Bewertung des hinzuerworbenen Anteils an den Grundstücken mit dem beizulegenden Zeitwert ist nicht zulässig, denn IFRS 3 sieht eine solche Neubewertung ganz explizit nur dann vor, wenn ein Unternehmenszusammenschluss mit Erhalt von Beherrschung vorliegt. Und der Erwerber erlangt bekanntermaßen im Rahmen der Transaktion eben keine Beherrschung.

3.1.3.6 Umgekehrte Unternehmenserwerbe

Bei den umgekehrten Unternehmenserwerben *(reverse acquisitions)* erwirbt typischerweise ein kleineres Unternehmen gegen Ausgabe von Eigenkapitaltiteln ein größeres Unternehmen. Damit erlangen die Anteilseigner des erworbenen Unternehmens die Beherrschung über den Erwerber. Ein größeres Unternehmen kann dadurch, dass es sich von einem kleineren, aber börsennotierten Unternehmen „erwerben lässt" auf diese Weise eine Börsennotierung erhalten (vgl. IFRS 3.21). IFRS 3 legt auch hier eine wirtschaftliche Betrachtungsweise zugrunde: Auch wenn rechtlich gesehen das kleinere Unternehmen das Mutterunternehmen und der Erwerber ist, ist das größere Unternehmen dasjenige, dass letztlich den Konzern beherrscht. Der Abschluss bildet daher im Rahmen der Erwerbsmethode einen Erwerb des rechtlichen Mutterunternehmens ab.

Die Vorgehensweise beim umgekehrten Unternehmenserwerb ist in Anhang B zu IFRS 3 erläutert. Auf diesen Erläuterungen basiert das nachfolgende **Beispiel.**

Am 30. September 2005 erwirbt die (kleinere) Alpha AG im Rahmen eines umgekehrten Unternehmenserwerbs die (größere) Beta AG. Hierzu gibt die Alpha AG für jede Stammaktie der Beta AG 2 ½ junge Aktien aus. Die Bilanzen der beiden Gesellschaften stellen sich kurz vor dem Unternehmenserwerb wie folgt dar:

Alle Werte in T€	Alpha AG	Beta AG
Kurzfristige Vermögenswerte	500	700
Langfristige Vermögenswerte	1.300	3.000
Summe Aktiva	**1.800**	**3.700**
Kurzfristige Schulden	300	600
Langfristige Schulden	400	1.100
Eigenkapital		
Gewinnvortrag	800	1.400
Gezeichnetes Kapital		
100 Stammaktien	300	
60 Stammaktien		600
Summe Passiva	**1.800**	**3.700**

Tabelle 3-34: Beispiel zu reverse acquisitions (I)

Alle Altaktionäre der Beta AG tauschen ihre 60 Aktien gegen insgesamt 150 junge Aktien der Alpha AG. Der beizulegende Zeitwert einer Beta-Aktie beträgt am 30. September 2005 40 €, der Marktpreis einer Alpha-

Alle Altaktionäre der Beta AG tauschen ihre 60 Aktien gegen insgesamt 150 junge Aktien der Alpha AG. Der beizulegende Zeitwert einer Beta-Aktie beträgt am 30. September 2005 40 €, der Marktpreis einer Alpha-Aktie beträgt an diesem Tag 12 €. Mit Ausnahme der langfristigen Vermögenswerte sollen bei der Alpha AG die Buchwerte den beizulegenden Zeitwerten entsprechen. Lediglich in den langfristigen Vermögenswerten sind 200 € an stillen Reserven enthalten, d. h. der beizulegende Zeitwert dieser Vermögenswerte beträgt 1.500 €.

Die Vorgehensweise bei einem umgekehrten Anteilserwerb entspricht der üblichen Vorgehensweise bei den „normalen" Unternehmenserwerben. Deshalb werden im Beispiel in einem ersten Schritt die Anschaffungskosten bestimmt. Daran anschließend wird der Geschäfts- oder Firmenwert ermittelt. Im weiteren Verlauf des Beispiels wird dann die Konzernbilanz auf den Erwerbsstichtag aufgestellt. Abschließend werden die Besonderheiten bei der Ermittlung des Gewinns je Aktie dargestellt.

Im Rahmen der dargestellten Transaktion haben die Altaktionäre der Beta AG für ihre Aktien insgesamt 150 junge Aktien der Alpha AG erhalten. Die Alpha AG hatte vor dem Unternehmenserwerb insgesamt 100 Aktien ausgegeben, so dass nach dem Unternehmenserwerb 250 Alpha-Aktien im Umlauf sind. Somit halten die Altaktionäre der Beta AG letztlich 150/250 an der Alpha AG. Zwar hat die Alpha AG 100% an der Beta AG erworben, letztlich ist aber die Mehrheit der Anteile an der Alpha AG auf die Altgesellschafter der Beta AG übergegangen, d. h. diese halten nach dem Unternehmenserwerb jetzt 60% an der neuen Einheit. Insofern wird unmittelbar deutlich, warum es sich in diesem Beispiel um einen umgekehrten Unternehmenserwerb handelt: vordergründig erwirbt die Alpha AG die Beherrschung an der Beta AG, letztlich erwerben aber die Anteilseigner der Beta AG die Beherrschung über die Alpha AG. Insofern sind auch die Kosten des Unternehmenserwerbs aus Sicht der Beta AG-Altaktionäre zu bestimmen. Es stellt sich daher die Frage, was die Aktionäre der Beta AG hätten aufwenden müssen, um 60% der Anteile an der neuen Einheit zu halten. Da die Beta AG insgesamt 60 Aktien ausgegeben hat, führt die fiktive Ausgabe von 40 jungen Beta-Aktien dazu, dass die Beta AG-Altaktionäre 60% an der neuen Einheit erhalten. 40 Beta-Aktien haben am Erwerbsstichtag einen beizulegenden Zeitwert von jeweils 40 €, so dass sich Anschaffungskosten von insgesamt 1.600 € ergeben.
Nachdem die Anschaffungskosten bekannt sind, kann der aus dem Unternehmenszusammenschluss resultierende Geschäfts- oder Firmenwert ermittelt werden. Ein Geschäfts- oder Firmenwert ergibt sich aus der Differenz von Anschaffungskosten des Unternehmenserwerbs und dem beizulegenden Zeitwert der erworbenen Vermögenswerte und Schulden:

Alle Werte in €		
Anschaffungskosten		1.600
Beizulegender Zeitwert der identifizier-baren Vermögenswerte und Schulden der Alpha AG		
Kurzfristige Vermögenswerte	500	
Langfristige Vermögenswerte	1.500	
Kurzfristige Schulden	(300)	
Langfristige Schulden	(400)	1.300
Geschäfts- oder Firmenwert		**300**

Tabelle 3-35: Beispiel zu reverse acquisitions (II)

Nunmehr ist es möglich die Konzernbilanz auf den Stichtag des Unternehmenszusammenschlusses aufzustellen.

Alle Werte in €	
Kurzfristige Vermögenswerte [700 € + 500 €]	1.200
Langfristige Vermögenswerte [3.000 € + 1.500 €]	4.500
Geschäfts- oder Firmenwert	300
Summe Aktiva	**6.000**
Kurzfristige Schulden [600 € + 300 €]	900
Langfristige Schulden [1.100 € + 400 €]	1.500
Eigenkapital	
Gewinnvortrag	1.400
Gez. Kapital, 250 Stammaktien [600 € + 1.600 €]	2.200
Summe Passiva	**6.000**

Tabelle 3-36: Beispiel zu reverse acquisitions (III)

Die Beta AG weist zum 31. Dezember 2005 einen Jahresüberschuss in Höhe von 600 € sowie einen Konzernjahresüberschuss für das am 31. Dezember 2005 endende Geschäftsjahr in Höhe von 800 € aus. Die Zahl der ausgegebenen Aktien hat sich mit Ausnahme der Effekte aus dem Unternehmenserwerb im Jahr 2005 nicht geändert.
Der Gewinn je Aktie der Alpha AG ermittelt sich auf dieser Basis wie folgt:

Anzahl der ausgegebenen Aktien zum 1. Januar 2005 bis zum Stichtag des Unternehmenserwerbs (30. September 2005)	100 €
Anzahl der ausgegebenen Aktien vom Stichtag des Unternehmenserwerbs (30. September 2005) bis zum 31. Dezember 2005	250 €
Gewichteter Durchschnitt der Aktienanzahl (150 € × 9/12) + (250 € × 3/12)	175 €
Gewinn je Aktie der Alpha AG [800 €/175 Aktien]	**4,57**

Tabelle 3-37: Beispiel zu reverse acquisitions (IV)

Bei der Ermittlung des Gewinns je Aktie für die Beta AG muss berücksichtigt werden, dass sich die Zahl der Beta-Aktien tatsächlich ja nicht geändert hat. Es wurden nur 60 Beta-Aktien gegen 150 Alpha-Aktien eingetauscht. Der „korrigierte" Gewinn je Aktie für die Beta AG beträgt damit für das Geschäftsjahr 2005 4,00 €: der Jahresüberschuss von 600 € wird dividiert durch die Zahl der ausgegebenen Alpha-Aktien (150 Stück).

3.2 Schuldenkonsolidierung

IAS 27.24 legt fest, dass alle konzerninternen Salden und Transaktionen in voller Höhe zu eliminieren sind. Der nächste Schritt der Konsolidierung ist daher die Schuldenkonsolidierung.

3.2.1 Gegenstand der Schuldenkonsolidierung

Gegenstand der Schuldenkonsolidierung sind zunächst alle Positionen des Summenabschlusses, die Forderungen bzw. Verpflichtungen zwischen konsolidierten Unternehmen betreffen. Im Ergebnis werden damit im Konzernabschluss nur die Forderungen und Verpflichtungen ausgewiesen, die gegenüber konzernfremden Dritten bestehen, d.h. der Konzernabschluss stellt die Situation so dar, als wären alle einbezogenen Unternehmen ein einziges Unternehmen.

Ausgehend von IAS 1.68 erstreckt sich die Schuldenkonsolidierung auf die folgenden Positionen: finanzielle Vermögenswerte (IAS 1.68d), Forderungen aus Lieferungen und Leistungen und sonstige Forderungen (IAS 1.68h), Verbindlichkeiten aus Lieferungen und Leistungen und sonstige Verbindlichkeiten (IAS 1.68j), Rückstellungen (IAS 1.68k), finanzielle Schulden (IAS 1.68l).

Neben der Bilanz ist auch der Anhang zu berücksichtigen, denn auch dieser wird unter dem Aspekt aufgestellt, als ob es sich bei dem Konzern um ein einziges Unternehmen handelt. Eventualschulden, die nach IAS 37 nicht in der Bilanz angesetzt werden dürfen, sondern nur zu einer Anhangangabe führen (IAS 37.28), sind zu eliminieren, soweit sie sich auf Verpflichtungen gegenüber Unternehmen beziehen, die in den Konzernabschluss einbezogen werden. Gleiches gilt für die im Anhang enthaltenen Eventualforderungen gegenüber Tochterunternehmen.

3.2.2 Behandlung von Aufrechnungsdifferenzen

Aufrechnungsdifferenzen entstehen immer dann, wenn zu eliminierende Ansprüche und Verpflichtungen sich nicht in gleicher Höhe gegenüberstehen. Typische Beispiele sind Wertberichtigungen auf Forderungen gegenüber Konzernunternehmen, Rückstellungen für Verpflichtungen gegenüber Konzernunternehmen, zeitliche Buchungsunterschiede aber auch Buchungsfehler. Die beiden letzten sind Beispiele für unechte Aufrechnungsdifferenzen, die beiden ersten Beispiele für echte Aufrechnungsdifferenzen.

3.2.2.1 Unechte Aufrechnungsdifferenzen

Unechte Aufrechnungsdifferenzen entstehen aufgrund von fehlerhaften Buchungen oder zeitlichen Buchungsunterschieden. Unechte Aufrechnungsdifferenzen sind im Rahmen der Konzernabschlusserstellung zu korrigieren.

Die Vorgehensweise kann anhand eines **Beispiels** verdeutlicht werden:
Die M AG verkauft an ihre Tochtergesellschaft (T GmbH) am 28. Dezember 2005 Waren für einen Kaufpreis von 100.000 €. Beide Gesellschaften haben ein mit dem Kalenderjahr identisches Wirtschaftsjahr. Zwischen den beiden Unternehmen wurde vereinbart, dass der Gefahrübergang erst mit Übergabe der Waren an die T GmbH durch den Frachtführer stattfindet. Am 31. Dezember 2005 sind die Waren zwar vom Spediteur abgeholt, aber noch nicht bei der T GmbH ausgeliefert worden. Ein Gefahrübergang hat somit nicht stattgefunden. Entsprechend wurden von der T GmbH weder die Vermögenswerte aktiviert noch Verbindlichkeiten aus Lieferungen und Leistungen passiviert. Dennoch wurden bei der M AG Forderungen aus Lieferungen und Leistungen in Höhe von 100.000 € und die entsprechenden Umsatzerlöse erfasst. Im Rahmen der Schuldenkonsolidierung kommt es daher zu einer unechten Aufrechnungsdifferenz. Diese ist erfolgswirksam zu korrigieren.
Das folgende **Beispiel** zeigt eine erfolgsneutral zu korrigierende, unechte Aufrechnungsdifferenz:
Die M AG hat mit ihren Tochtergesellschaften einen Cash Pool eingerichtet. Sämtliche Bestände aller Bankkonten aller Konzerngesellschaften werden täglich ausgeglichen soweit es sich um Verbindlichkeiten handelt. Soweit die Bankkonten ein Guthaben ausweisen, wird dieses Guthaben auf das Cash Pool Konto der M AG übertragen. Am 31. Dezember 2005 weist das Konto der T GmbH einen Bestand von 500.000 € aus, der entsprechend auf

das Cash Pool Konto der M AG überwiesen wird. Die Abbuchung erfolgt noch an diesem Tag. Der Zufluss auf dem Cash Pool Konto hingegen erfolgt erst zwei Tage später. Im Summenabschluss ist daher eine Forderung der T GmbH gegenüber der M AG enthalten, der keine Verbindlichkeit der M AG gegenübersteht. Es besteht eine Aufrechnungsdifferenz in Höhe von 500.000 €. Die Forderung der T GmbH ist in die Position Zahlungsmittel erfolgsneutral umzugliedern, um die Aufrechnungsdifferenz zu bereinigen.

3.2.2.2 Echte Aufrechnungsdifferenzen

Im Gegensatz zu unechten Aufrechnungsdifferenzen, die sich bei korrekter und ordnungsgemäßer Buchführung vermeiden ließen, entstehen echte Aufrechnungsdifferenzen auch dann, wenn bei der Aufstellung des Konzernabschlusses die IFRS richtig angewendet wurden.

Auch bei den echten Aufrechnungsdifferenzen bestehen solche, die erfolgsneutral zu eliminieren sind und solche, deren Korrektur einen Einfluss auf die Gewinn- und Verlustrechnung hat.

Beispiele für erfolgswirksam zu korrigierende echte Aufrechnungsdifferenzen sind Wertberichtigungen auf Forderungen gegenüber anderen Konzernunternehmen oder Rückstellungen, die für Verpflichtungen im Konzernverbund gebildet wurden.

Im folgenden **Beispiel** hat die M AG eine Forderung gegenüber der französischen Tochter T S. A. in Höhe von 250.000 €. Aufgrund der wirtschaftlichen Situation der T S. A. wurde die Forderung im Einzelabschluss der M AG in Höhe von 75 % wertberichtigt. Daher stehen sich im Summenabschluss Forderungen in Höhe von 62.500 € und Verbindlichkeiten in Höhe von 250.000 € gegenüber. Die Korrektur der Aufrechnungsdifferenz in Höhe von 187.500 € führt zu einem Ertrag derselben Höhe. Denn es ist zu berücksichtigen, dass die für die wirtschaftlich angespannte Situation der T S. A. ursächlichen Verluste im Konzernabschluss durch die Einbeziehung der T S. A. im Konzernabschluss bereits enthalten sind. Besteht die Aufrechnungsdifferenz in derselben Höhe auch noch im Folgejahr, wird die Differenz nicht abermals erfolgswirksam eliminiert. In dem oder den Folgejahren hat der Ausgleich der Aufrechnungsdifferenz über den Konzernergebnisvortrag zu erfolgen. Im Jahr der Entstehung der Aufrechnungsdifferenz wird daher gebucht:

Alle Werte in €	Soll	Haben
Forderungen	187.500	
Sonstiger Aufwand		187.500

Tabelle 3-38: Buchungssatz zur Schuldenkonsolidierung (I)

Besteht die Forderung im Folgejahr noch und wurde auch keine Wertaufholung erfasst, ist die Aufrechnungsdifferenz über den Ergebnisvortrag zu eliminieren, denn die Differenz wurde bereits im Vorjahr erfolgswirksam beseitigt.

Alle Werte in €	Soll	Haben
Forderungen	187.500	
Ergebnisvortrag		187.500

Tabelle 3-39: Buchungssatz zur Schuldenkonsolidierung (II)

Wird die Forderung des M AG im Folgejahr durch die T S. A. beglichen, realisiert die M AG im Einzelabschluss einen Ertrag von 187.500 €. Die Wertberichtigung ist insoweit aufzulösen. Dieser Ertrag ist für Zwecke der Konzernrechnungslegung wieder zu neutralisieren, denn im Konzern wurde keine Wertminderung erfasst.

Alle Werte in €	Soll	Haben
Sonstiger Ertrag	187.500	
Ergebnisvortrag		187.500

Tabelle 3-40: Buchungssatz zur Schuldenkonsolidierung (III)

Das Beispiel zeigt, dass die Korrekturbuchungen so lange fortgeführt werden müssen, bis der zugrunde liegende Sachverhalt endgültig abgeschlossen ist. Dies liegt daran, dass es regelmäßig keine echte Konzernbuchführung gibt. Statt auf den Vortragswerten des Vorjahres aufzusetzen, wird der Konzernabschluss jedes Jahr neu aus den Einzelabschlüssen der in den Konzernabschluss einbezogenen Gesellschaften entwickelt.

Erfolgsneutral zu eliminierende Aufrechnungsdifferenzen entstehen dann, wenn die Aufrechnungsdifferenz selbst auch erfolgsneutral entstanden ist.

Dies ist **beispielsweise** in folgendem Fall gegeben: Die M AG emittiert eine Anleihe, die teilweise von der T GmbH erworben und gehalten wird. Die Anleihe wird marktgerecht verzinst und am Ende der Laufzeit getilgt. Die M AG passiviert eine finanzielle Verbindlichkeit, die T GmbH aktiviert einen finanziellen Vermögenswert. Klassifiziert die T GmbH diesen als „jederzeit veräußerbar" *(available for sale)* werden Wertschwankungen direkt im Eigenkapital, d. h. nicht erfolgswirksam erfasst (vgl. IAS 39.46, IAS 39.55 b). Die M AG bewertet die finanzielle Verbindlichkeit auf Basis der Effektivzinsmethode mit ihren fortgeführten Anschaffungskosten (vgl. IAS 39.47). Im Summenabschluss stehen sich daher der Rückzahlungsbetrag (fortgeführte Anschaffungskosten) und der beizulegende Zeitwert der Anleihe gegenüber. Bewertungsunterschiede führen zu Aufrechnungsdifferenzen, die jedoch (soweit es sich nicht um erfasste Wertminderungen handelt) die Gewinn- und Verlustrechnung nicht berührt haben. Entsprechend sind die Aufrechnungsdifferenzen erfolgsneutral zu korrigieren.

3.3 Aufwands- und Ertragseliminierung

Die im vorgegangenen Kapital dargestellte Schuldenkonsolidierung führt dazu, dass die Konzernbilanz um konzerninterne Forderungen und Verbindlichkeiten bereinigt wird. Hat die M AG am 1. Januar 2005 ihrem Tochterunternehmen (T GmbH) ein Darlehen in Höhe von 2.500.000 € zur Verfügung gestellt, das mit 8% jährlich verzinst wird und werden die Zinsen im Januar des Folgejahres bezahlt, stehen sich am 31. Dezember 2005 im Summenabschluss Forderungen in Höhe von 2.700.000 € und Verbindlichkeiten in derselben Höhe gegenüber. Daneben ist aber zu berücksichtigen, dass die M AG im Geschäftsjahr Zinserträge von 200.000 € realisiert hat, während die T GmbH in derselben Höhe Zinsaufwendungen hatte. Auch diese sind im Rahmen der Konzernabschlusserstellung zu eliminieren. Dies ist Aufgabe der Aufwands- und Ertragseliminierung.

3.3.1 Gegenstand, Umfang und Vorgehensweise der Aufwands- und Ertragseliminierung

Gegenstand der Aufwands- und Ertragseliminierung sind sämtliche Erträge und Aufwendungen aus konzerninternen Lieferungs- und Leistungsbeziehungen, also beispielsweise: Umsatzerlöse, Mieterträge, Zinserträge, Konzernumlagen (und die entsprechenden Aufwendungen).

Der Beginn der Aufwands- und Ertragseliminierung richtet sich danach, ab wann die entsprechenden Unternehmen in den Konzernabschluss einbezogen worden sind, d.h. bei Unternehmenszusammenschlüssen nach dem Erwerbsstichtag. Vereinfachungsregeln sehen die IFRS (mit Ausnahme des Wesentlichkeitsgrundsatzes) nicht vor. Die Aufwands- und Ertragseliminierung endet mit dem Verlust der Beherrschung.

Bei der Aufwands- und Ertragseliminierung werden die in der Summen-Gewinn- und Verlustrechnung enthaltenen Beträge miteinander verrechnet. Wenn es sich dabei z.B. um Konzernumlagen handelt, erfolgt die Aufrechnung ohne Differenzen, denn Aufwendungen und Erträge stehen sich mit denselben Beträgen gegenüber. Es ist aber zu berücksichtigen, dass konzerninterne Transaktionen regelmäßig mit der Lieferung von Waren einhergehen, d.h. den Umsatzerlöse des liefernden Unternehmens stehen nicht Aufwendungen des empfangenden Unternehmens gegenüber, denn das empfangende Unternehmen hat die erhaltenen Waren aktiviert. Aktiviert werden also

Vermögenswerte mit Anschaffungskosten, in denen konzerninterne Gewinne (Zwischengewinne) enthalten sind. Die Eliminierung dieser Zwischengewinne ist Gegenstand der Zwischenergebniseliminierung, die weiter unten diskutiert wird.

3.3.2 Behandlung von Eliminierungsdifferenzen

Im Unterschied zur Schuldenkonsolidierung wird es bei der Aufwands- und Ertragseliminierung also regelmäßig nur unechte Eliminierungsdifferenzen geben. Die Ursache echter Aufrechnungsdifferenzen bei der Schuldenkonsolidierung war eine ungleiche Bewertung von Vermögenswerten und Schulden (z.B. Wertberichtigung eines dem Tochterunternehmen gewährten Darlehens). Da es bei Aufwendungen und Erträgen eine solche ungleiche Behandlung typischerweise nicht gibt, entstehen im Rahmen der Aufwands- und Ertragseliminierung regelmäßig auch keine echten Differenzen. Ebenso wie bei der Schuldenkonsolidierung werden die unechten Differenzen typischerweise aus zeitlichen Buchungsunterschieden oder Buchungsfehlern resultieren. Da bei der Aufwands- und Ertragseliminierung der zu bereinigende Ausgangseffekt stets die Gewinn- und Verlustrechnung beeinflusst hat, erfolgt die Eliminierung entsprechend auch erfolgswirksam.

3.4 Zwischenergebniseliminierung

3.4.1 Die Grundkonzeption der Zwischenergebniseliminierung

Nach IAS 27.25 sind Gewinne und Verluste aus konzerninternen Transaktionen, die im Buchwert von Vermögenswerten wie Vorräten und Anlagevermögen enthalten sind, in voller Höhe zu eliminieren.

Verkauft z.B. die M AG der T GmbH Gegenstände des Vorratsvermögens in Höhe von 150.000 €, die sie selbst für 125.000 € erworben hatte, aktiviert die T GmbH in ihrem Einzelabschluss (auch nach IFRS) diese Vorräte mit ihren Anschaffungskosten, d.h. 150.000 € (vgl. IAS 16.15). Legt man die Sichtweise vom Konzern als einem einheitlichen Unternehmen zugrunde, wird deutlich, dass die die 25.000 € nicht in einer Transaktion mit konzernfremden Dritten realisiert wurden, so dass diese entsprechend IAS 27.24 aus den Anschaffungskosten der T GmbH zu eliminieren sind. Die im Rahmen der Konzernabschlusserstellung vorzunehmende Buchung lautet (unter Vernachlässigung latenter Steuern) und soweit die Forderung der M AG noch nicht von der T GmbH bezahlt wurde:

Alle Werte in €	Soll	Haben
Verbindlichkeiten	150.000	
Forderungen		150.000
Umsatzerlöse	150.000	
Vorräte		25.000
Bestandsveränderung		125.000

Tabelle 3-41: Zwischenergebniseliminierung

Es ist ersichtlich, dass die Gesellschaften das Gesamtkostenverfahren anwenden, denn die Zwischengewinneliminierung führt dazu, dass die Position Bestandsveränderung angesprochen wird. Die Unterschiede, zwischen der die sich bei der Zwischengewinneliminierung nach dem Umsatzkostenverfahren zur Zwischengewinneliminierung nach dem Gesamtkostenverfahren ergeben, werden unten nochmals aufgegriffen.

3.4.2 Gegenstand und Umfang der Zwischenergebniseliminierung

Wie im vorangegangenen Abschnitt erwähnt, führen konzerninterne Lieferungen von Vermögenswerten nicht dazu, dass aus Konzernsicht Gewinne realisiert werden, denn es haben keine Transaktionen mit konzernfremden Vertragspartnern stattgefunden. IAS 18 legt verschiedene Voraussetzungen fest, die erfüllt sein müssen, damit es bei der Lieferung von Gütern zu einer Umsatzrealisierung kommt (vgl. IAS 18.14): (i) das Unternehmen hat die maßgeblichen Risiken und Chancen, die mit dem Eigentum der verkauften Waren und Erzeugnisse verbunden sind, auf den Käufer übertragen; (ii) dem Unternehmen verbleibt weder ein weiter bestehendes Verfügungsrecht, wie es gewöhnlich mit dem Eigentum verbunden ist, noch eine wirksame Verfügungsmacht über die verkauften Waren und Erzeugnisse; (iii) die Höhe der Erlöse kann verlässlich bestimmt werden; (iv) es ist hinreichend wahrscheinlich, dass dem Unternehmen der wirtschaftliche Nutzen aus dem Verkauf zufließen wird; und (v) die im Zusammenhang mit dem Verkauf angefallenen oder noch anfallenden Kosten können verlässlich bestimmt werden. Es ist unmittelbar einsichtig, dass beim konzerninternen Verkauf von Gütern diese Voraussetzungen aus der Sicht des Konzerns als einheitlichem Unternehmen nicht erfüllt sind. D.h. aus Konzernsicht werden Umsatzerlöse ausgewiesen, die noch nicht realisiert sind. Gleichzeitig werden Vermögenswerte mit Anschaffungskosten ausgewiesen, die nicht den Anschaffungskosten des Konzerns entsprechen, da sie Zwischengewinne enthalten.

Damit wird deutlich, dass sich die Zwischengewinneliminierung nur auf aktivierte Vermögenswerte bezieht.

> Hätte im obigen **Beispiel** die T GmbH die Vermögenswerte zum Abschlussstichtag bereits für 175.000 € an konzernfremde Dritte weiter veräußert, ist aus Konzernsicht ein Gewinn von 50.000 € (Veräußerungspreis 175.000 € abzüglich Konzernanschaffungskosten 125.000 €) entstanden. Genau dieser Gewinn ergibt sich dann auch im Konzernabschluss: die Konzern-Gewinn- und Verlustrechnung zeigt 175.000 € Umsatzerlöse, die aus dem Einzelabschluss der T GmbH kommen und einen Materialaufwand bzw. Wareneinsatz von 125.000 € aus dem Einzelabschluss der M AG. Im Rahmen der Aufwands- und Ertragseliminierung werden die 150.000 € Umsatzerlöse bzw. Materialaufwand, die konzernintern angefallen sind, eliminiert.
> Eine **andere Fallkonstellation** ergibt sich bei der Veräußerung von Vermögenswerten, die nach IFRS nicht aktivierungsfähig sind. Unterstellt werden soll, dass die M AG an ihr Tochterunternehmen (T GmbH) einen selbst geschaffenen Markennamen für 250.000 € veräußert.

Nach IAS 38.63 dürfen selbst geschaffene Markennamen, Drucktitel, Verlagsrechte, Kundenlisten sowie ihrem Wesen nach ähnliche Sachverhalte nicht als immaterielle Vermögenswerte angesetzt werden, da sie nicht von den Kosten für die Entwicklung des Unternehmens als Ganzes unterschieden werden können (vgl. IAS 38.64). Dieser immaterielle Vermögenswert wäre – soweit von der T GmbH im Einzelabschluss als Vermögenswert angesetzt – bereits vor der Erstellung des Summenabschlusses (also in der IFRS-konformen HB II) zu eliminieren, um die IFRS-Konformität des Summenabschlusses zu erreichen. Da der Summenabschluss diesen Vermögenswert nicht enthält, ist auch kein Zwischengewinn aktiviert, der zu eliminieren wäre.

3.4.3 Technik der Zwischenergebniseliminierung

3.4.3.1 Technik der Zwischenergebniseliminierung beim Gesamtkostenverfahren

> Das folgende **Beispiel** verdeutlicht die Vorgehensweise, wenn das Gesamtkostenverfahren angewendet wird. Die M AG stellt eine Maschine her, deren Anschaffungskosten bei der M AG insgesamt 250.000 € betragen. Davon entfallen 150.000 € auf den Materialaufwand und 100.000 € auf den Personalaufwand. Die Maschine wird für einen Verkaufspreis von 275.000 € am 30. Juni 2005 an das Tochterunternehmen T GmbH veräußert. Die Maschine ist bei der M AG ein Vermögenswert, der zum Verkauf im normalen Geschäftsgang gehalten wird (vgl. IAS 2.6a) und gehört bei der M AG zu den Vorräten. Die T GmbH nutzt die Maschine als Sachanla-

ge (IAS 16.6) und schreibt die Maschine über die Nutzungsdauer von 5 Jahren linear ab.
Im Einzelabschluss der M AG werden die folgenden Buchungen erfasst.

Alle Werte in €	Soll	Haben
Materialaufwand	150.000	
Personalaufwand	100.000	
Zahlungsmittel		250.000
Vorräte	250.000	
Bestandsveränderung		250.000
Zahlungsmittel	275.000	
Umsatzerlöse		275.000
Bestandsveränderung	250.000	
Vorräte		250.000

Tabelle 3-42: Zwischenergebniseliminierung im GKV (I)

Die T GmbH aktiviert die Maschine als Sachanlagen und erfasst die folgenden Buchungen.

Alle Werte in €	Soll	Haben
Sachanlagen	275.000	
Zahlungsmittel		275.000
Abschreibung	27.500	
Sachanlagen		27.500

Tabelle 3-43: Zwischenergebniseliminierung im GKV (II)

Zur Eliminierung der konzerninternen Transaktion sind daher die folgenden Buchungen erforderlich.

Alle Werte in €	Soll	Haben
Umsatzerlöse	275.000	
Sachanlagen		25.000
Andere aktivierte Eigenleistungen		250.000
Sachanlagen	2.500	
Abschreibung		2.500

Tabelle 3-44: Zwischenergebniseliminierung im GKV (III)

Mit der ersten Buchung werden die konzerninternen Umsatzerlöse storniert und der Aktivwert der Sachanlagen um den Zwischengewinn vermindert. Gleichzeitig wird die Position „andere aktivierte Eigenleistungen" angesprochen, so dass im Konzernabschluss keine Ergebnisentlastung von Materialaufwand und Personalaufwand erfolgt. Da die Herstellungskosten des Konzerns geringer sind als im Einzelabschluss ist auch die Abschreibung der Sachanlagen entsprechend zu vermindern.

Die nachfolgende Tabelle gibt einen Überblick über die erforderlichen Korrekturbuchungen beim Gesamtkostenverfahren.

	Lieferung ...		
	... in das Vorratsvermögen		... in das Anlagevermögen
Lieferant hat die Vermögenswerte ...	Abnehmer hat die Vermögenswerte veräußert	Abnehmer hat die Vermögenswerte nicht veräußert	
... hergestellt	Saldierung Umsatz des Lieferanten gegen Materialaufwand des Abnehmers	Umgliederung Umsatz des Lieferanten auf Bestandserhöhung des Abnehmers und Aktivwert der Vorräte	Umgliederung Umsatz des Lieferanten auf aktivierte Eigenleistung des Abnehmers und Aktivwert der Sachanlagen
... nicht hergestellt		Saldierung/Umgliederung Umsatz des Lieferanten gegen Materialaufwand des Lieferers und Aktivwert der Vermögenswerte beim Abnehmer	

Quelle: nach *Pellens, B./Fülbier, R.-U./Gassen, J.* (2004), S. 681.

Tabelle 3-45: Zwischenergebniseliminierung im GKV (IV)

3.4.3.2 Technik der Zwischenergebniseliminierung beim Umsatzkostenverfahren

Die erforderlichen Korrekturbuchungen beim Umsatzkostenverfahren ergeben sich aus der folgenden Tabelle.

Lieferant hat die Vermögenswerte ...	Lieferung ...		... in das Anlagevermögen
	... in das Vorratsvermögen		
	Abnehmer hat die Vermögenswerte veräußert	Abnehmer hat die Vermögenswerte nicht veräußert	
... hergestellt	Saldierung Innenumsatz mit Materialaufwand des Abnehmers	Storno Innenumsatz und Umsatzkosten, Erfassung der Differenz in den Vermögenswerten	
... nicht hergestellt			

Tabelle 3-46: Zwischenergebniseliminierung im UKV

3.5 Folgekonsolidierung

Da der Konzernabschluss typischerweise jedes Jahr neu auf Basis der im Summenabschluss zusammengefassten Einzelabschlüsse der in den Konzern einbezogenen Unternehmen aufgestellt wird, muss im Rahmen der Folgekonsolidierung die Kapitalkonsolidierung der vorherigen Geschäftsjahre wiederholt werden.

3.5.1 Folgekonsolidierung ohne Minderheiten

Die Folgekonsolidierung soll anhand der **Fortführung des Beispiels** aus Abschnitt 3.1.1 gezeigt werden: Es soll unterstellt werden, dass der Kundenstamm der am 1. Januar 2005 erworbenen T AG eine Nutzungsdauer von 2 Jahren hat. Die Sachanlagen sollen eine Nutzungsdauer von insgesamt 5 Jahren haben. Die M AG hat im Jahr 2005 einen Jahresüberschuss von 125.000 € erzielt, der in voller Höhe zu Zahlungseingängen geführt hat. Die T AG hat im Jahr 2005 Vorräte bewertet zu Anschaffungskosten in Höhe von 250.000 € für 300.000 € an konzernfremde Dritte verkauft. Aus diesen Daten können die in die Summenbilanz aufzunehmenden Einzelabschlüsse abgeleitet werden.

Alle Werte in T€	M AG 2005	T AG HB I 2005	T AG HB II 2005	Σ	Konsolidie- rung Soll	Haben	Kon- zern 2005
Sachanlagen	–	400	560	560			560
Immaterielle Vermögenswerte	–	–	75	75			75
Geschäfts- oder Firmenwert	–	–	–	–	450		450
Beteiligungen	1.300	500	500	1.800		1.300	500
Vorräte/sonst. Aktiva	900	250	250	1.150			1.150
Zahlungsmittel	225	300	300	525			525
Summe Aktiva	**2.425**	**1.450**	**1.685**	**4.110**			**3.260**
Eigenkapital	1.425	450	685	2.110	850		1.260
Schulden	1.000	1.000	1.000	2.000			2.000
Summe Passiva	**2.425**	**1.450**	**1.685**	**4.110**			**3.260**

Tabelle 3-47: Beispiel zur Folgekonsolidierung ohne Minderheiten (I)

Bei der Aufstellung der HB II der T AG ist zu berücksichtigen, dass ein zusätzlicher (nicht zahlungswirksamer) Aufwand von 215.000 € zu erfassen ist. Dieser setzt sich zusammen aus den höheren Abschreibungen für das Sachanlagevermögen (140.000 €) und der Abschreibung des Kundenstamms (75.000 €). Wenn nun die Erstkonsolidierungsbuchung nachgeholt wird, ergibt sich der neue Konzernabschluss. Das Eigenkapital im Konzernabschluss entwickelt sich wie folgt:

Alle Werte in T€	
Eigenkapital M AG 01. 01. 2005	1.300
Jahresüberschuss M AG 2005	125
Jahresfehlbetrag T AG 2005 (IFRS)	(165)
Eigenkapital M AG Konzern 31. 12. 2005	**1.260**

Tabelle 3-48: Beispiel zur Folgekonsolidierung ohne Minderheiten (II)

Neben den Erstkonsolidierungsbuchungen sind auch alle anderen Buchungen zu wiederholen, die zu einer Veränderung der Posten in der Summenbilanz geführt haben. Es soll angenommen werden, die M AG würde im Jahr 2005 die Beteiligung an der T AG um 400.000 € abwerten. Es ergäbe sich in diesem Fall für das Jahr 2005 die folgende Darstellung:

Alle Werte in T€	M AG 2005	T AG HB I 2005	T AG HB II 2005	Σ	Konsolidie-rung Soll	Haben	Kon-zern 2005
Sachanlagen	–	400	560	560			560
Immaterielle Vermögenswerte	–	–	75	75			75
Geschäfts- oder Firmenwert	–	–	–	–	450		450
Beteiligungen	900	500	500	1.400	400	1.300	500
Vorräte/sonst. Aktiva	900	250	250	1.150			1.150
Zahlungsmittel	225	300	300	525			525
Summe Aktiva	**2.025**	**1.450**	**1.685**	**3.710**			**3.260**
Eigenkapital	1.025	450	685	1.710	850	400	1.260
Schulden	1.000	1.000	1.000	2.000			2.000
Summe Passiva	**2.025**	**1.450**	**1.685**	**3.710**			**3.260**

Tabelle 3-49: Beispiel zur Folgekonsolidierung ohne Minderheiten (III)

Die Nachholung der Erstkonsolidierungsbuchung geht nur auf, wenn die im Einzelabschluss vorgenommene Abwertung der Beteiligung an der T AG storniert wird.

Alle Werte in T€	Soll	Haben
Beteiligung	400	
Aufwand		400

Tabelle 3-50: Beispiel zur Folgekonsolidierung ohne Minderheiten (IV)

Auf dieser Basis können die Buchungen im Folgejahr diskutiert werden. Zur Vereinfachung der Darstellung soll angenommen werden, dass weder die M AG noch die T AG Umsatzerlöse generiert haben. Als einzige erfolgswirksame Buchungen sind bei der T AG daher die Abschreibungen der Sachanlagen und des Kundenstamms zu berücksichtigen.

Alle Werte in T€	M AG HB I 2006	T AG HB I 2006	T AG HB II 2006	Σ	Konsolidierung Soll	Konsolidierung Haben	Konzern 2006
Sachanlagen	–	300	420	420			420
Immaterielle Vermögenswerte	–	–	0	0			0
Geschäfts- oder Firmenwert	–	–	–	–	450		450
Beteiligungen	900	500	500	1.400	400	1.300	500
Vorräte/sonst. Aktiva	900	250	250	1.150			1.150
Zahlungsmittel	225	300	300	525			525
Summe Aktiva	**2.025**	**1.350**	**1.470**	**3.495**			**3.045**
Eigenkapital	1.025	350	470	1.495	850	400	1.045
Schulden	1.000	1.000	1.000	2.000			2.000
Summe Passiva	**2.025**	**1.350**	**1.470**	**3.495**			**3.045**

Tabelle 3-51: Beispiel zur Folgekonsolidierung ohne Minderheiten (V)

Die Nachholung des Stornos der Beteiligungsabwertung darf nicht abermals die Gewinn- und Verlustrechnung berühren, da es sonst zu einer Doppelerfassung käme.

Alle Werte in T€	Soll	Haben
Beteiligung	400	
Ergebnisvortrag		400

Tabelle 3-52: Beispiel zur Folgekonsolidierung ohne Minderheiten (VI)

Statt den Aufwand zu stornieren (wie im Vorjahr) muss die Nachholung der Buchung über den Ergebnisvortrag erfolgen.

3.5.2 Folgekonsolidierung mit Minderheiten

Wenn an einem Tochterunternehmen auch noch Minderheitsgesellschafter beteiligt sind, ist zusätzlich zu den oben dargestellten Buchungen im Rahmen der Folgekonsolidierung das Ergebnis des Tochterunternehmens auf das Mutterunternehmen und die Minderheitsgesellschafter aufzuteilen.

Die Folgekonsolidierung kann anhand der **Fortführung des Beispiels** aus Abschnitt 3.1.3 gezeigt werden: Dazu soll angenommen werden, dass der Kundenstamm der am 1. Januar 2005 erworbenen T AG eine Nutzungsdauer von 2 Jahren hat. Die Sachanlagen sollen eine Nutzungsdauer von insgesamt 5 Jahren haben. Die M AG hat im Jahr 2005 einen Jahresüberschuss von 125.000 € erzielt, der in voller Höhe zu Zahlungseingängen geführt hat. Die T AG hat im Jahr 2005 Vorräte bewertet zu Anschaffungskosten in Höhe von 250.000 € für 300.000 € verkauft. Aus diesen Daten können die in die Summenbilanz aufzunehmenden Einzelabschlüsse abgeleitet werden.

Alle Werte in T€	M AG 2005	T AG HB I 2005	T AG HB II 2005	Σ	Konsolidierung Soll	Haben	Kon- zern 2005
Sachanlagen	–	400	560	560			560
Immaterielle Vermögenswerte	–	–	75	75			75
Geschäfts- oder Firmenwert	–	–	–	–	360 [1]		360
Beteiligungen	1.040	500	500	1.540		1.040 [1]	500
Vorräte/sonst. Aktiva	900	250	250	1.150			1.150
Zahlungsmittel	485	300	300	785			785
Summe Aktiva	**2.425**	**1.450**	**1.685**	**4.110**			**3.430**
Eigenkapital	1.425	450	685	2.110	680 [1] 170 [2]	33 [3]	1.293
Eigenkapital – Minderh.					33 [3]	170 [2]	137
Schulden	1.000	1.000	1.000	2.000			2.000
Summe Passiva	**2.425**	**1.450**	**1.685**	**4.110**			**3.430**

Tabelle 3-53: Beispiel zur Folgekonsolidierung mit Minderheiten (VII)

Wenn die Erstkonsolidierungsbuchung nachgeholt wird, wird zunächst der Beteiligungsbuchwert mit dem anteiligen neubewerteten Nettoreinvermögen aufgerechnet (Buchung [1]). Der dabei entstehende aktivische Unterschiedsbetrag war der beim Unternehmenszusammenschluss entstandene Geschäfts- oder Firmenwert in Höhe von 360.000 €. In der Buchung [2] wird die Erfassung der Minderheitenanteile nachgeholt. Mit der Buchung [3] werden 20% des Ergebnisses der T AG (insgesamt ein Jahresfehlbetrag von 165.000 €) den Minderheitsgesellschaftern zugewiesen. Da die übrigen, oben bereits dargestellten Folgekonsolidierungsbuchungen in einer Situation mit Minderheiten analog durchzuführen sind, sollen diese im Folgenden nicht wiederholt werden. Stattdessen soll die Erfassung von Wertminderungen beim Geschäfts- oder Firmenwert erläutert werden.
Dazu soll angenommen werden, dass die M AG im Jahr 2006 den Beteiligungsbuchwert im Einzelabschluss vollständig abschreibt. Die Umstände,

die zu dieser Abschreibung geführt haben, führen im Wertminderungstest nach IAS 36 in einer vollständigen Abschreibung des Geschäfts- oder Firmenwertes. Unterstellt sei dabei, dass im Jahr 2006 keine weiteren Geschäftsvorfälle aufgetreten sind, d. h. bei der T AG sind nur die Abschreibung des Sachanlagevermögens und des Kundenstamms zu berücksichtigen.

Alle Werte in T€	M AG 2006	T AG HB I 2006	T AG HB II 2006	Σ	Konsolidierung Soll	Konsolidierung Haben	Konzern 2006
Sachanlagen	–	300	420	420			420
Immaterielle Vermögenswerte	–	–	0	0			0
Geschäfts- oder Firmenwert	–	–	–	–	360 [1]	360 [3]	0
Beteiligungen	0	500	500	500	1.040 [0]	1.040 [1]	500
Vorräte/sonst. Aktiva	900	250	250	1.150			1.150
Zahlungsmittel	485	300	300	785			785
Summe Aktiva	**1.385**	**1.350**	**1.470**	**2.855**			**2.855**
Eigenkapital	385	350	470	855	680 [1] 170 [2] 360 [3]	1.040 [0] 33 [2 a] 43 [4]	761
Eigenkapital – Minderh.					33 [2a] 43 [4]	170 [2]	94
Schulden	1.000	1.000	1.000	2.000			2.000
Summe Passiva	**1.385**	**1.350**	**1.470**	**2.855**			**2.855**

Tabelle 3-54: Beispiel zur Folgekonsolidierung mit Minderheiten (VIII)

Wenn die Erstkonsolidierungsbuchung nachgeholt wird, wird der Beteiligungsbuchwert wieder mit dem anteiligen neubewerteten Eigenkapital aufgerechnet (Buchung [1]). Da der Beteiligungsbuchwert im Einzelabschluss abgeschrieben wurde, muss zuvor diese Abschreibung rückgängig gemacht werden (Buchung [0]).

Der bei der Aufrechnung von (wieder hergestelltem) Beteiligungsbuchwert und anteiligem neubewerteten Nettoreinvermögen entstehende aktivische Unterschiedsbetrag war der beim Unternehmenszusammenschluss entstandene Geschäfts- oder Firmenwert in Höhe von 360.000 €. In der Buchung [2] wird die Erfassung der Minderheitenanteile nachgeholt. Die Buchung [2 a] holt die Aufteilung des Verlustes 2005 auf die Minderheiten nach. Die Buchung [3] betrifft die Abschreibung des Geschäfts- oder Firmenwertes. Da der Geschäfts- oder Firmenwert nur insoweit aktiviert wird, als er auf das Mutterunternehmen entfällt, wird von dieser Abschreibung den Minderheitengesellschaftern nichts zugerechnet. Mit der Buchung [4] werden 20% des Ergebnisses der T AG (43.000 €, da die T AG insgesamt einen Jahresfehlbetrag von 215.000 € realisiert hat) den Minderheitsgesellschaftern zugewiesen.

3.6 Übergangskonsolidierung

3.6.1 Übergang von der Quotenkonsolidierung auf Vollkonsolidierung

Der Übergang von der Quotenkonsolidierung auf die Vollkonsolidierung wird erfolgsneutral durchgeführt.

Angenommen sei die M AG, die bis zum 30. Juni 2005 insgesamt 50% der Anteile an der JV GmbH hält. Am 1. Juli 2005 werden die verbleibenden 50% vom *Joint Venture*-Partner hinzuerworben. Es sei weiterhin unterstellt, dass bis zum 30. Juni 2005 die Voraussetzungen für die Quotenkonsolidierung nach IAS 31 erfüllt sind, d. h. insbesondere, dass eine vertragliche Vereinbarung zwischen den beiden Partnerunternehmen bestand, die eine gemeinschaftliche Kontrolle zur Folge hatte. Bis zum 30. Juni 2005 wird somit die JV GmbH im Wege der Quotenkonsolidierung in den Konzernabschluss der M AG einbezogen. Der Erwerb der zweiten Tranche führt dazu, dass die M AG nunmehr die Beherrschung über die JV GmbH erlangt. Insofern liegt mit Erwerb der zweiten Tranche ein Unternehmenszusammenschluss im Sinne von IFRS 3 vor (sukzessiver Unternehmenszusammenschluss im Sinne von IFRS 3.58).

Nach IFRS 3.58 ist bei einem sukzessiven Unternehmenszusammenschluss jede Transaktion vom Erwerber getrennt zu behandeln, wobei zu jedem Tauschzeitpunkt die Anschaffungskosten der Transaktion und die Informationen zum beizulegenden Zeitwert genutzt werden, um dem Betrag eines jeden mit der Transaktion verbundenen Geschäfts- oder Firmenwertes zu ermitteln. Das Verfahren führt somit zu einem stufenweisen Vergleich der Kosten des einzelnen Anteilserwerbs mit dem prozentualen Anteil des Erwerbers am beizulegenden Zeitwert der erworbenen identifizierbaren Vermögenswerte, Schulden und Eventualschulden des erworbenen Unternehmens zum Zeitpunkt des Erwerbs jeder Tranche.

In dem genannten **Beispiel** wird die M AG für die erste 50%-Tranche erworbener Anteile den ursprünglichen Geschäfts- oder Firmenwert weiterführen, für die erworbenen identifizierbaren Vermögenswerte und Schulden allerdings eine Neubewertung durchführen (vgl. IFRS 3.59)[29]. Für die im Juli 2005 hinzuerworbene zweite 50%-Tranche wird auf der Basis der

---

29 Vgl. *Lüdenbach, N.* (2004 a), S. 1356 f.

aktuellen beizulegenden Zeitwerte eine Kaufpreisallokation durchgeführt und der Geschäfts- oder Firmenwert ermittelt.

3.6.2 Übergang von Equity-Bewertung auf Vollkonsolidierung

Beim Übergang von der Equity-Bewertung auf die Vollkonsolidierung sind dieselben Grundsätze wie beim Übergang von der Quotenkonsolidierung auf die Vollkonsolidierung anzuwenden. Unterstellt sei, dass die M AG bis zum 30. Juni 2005 insgesamt 20% der Anteile an der E GmbH gehalten hat. Wenn die M AG am 1. Juli 2005 die restlichen 80% von den übrigen Gesellschaftern hinzu erwirbt, liegt zu diesem Zeitpunkt ein Unternehmenszusammenschluss vor. Bis zum 30. Juni 2005 hatte die M AG einen maßgeblichen Einfluss, ab dem 1. Juli 2005 beherrscht die M AG die E GmbH.

Auch in diesem Fall ist nach den Regeln von IFRS 3.59 ein tranchenweises Vorgehen geboten. Beispiel 6 zu IFRS 3 stellt für den Übergang von der Equity-Methode auf die Vollkonsolidierung klar: *„Consequently, the consolidated financial statements immediately after Investor acquires the additional ... ownership interest and obtains control of the Investee would be the same irrespective of the method used to account for the initial ... investment in Investee before obtaining control"* (IFRS 3.IE6).

Für den Übergang von der Bewertung zu Anschaffungskosten auf die Vollkonsolidierung im Rahmen eines sukzessiven Anteilserwerbs kann auf Abschnitt 3.1.3.3 verwiesen werden. Wenn sich der Übergang von der Equity-Methode auf die Vollkonsolidierung nicht von dem Fall unterscheiden darf, in dem von der Bewertung zu Anschaffungskosten auf die Vollkonsolidierung übergegangen wird, ergibt sich in beiden Fällen derselbe Geschäfts- oder Firmenwert. So wie beim Übergang von der Bewertung zu Anschaffungskosten auf die Vollkonsolidierung die vorgenommenen Neubewertungen des Buchwertes der Beteiligung storniert wurden, müssen beim Übergang von der Equity-Methode auf die Vollkonsolidierung die Fortschreibungen des Equity-Wertes rückgängig gemacht werden. Durch dieses Vorgehen werden im Rahmen der Konzernabschlusserstellung die ursprünglichen Anschaffungskosten wieder hergestellt[30].

3.7 Endkonsolidierung

3.7.1 Darstellung der Endkonsolidierungsgrundlagen

Verlassen Tochterunternehmen den Konsolidierungskreis, beispielsweise wegen des Verlustes von Beherrschung aufgrund einer Veräußerung der Anteile durch das Mutterunternehmen, so ist eine Endkonsolidierung vorzunehmen. IAS 27.31 bestimmt, dass Anteile an

---

30 Vgl. auch *Hayn, B.* (2004), S. 732 f.

Unternehmen, die bislang Tochterunternehmen waren, ab dem Zeitpunkt, ab dem sie nicht mehr die Kriterien eines Tochterunternehmens erfüllen, nicht mehr nach IAS 27 zu bilanzieren sind, sondern als Finanzinstrumente nach IAS 39 behandelt werden, sofern nicht eine Bilanzierung nach IAS 28 als assoziiertes Unternehmen oder nach IAS 31 als *Joint Venture* in Frage kommt.

> Die Problematik des Zeitpunkts der Anteilsveräußerung verdeutlicht das folgende **Beispiel**: Die M AG veräußert am 16. Juni 2005 sämtliche Anteile an ihrem Tochterunternehmen T GmbH an den Erwerber X AG. Die Kaufpreisverhandlungen begannen Ende Februar 2005, das Management der M AG hat den beabsichtigten Verkauf in einer ad hoc Mitteilung Anfang März 2005 bekannt gegeben. Der Kaufpreis wird unmittelbar nach Zustimmung des Bundeskartellamtes am 31. August 2005 bezahlt. Der Kaufvertrag sieht vor, dass Nutzen und Lasten am 30. Juni 2005 auf den Erwerber übergehen. In diesem Fall ist mit Zustimmung des Bundeskartellamtes davon auszugehen, dass die Beherrschung auf den Erwerber übergegangen ist. Als Endkonsolidierungsstichtag qualifiziert sich insbesondere der 31. August 2005.

Die Veräußerung des Tochterunternehmens lässt sich im Einzelabschluss leicht darstellen: der Veräußerungserfolg ergibt sich direkt aus der Differenz von Beteilungsbuchwert und Veräußerungserlös. Im Konzernabschluss ist die Situation nicht so einfach, da nicht die Anteile an dem Tochterunternehmen auf den Erwerber übergehen, sondern die einzelnen Vermögenswerte und Schulden des Tochterunternehmens. Der Endkonsolidierungserfolg kann auf der Basis des Veräußerungserlöses ermittelt werden (direkte Ermittlung). Eine andere Möglichkeit besteht darin, den Endkonsolidierungserfolg aus dem Veräußerungserfolg abzuleiten, der sich aus dem Einzelabschluss des Mutterunternehmens ergibt (indirekte Ermittlung).

	Veräußerungserlös
–	Vermögenswerte des Tochterunternehmens (IFRS Buchwerte, einschließlich Geschäfts- oder Firmenwerte)
+	Schulden des Tochterunternehmens (IFRS Buchwerte)
–	Erfolgsneutral erfasste Verluste aus der Marktbewertung jederzeit veräußerbarer Finanzinstrumente
+	Erfolgsneutral erfasste Gewinne aus der Marktbewertung jederzeit veräußerbarer Finanzinstrumente
–	Erfolgsneutral erfasste Verluste aus Währungsumrechnung einer Nettoinvestition in einen ausländischen Geschäftsbetrieb
+	Erfolgsneutral erfasste Gewinne aus Währungsumrechnung einer Nettoinvestition in einen ausländischen Geschäftsbetrieb
=	**Endkonsolidierungserfolg im Konzern**

Tabelle 3-55: direkte Ermittlung des Endkonsolidierungserfolgs

Soweit auf dem Veräußerungserfolg aufgesetzt werden soll, der sich aus dem Einzelabschluss des Mutterunternehmens ergibt (und der in dieser Höhe auch im Summenabschluss „ankommt"), sind andere Anpassungen erforderlich. Der Veräußerungserfolg aus Sicht des Einzelabschlusses ist um die Erträge (Aufwendungen) zu erhöhen (zu vermindern), die sich bislang nur im Einzelabschluss des Mutterunternehmens ausgewirkt haben. Entsprechend sind die Erträge (Aufwendungen) abzuziehen (hinzuzurechnen), die bislang nur im Konzernabschluss erfasst wurden[31].

	Veräußerungserfolg aus dem Einzelabschluss des Mutterunternehmens (Differenz aus Veräußerungserlös und Beteiligungsbuchwert)
–	Abschreibungen auf den Beteiligungsbuchwert nach IAS 39.55
+	Zuschreibungen auf den Beteiligungsbuchwert
+	Im Konzernabschluss erfolgswirksam verrechnete aufgedeckte stille Reserven
–	Im Konzernabschluss erfolgswirksam verrechnete aufgedeckte stille Lasten
+	Bereits erfolgswirksam verrechneter Geschäfts- oder Firmenwert
–	Erfolgswirksam verrechneter passivischer Unterschiedsbetrag
–	Erfolgsneutral in den Gewinnvortrag umgegliederte Neubewertungsrücklage
–	Rücklagenzuführungen beim Tochterunternehmen seit Beteiligungserwerb (erfolgswirksam erfasste)
+	Rücklagenminderungen beim Tochterunternehmen seit Beteiligungserwerb (erfolgswirksam erfasste)
–	Jahresüberschuss des Tochterunternehmens im Veräußerungszeitpunkt (sofern mitverkauft)
+	Jahresfehlbetrag des Tochterunternehmens im Veräußerungszeitpunkt (sofern mitverkauft)
=	Endkonsolidierungserfolg im Konzern

Tabelle 3-56: indirekte Ermittlung des Endkonsolidierungserfolgs

Ein kurzes **Beispiel** kann die unterschiedlichen Vorgehensweisen verdeutlichen: Es soll angenommen werden, dass die M AG zu Beginn des Jahres 2003 die T GmbH für einen Kaufpreis von 1.000.000 € erworben hat. Die T GmbH besitzt als einzigen Vermögenswert ein Grundstück mit einem Buchwert (= beizulegender Zeitwert) von 700.000 € und eine Verbindlichkeit in Höhe von 100.000 €. Im Rahmen der Kaufpreisallokation wurde ein Geschäfts- oder Firmenwert in Höhe von 400.000 € ermittelt, der gem. IAS

---

31 Vgl. *Küting, K./Weber, C.-P./Wirth, J.* (2004), S. 880.

22.44 über die wirtschaftliche Nutzungsdauer von 5 Jahren abgeschrieben wurde. Ab dem Geschäftsjahr beginnend zum 1. Januar 2005 erfolgt gem. IFRS 3 keine planmäßige Abschreibung des Geschäfts- oder Firmenwertes mehr. Die T GmbH erwirtschaftet im Jahr 2003 ein Ergebnis von 25.000 €, im Jahr 2004 ein Ergebnis von 40.000 € und im Jahr 2005 ein Ergebnis von 55.000 €. Sämtliche Ergebnisse wurden von der T GmbH thesauriert. Die T GmbH wird am 1. Januar 2006 für 1.250.000 € veräußert.

Im Einzelabschluss der M AG ergibt sich aus der Differenz von Veräußerungspreis und Anschaffungskosten ein Veräußerungserfolg in Höhe von 250.000 €. Der Veräußerungserfolg stellt den Ausgangspunkt für die indirekte Ermittlung des Endkonsolidierungserfolgs dar.

Alle Werte in T€	
Veräußerungserfolg im Einzelabschluss der M AG	250
+ Abschreibung Geschäfts- oder Firmenwert (bis 2004)	160
– Erhöhung Gewinnrücklagen bei der T GmbH	(120)
Endkonsolidierungserfolg	290

Tabelle 3-57: Beispiel zur Endkonsolidierung (I)

Nach der direkten Methode ermittelt sich der Endkonsolidierungserfolg auf der Basis des Veräußerungspreises. In der nachfolgenden Tabelle ist dies dargestellt. Bei den in der Tabelle enthaltenen Werten ist auf den Kassenbestand in Höhe von 120.000 € hinzuweisen. Dieser steht stellvertretend für die während der Jahre 2003 bis 2005 eingetretenen Vermögensmehrungen (Summe der Jahresüberschüsse).

Alle Werte in T€		
Veräußerungspreis		1.250
– Vermögenswerte der T GmbH		
– Grundstück	(700)	
– Geschäfts- oder Firmenwert	(240)	
– Kassenbestand	(120)	(1.060)
+ Schulden der T GmbH		100
Endkonsolidierungserfolg		290

Tabelle 3-58: Beispiel zur Endkonsolidierung (II)

Zu erkennen ist, dass direkte und indirekte Ermittlung zum identischen Endkonsolidierungserfolg führen. Andererseits sieht man anhand des Beispiels, dass der Veräußerungserfolg im Einzelabschluss und der Endkonsolidierungserfolg, wenn überhaupt, dann nur zufällig identisch sind.

3.7.2 Geschäfts- oder Firmenwert und Endkonsolidierung

Im vorangegangen Abschnitt wurden die Grundlagen der Endkonsolidierung erläutert. Dabei wurde aus Vereinfachungsgründen unterstellt, dass der mit dem Erwerb eines Tochterunternehmens entstandene Geschäfts- oder Firmenwert auch nach Konsolidierung vollständig diesem Tochterunternehmen zugeordnet bleibt. Wie in diesem Kapitel aber bereits dargestellt, verlangt IAS 36, dass der Geschäfts- oder Firmenwert jeder der zahlungsmittelgenerierenden Einheiten oder Gruppen von zahlungsmittelgenerierenden Einheiten zugeordnet wird, die aus den Synergien des Unternehmenszusammenschlusses Nutzen ziehen und zwar unabhängig davon, ob auch andere Vermögenswerte oder Schulden des erwerbenden Unternehmens diesen Einheiten oder Gruppen von Einheiten zugewiesen worden sind (vgl. IAS 36.80). Damit wird deutlich, dass sich die Berücksichtigung eines Geschäfts- oder Firmenwertes im Rahmen von Endkonsolidierungen nicht an den rechtlichen Strukturen orientiert, sondern auf der Basis der zahlungsmittelgenerierenden Einheiten zu beurteilen ist[32].

IAS 36.86 schreibt bei der Veräußerung (von Teilen) von zahlungsmittelgenerierenden Einheiten vor: wenn ein Geschäfts- oder Firmenwert einer zahlungsmittelgenerierenden Einheit zugeordnet wurde, und das Unternehmen einen Geschäftsbereich dieser Einheit veräußert, so ist der mit diesem veräußerten Geschäftsbereich verbundene Geschäfts- oder Firmenwert (i) bei der Feststellung des Gewinnes oder Verlustes aus der Veräußerung im Buchwert des Geschäftsbereichs zu erfassen und (ii) auf der Grundlage der relativen Werte des veräußerten Geschäftsbereichs und dem Teil der zurückbehaltenen zahlungsmittelgenerierenden Einheit zu bewerten, es sei denn, das Unternehmen kann beweisen, dass eine andere Methode den mit dem veräußerten Geschäftsbereich verbundenen Geschäfts- oder Firmenwert besser widerspiegelt.

> Es sei unterstellt, dass die M AG (Geschäftsjahr = Kalenderjahr) zu Beginn des Jahres 2005 die T GmbH für einen Kaufpreis von 1.000.000 € erworben hat. Im Rahmen der Kaufpreisallokation wurde ein Geschäfts- oder Firmenwert in Höhe von 400.000 € ermittelt. Dieser ist auf die zahlungsmittelgenerierenden Einheiten der M AG zu verteilen und zwar abhängig davon, welche der zahlungsmittelgenerierenden Einheiten von den Synergien des Unternehmenszusammenschlusses profitiert. Unterstellt sei weiterhin, dass die M AG aus drei zahlungsmittelgenerierenden Einheiten (A bis C) besteht und die T GmbH nach dem Unternehmenszusammenschluss zur

---

32 Vgl. *Küting K./Wirth, J.* (2005), S. 705.

vierten zahlungsmittelgenerierenden Einheit wird, welche die identifizierbaren Vermögenswerte, Schulden und Eventualschulden der T GmbH enthält. Die beiden zahlungsmittelgenerierenden Einheiten A und B sollen auch von dem Zusammenschluss mit der T GmbH profitieren, so dass sich die Allokation des Geschäfts- oder Firmenwertes wie in der nachfolgenden Tabelle darstellt. Die zahlungsmittelgenerierenden Einheiten A, B und C weisen bereits vor dem Unternehmenszusammenschluss mit der T GmbH einen Geschäfts- oder Firmenwert aus, der sich aufgrund der Allokation des Geschäfts- oder Firmenwertes der T GmbH entsprechend erhöht.

Alle Werte in T€	ZGE A	ZGE B	ZGE C	ZGE T
Geschäfts – oder Firmenwert vor Allokation	100	200	300	400
Allokation des Geschäfts- oder Firmenwerts der T GmbH	50	200		(250)
Geschäfts- oder Firmenwert nach Allokation	150	400	300	150

Tabelle 3-59: Geschäfts- oder Firmenwert und Endkonsolidierung (I)

Wenn die M AG die T GmbH veräußert, ist für die Frage der Bestimmung des in die Endkonsolidierung eingehenden Geschäfts- oder Firmenwertes entscheidend, welche (Teile) der zahlungsmittelgenerierenden Einheiten veräußert werden. Wurden der ZGE T sämtliche Vermögenswerte und Schulden der T GmbH zugeordnet und wird die T GmbH = ZGE T veräußert, beträgt der im Rahmen der Endkonsolidierung zu berücksichtigende Geschäfts- oder Firmenwert 150.000 €. Es wäre damit falsch, bei der Endkonsolidierung den gesamten, aus dem Unternehmenszusammenschluss mit der T GmbH resultierenden Geschäfts- oder Firmenwert in Höhe von 400.000 € zu berücksichtigen. Es ist allerdings zu vermuten, dass die Veräußerung der T GmbH mit dem Verlust der durch den Unternehmenszusammenschluss realisierten Synergieeffekte einhergeht, so dass die Veräußerung mit großer Wahrscheinlichkeit zu einer Wertminderung des Teils des Geschäfts- oder Firmenwertes führt, der den zahlungsmittelgenerierenden Einheiten A und B zugewiesen wurde. Zudem ist auf IAS 36.12 zu verweisen: die Veräußerung der T GmbH stellt einen Wertminderungsindikator dar, d.h. es ist entsprechend neben dem jährlichen Wertminderungstest gegebenenfalls ein weiterer Test durchzuführen.
Es stellt sich die Frage, wie vorzugehen ist, wenn z.B. 60% der Vermögenswerte und Schulden aus der T GmbH auf die zahlungsmittelgenerierende Einheit B zugeordnet wurden. Wird die T GmbH veräußert, ist zu berücksichtigen, dass in diesem Fall letztlich die Teile zweier zahlungsmittelgenerierenden Einheiten verkauft wurden. Deshalb werden auch jeweils Teile des Geschäfts- oder Firmenwertes, der diesen zahlungsmittelgenerierenden Einheiten zugeordnet wurde, bei der Endkonsolidierung zu berücksichtigen sein. Die Ermittlung der entsprechenden Anteile erfolgt nach dem folgenden Schema.

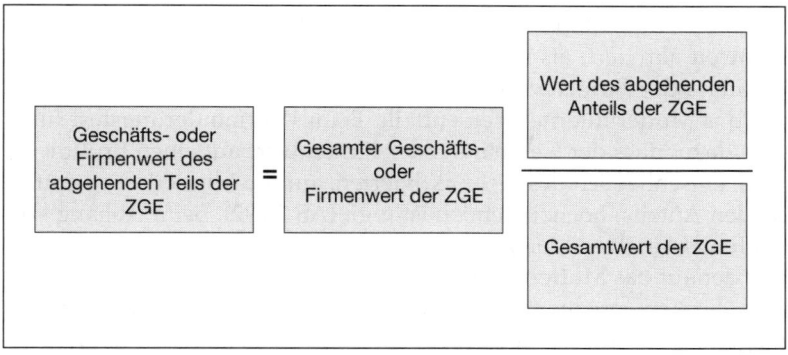

Quelle: *Küting, K./Wirth, J.* (2005), S. 707

Abbildung 3-12: Geschäfts- oder Firmenwert und Endkonsolidierung

Angenommen sei, dass das Nettoreinvermögen der T GmbH (ohne Geschäfts- oder Firmenwert) inzwischen 800.000 € beträgt und dass die T GmbH für einen Verkaufspreis von 1.500.000 € verkauft wurde. Die folgende Tabelle zeigt zunächst, wie sich das Nettoreinvermögen der T GmbH auf die zahlungsmittelgenerierenden Einheiten verteilt. D. h. es gilt jetzt nicht mehr T GmbH = ZGE T. Basierend auf dem Verhältnis des abgehenden Nettoreinvermögens zum gesamten Nettoreinvermögen der zahlungsmittelgenerierenden Einheit wird der Geschäfts- oder Firmenwert ermittelt, der im Rahmen der Veräußerung der T GmbH den Konzern verlässt.

Alle Werte in €	ZGE A	ZGE B	ZGE C	ZGE T
Nettoreinvermögen gesamt (ohne Geschäfts- oder Firmenwert)	500	900	1.200	320
Davon entfällt auf die T GmbH	–	480	–	320
Geschäfts- oder Firmenwert nach Allokation	150	400	300	150
Abgehender Geschäfts- oder Firmenwert [400*480/900 bei ZGE B] [150*320/320 bei ZGE T]	–	(213)	–	(150)

Tabelle 3-60: Geschäfts- oder Firmenwert und Endkonsolidierung (II)

Insgesamt ist bei der Erfassung des Verkaufs der T GmbH ein Abgang vom Geschäfts- oder Firmenwert in Höhe von 363.000 € zu berücksichtigen.

Die Situation gewinnt an Komplexität, wenn Minderheitenanteile zu berücksichtigen sind. Die identifizierbaren Vermögenswerte und

Schulden werden nach IFRS 3 (vollständige Neubewertung) auch insoweit aktiviert, als sie auf Minderheitenanteile entfallen. Der Geschäfts- oder Firmenwert hingegen wird nur insoweit erfasst, als er auf das Mutterunternehmen entfällt. Beim Wertminderungstest führt dies dazu, dass der Geschäfts- oder Firmenwert auf einen Bruttowert (d.h. einschließlich des nicht aktivierten, auf die Minderheiten entfallenden Anteils) hochzurechnen ist (vgl. IAS 36.92). Beim Abgang von zahlungsmittelgenerierenden Einheiten ist zu berücksichtigen, dass nur der auf das Mutterunternehmen entfallende Anteil am Geschäfts- oder Firmenwert in die Berechnung des Endkonsolidierungserfolgs eingeht. Wird nur ein Teil einer zahlungsmittelgenerierenden Einheit veräußert, d.h. wird der abgehende Geschäfts- oder Firmenwert auf der Basis der Wertverhältnisse des verkauften Nettoreinvermögens zum Gesamtnettoreinvermögen der zahlungsmittelgenerierenden Einheit ermittelt, ist zu berücksichtigen, dass die Nettoreinvermögen die auf Minderheiten entfallenden Anteile enthalten. Es erscheint daher angebracht, den abgehenden Teil des Geschäfts- oder Firmenwertes zunächst um die Minderheitenanteile hochzurechnen, in der tatsächlichen Erfassung des Abgangswertes aber wieder um die Minderheiten zu bereinigen[33].

3.8 Abgrenzung latenter Steuern im Konzernabschluss

Im Abschluss nach IFRS hat die Abgrenzung latenter Steuern nach dem Konzept der sogenannten temporären Differenzen *(temporary differences)* zu erfolgen. Danach führen grundsätzlich alle steuerlich relevanten temporären Bilanzierungs- und Bewertungsunterschiede zwischen Steuerbilanz und IFRS-Bilanz zur Abgrenzung latenter Steuern (vgl. IAS 12.15).

3.8.1 Konzept für die Abgrenzung latenter Steuern nach IFRS

In der nachfolgenden Abbildung werden die Ursachen für latente Steuern dargestellt. Latente Steuern entstehen nach IAS 12 aus zu versteuernden temporären Differenzen (vgl. IAS 12.15) oder aus steuerlich abzugsfähigen temporären Differenzen (vgl. IAS 12.24) sowie aus den am Abschlussstichtag noch nicht genutzten steuerlichen Verlusten/Gewinnen (vgl. IAS 12.5). Temporäre Differenzen sind Unterschiedsbeträge zwischen dem Buchwert eines Vermögenswertes oder einer Schuld in der IFRS-Bilanz und dem Steuerwert

---

33 Vgl. *Küting, K./Weber, C.-P./Wirth, J.* (2005), S. 879.

(grundsätzlich der Buchwert in der Steuerbilanz). Zu versteuernde temporäre Differenzen führen zu steuerlichen Erträgen in der Zukunft, wenn der Vermögenswert realisiert oder die Schuld erfüllt wird. Abzugsfähige temporäre Differenzen führen in der Zukunft zu steuerlich abzugsfähigen Aufwendungen.

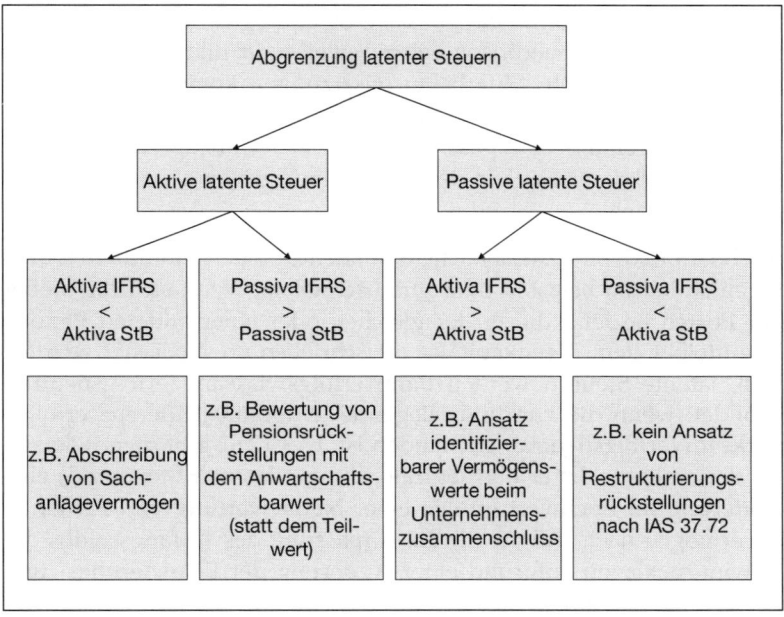

Abbildung 3-13: Ursachen latenter Steuern

Ein Beispiel für den ersten Fall ist die Abschreibung von Vermögenswerten des Sachanlagevermögens: während IAS 16.50 vorschreibt, dass das Abschreibungsvolumen (Differenz von Anschaffungskosten und Restwert) planmäßig über die wirtschaftliche Nutzungsdauer des Vermögenswertes zu verteilen ist, werden in der Steuerbilanz die Abschreibungen unter Berücksichtigung der amtlichen Afa-Tabellen vorgenommen. Ist die wirtschaftliche Nutzungsdauer kürzer als die Nutzungsdauer laut amtlicher Afa-Tabelle, übersteigt der Buchwert laut Steuerbilanz den Buchwert des Vermögenswertes in der IFRS-Bilanz. Auf die Differenz wird eine aktive latente Steuer abgegrenzt. Gleichermaßen zu aktiven latenten Steuern führt eine Höherbewertung von Passiva in der IFRS-Bilanz. Typisches Beispiel hierfür sind die Pensionsrückstellungen. Nach den von IAS 19 vorgeschriebenen Regeln zur Ermittlung von Pensionsrückstellungen ergibt sich regelmäßig eine höhere Pensionsrückstellung als in der Steuerbilanz.

Beispiele, die zur Entstehung passiver latenter Steuern führen, sind immaterielle Vermögenswerte, die im Rahmen eines Unternehmenszusammenschlusses identifiziert werden und die in der Steuerbilanz des erworbenen Unternehmens regelmäßig nicht aktiviert werden (z. B. selbst erstellte Patente, selbst erstellter Kundenstamm)[34]. In diesem Fall übersteigen die Aktiva in der IFRS-Bilanz die Aktiva laut Steuerbilanz und es hat eine passive Steuerabgrenzung zu erfolgen. Soweit es in der Steuerbilanz beispielsweise zur Bildung einer Rückstellung für geplante Mitarbeiterfreisetzungen kommt, die die Ansatzkriterien von IAS 37 für Restrukturierungsrückstellungen nicht erfüllt, ist ebenfalls eine passive latente Steuer abzugrenzen. In diesem Fall sind die Passiva in der Steuerbilanz größer als die Passiva in der IFRS-Bilanz.

Nach IAS 12.61 sind tatsächliche und latente Steuern unmittelbar dem Eigenkapital zu belasten oder gutzuschreiben, wenn sich die Steuer auf Posten bezieht, die in der gleichen oder einer anderen Periode unmittelbar dem Eigenkapital gutgeschrieben oder belastet werden. D. h. latente Steuern werden dann erfolgswirksam (erfolgsneutral) gebildet, wenn die zugrunde liegende temporäre Differenz erfolgswirksam (erfolgsneutral) entstanden ist. IAS 12.62 gibt dem Bilanzierer Beispiele für die erfolgsneutrale Bildung latenter Steuern: (i) eine Änderung im Buchwert infolge einer Neubewertung von Sachanlagevermögen nach IAS 16; (ii) die Anpassung des Anfangssaldos der Gewinnrücklagen aufgrund einer Änderung der Bilanzierungs- und Bewertungsmethoden, die nach IAS 8 rückwirkend angewendet wird; (iii) erfolgsneutral gebildete Währungsdifferenzen (IAS 21); (iv) beim erstmaligen Ansatz der Eigenkapitalkomponente eines kombinierten Finanzinstruments entstehende Beträge (vgl. IAS 12.23).

IAS 12.15 bestimmt, dass für alle zu versteuernden temporären Differenzen eine passive latente Steuer anzusetzen ist. Von diesem Prinzip bestehen die folgenden Ausnahmen: (i) beim erstmaligen Ansatz des Geschäfts- oder Firmenwertes werden keine latenten Steuern abgegrenzt; (ii) beim erstmaligen Ansatz eines Vermögenswertes oder einer Schuld werden keine passiven latenten Steuern abgegrenzt, wenn der Vermögenswert/die Schuld aus einem Geschäftsvorfall resultiert, der kein Unternehmenszusammenschluss ist (vgl. IAS 12.15a) und wenn zum Zeitpunkt des Geschäftsvorfalls durch den Ansatz des Vermögenswertes/der Schuld weder das IFRS-Ergebnis vor Ertragsteuern noch das zu versteuernde Ergebnis beeinflusst wird (vgl. IAS 12.24b).

---

34 Vgl. *von Eitzen, B./Dahlke, J./Kromer, C.* (2005), S. 510.

Nach IAS 12.24 ist für alle abzugsfähigen temporären Differenzen in dem Maße ein latenter Steueranspruch anzusetzen, wie es wahrscheinlich ist, dass ein zu versteuerndes Ergebnis verfügbar sein wird, gegen das die abzugsfähige temporäre Differenz verwendet werden kann. Von dieser Grundregel besteht die folgende Ausnahme: Beim erstmaligen Ansatz eines Vermögenswertes oder einer Schuld werden keine aktiven latenten Steuern abgegrenzt, wenn der Vermögenswert/die Schuld aus einem Geschäftsvorfall resultiert, der kein Unternehmenszusammenschluss ist (vgl. IAS 12.24a) und wenn zum Zeitpunkt des Geschäftsvorfalls durch den Ansatz des Vermögenswertes oder der Schuld weder das IFRS-Ergebnis vor Ertragsteuern noch das zu versteuernde Ergebnis beeinflusst wird (vgl. IAS 12.24b).

3.8.2 Entstehung latenter Steuern im Konzernabschluss

Die im Konzernabschluss ausgewiesenen aktiven und passiven latenten Steuern können auf verschiedenen Sachverhalten beruhen. Zunächst können temporäre Differenzen entstehen, wenn die lokal erstellte Bilanz bereits von der Steuerbilanz abweicht. Zusätzliche temporäre Differenzen können die Folge der Anpassung der lokalen Bilanz an die IFRS (Erstellung der HB II) sein. Weiterhin können latente Steuern aufgrund von Konsolidierungsmaßnahmen (Kapitalkonsolidierung, Schuldenkonsolidierung, Zwischenergebniseliminierung) entstehen. Nachfolgend werden einige typische Beispiele für latente Steuern gegeben, die im Rahmen der Konzernabschlusserstellung abzugrenzen sind: (i) Ansatz von Vermögenswerten und Schulden mit deren beizulegendem Zeitwert bei Erfassung des Unternehmenszusammenschlusses; (ii) Eliminierung unrealisierter Gewinne/Verluste im Rahmen der Zwischenergebniseliminierung; (iii) im Konzernabschluss enthaltene Ergebnisvorträge von Tochtergesellschaften, *Joint Ventures* und assoziierten Unternehmen die für Zwecke der Besteuerung dann zu steuerpflichtigen Erträgen werden, wenn es zu einer Gewinnausschüttung an das Mutterunternehmen kommt.

3.8.2.1 Latente Steuern und Kaufpreisallokation

IAS 12.19 regelt die Bilanzierung latenter Steuern bei Unternehmenszusammenschlüssen: die Anschaffungskosten des Unternehmenszusammenschlusses werden auf die identifizierbaren Vermögenswerte und die übernommenen Schulden verteilt. Temporäre Differenzen entstehen, wenn sich die Werte der Vermögenswerte und Schulden in der Steuerbilanz des erworbenen Unternehmens aufgrund des Unternehmenszusammenschlusses nicht ändern. Die latente Steuer wird nicht erfolgswirksam erfasst, sondern erhöht oder vermindert den im

Rahmen des Unternehmenszusammenschlusses entstandenen Geschäfts- oder Firmenwert.

Im Rahmen der Erfassung des Unternehmenszusammenschlusses sind auch die beim erworbenen Unternehmen gegebenenfalls vorhandenen steuerlichen Verlustvorträge zu berücksichtigen. Der Erwerber hat eine aktive latente Steuer für einen beim erworbenen Unternehmen bestehenden steuerlichen Verlustvortrag anzusetzen, wenn es wahrscheinlich ist, dass dieser steuerliche Verlustvortrag realisiert werden kann. Dies erfolgt unabhängig davon, ob vom erworbenen Unternehmen bereits ein Vermögenswert für den steuerlichen Verlustvortrag angesetzt wurde oder nicht.

Wenn der Erwerber die Nutzung des steuerlichen Verlustvortrags des erworbenen Unternehmens hingegen nicht als wahrscheinlich einschätzt, wird keine aktive latente Steuer erfasst. Ändert sich diese Einschätzung in den Folgejahren, ist eine latente Steuer zu aktivieren (vgl. IAS 12.68). Zusätzlich muss der Erwerber in diesen Fällen den Buchwert des Geschäfts- oder Firmenwertes um den Betrag verringern, der angesetzt worden wäre, wenn der latente Steueranspruch ab dem Erwerbszeitpunkt als Vermögenswert bilanziert worden wäre (vgl. IAS 12.68a). Dabei ist die Verringerung des Geschäfts- oder Firmenwertes als Aufwand zu erfassen (vgl. IAS 12.68b).

Hierzu gibt IAS 12 das folgende **Beispiel:** Die M AG erwirbt im Jahr 2005 die T GmbH. Die T GmbH verfügt über steuerliche Verlustvorträge in Höhe von 300.000 €, die bei einem Steuersatz von 30% zu einer aktiven latenten Steuer in Höhe von 90.000 € führen würden. Da das Management der M AG jedoch die Realisierung des steuerlichen Verlustvortrags nicht als hinreichend sicher einschätzt, wird für diesen kein Vermögenswert in der IFRS-Bilanz angesetzt. Der steuerliche Verlustvortrag ist de facto im aktivierten Geschäfts- oder Firmenwert von 500.000 € enthalten. Wenn im Jahr 2007 die Einschätzung des Managements dazu führt, dass die steuerlichen Verlustvorträge nunmehr realisierbar sind, werden die folgenden Buchungen erfasst:

Alle Werte in T€	Soll	Haben
Aktive latente Steuer	90	
Steuerertrag		90
Abschreibung Geschäfts- oder Firmenwert	90	
Geschäfts- oder Firmenwert		90

Tabelle 3-61: Buchungssatz Geschäfts- oder Firmenwert und aktive latente Steuer (I)

Hätte sich der Steuersatz im Jahr 2006 auf 40% erhöht, ergäben sich die folgenden Buchungen:

Alle Werte in T€	Soll	Haben
Aktive latente Steuer	120	
Steuerertrag		120
Abschreibung Geschäfts- oder Firmenwert	90	
Geschäfts- oder Firmenwert		90

Tabelle 3-62: Buchungssatz Geschäfts- oder Firmenwert und aktive latente Steuer (II)

Entsprechend ergäbe sich bei einer Verminderung des Steuersatzes auf 20% im Jahr 2006

Alle Werte in T€	Soll	Haben
Aktive latente Steuer	60	
Steuerertrag		60
Abschreibung Geschäfts- oder Firmenwert	90	
Geschäfts- oder Firmenwert		90

Tabelle 3-63: Buchungssatz Geschäfts- oder Firmenwert und aktive latente Steuer (III)

Gemäß IAS 12.67 kann ein Erwerber es infolge eines Unternehmenszusammenschlusses für wahrscheinlich halten, dass seine eigenen latenten Steueransprüche, die vor dem Unternehmenszusammenschluss nicht angesetzt wurden, aufgrund des Unternehmenszusammenschlusses nun realisiert werden können, wenn die noch nicht genutzten eigenen steuerlichen Verluste gegen das künftige zu versteuernde Einkommen des erworbenen Unternehmens aufgerechnet werden. In diesen Fällen wird die Aktivierung des steuerlichen Verlustvortrags nicht als Teil der Bilanzierung des Unternehmenszusammenschlusses behandelt. Es ergibt sich somit keine Minderung des Geschäfts- oder Firmenwertes des erworbenen Unternehmens. Vielmehr wird der steuerliche Verlustvortrag erfolgswirksam im Geschäftsjahr des Unternehmenszusammenschlusses als aktive latente Steuer erfasst.

3.8.2.2 Latente Steuern und sonstige Konsolidierungsmaßnahmen

Auch aus den sonstigen Konsolidierungsmaßnahmen (Schuldenkonsolidierung, und Zwischengewinneliminierung) können latente Steuern resultieren. Angenommen sei, dass die M AG ihrem Tochterunternehmen T GmbH ein Darlehen gewährt hat, dass in der Steuerbilanz wertberichtigt wurde. In Höhe der Wertberichtigung liegt eine zu versteuernde temporäre Differenz vor, auf die eine passive latente Steuer abzugrenzen ist. Veräußert die M AG an die T GmbH Vorräte, werden diese in der Steuerbilanz der T GmbH mit den Anschaffungskosten angesetzt. Im Buchwert enthaltene Zwischengewinne werden im Rahmen der Konsolidierung eliminiert, so dass der Konzernbuchwert der Vorräte geringer ist als der Buchwert in der Steuerbilanz der T GmbH. Entsprechend kommt es zum Ansatz einer aktiven latenten Steuer.

Latente Steuern können sich auch im Rahmen der Währungsumrechnung ergeben. Angenommen sei, die M AG (funktionale Währung Euro) hätte ein Tochterunternehmen in der Schweiz, die CH AG. Die funktionale Währung der CH AG soll ebenfalls der Euro sein. Die CH AG erwirbt am 1. Januar 2005 ein Gebäude für einen Kaufpreis von 2.000.000 CHF, das über 10 Jahre vollständig abgeschrieben wird. Die Besteuerung der CH AG erfolgt in schweizer Franken (CHF). Der Wechselkurs soll sich wie folgt entwickeln:

Datum	CHF	€
01. 01. 2005	2	1
31. 12. 2005	2,5	1

Tabelle 3-64: Währungsumrechnung und latente Steuer

Im Konzernabschluss wird das Gebäude der CH AG mit dem historischen Kurs umgerechnet. Es ergibt sich damit ein Buchwert von 900.000 € (historische Anschaffungskosten von 1.000.000 € abzüglich Abschreibungen von 100.000 €). In der Steuerbilanz wird das Gebäude mit 1.800.000 CHF angesetzt. Es ergibt sich eine temporäre Differenz in Höhe von 180.000 € zwischen dem Steuerwert von 1.800.000 CHF / 2,5 CHF/€ = 720.000 € und dem Konzernbuchwert von 900.000 €, auf die eine (in diesem Fall passive) latente Steuer abzugrenzen ist. Die latente Steuer ist erfolgswirksam zu erfassen (vgl. IAS 12.41).

3.8.2.3 Latente Steuern und Anteile an Tochterunternehmen, Joint Ventures und assoziierten Unternehmen

Nach IAS 12.39 hat ein Unternehmen eine latente Steuerschuld für alle zu versteuernden temporären Differenzen in Verbindung mit Anteilen an Tochterunternehmen, Zweigniederlassungen und assoziierten Unternehmen sowie Anteilen an *Joint Ventures* zu bilanzieren, ausgenommen in dem Umfang, in dem beide der im Folgenden beschriebenen Bedingungen erfüllt sind: (i) das Mutterunternehmen, der Anteilseigner oder das Partnerunternehmen ist in der Lage, den zeitlichen Verlauf der Umkehrung der temporären Differenz zu steuern; (ii) es ist wahrscheinlich, dass sich die temporäre Differenz in absehbarer Zeit nicht umkehren wird. Entsprechend gilt für latente Steueransprüche (vgl. IAS 12.44), dass ein latenter Steueranspruch dann zu aktivieren ist, wenn es wahrscheinlich ist, dass (i) sich die temporäre Differenz in absehbarer Zeit umkehren wird und (ii) dass ein zu versteuerndes Ergebnis zur Verfügung stehen wird, gegen das die temporäre Differenz verwendet werden kann.

Temporäre Differenzen entstehen, wenn der Buchwert von Anteilen an Tochterunternehmen, an *Joint Ventures* oder an assoziierten Unternehmen sich verglichen mit dem Steuerwert der Anteile (zumeist identisch mit den Anschaffungskosten der Beteiligung) unterschiedlich entwickelt (vgl. IAS 12.38). Der Buchwert der Anteile ist dabei gleich dem Anteil des Mutterunternehmens (bzw. Anteilseigners) am Reinvermögen des Tochterunternehmens (bzw. *Joint Ventures* oder assoziierten Unternehmens) einschließlich des Buchwerts eines Geschäfts- oder Firmenwertes. Folgende Ursachen kann diese unterschiedliche Entwicklung haben: (i) Thesaurierung von Gewinnen (vgl. IAS 12.38a), (ii) Wechselkursänderungen (vgl. IAS 12.38b), (iii) Verminderung des Buchwertes der Anteile an einem assoziierten Unternehmen auf seinen erzielbaren Betrag (vgl. IAS 12.38c).

Die Problematik kann anhand eines **Beispiels** erläutert werden[35]: Die M BV. hat am 1. Januar 2005 insgesamt 100% der Anteile an der NZ Ltd. (NZ) mit Sitz in Neuseeland erworben (Kaufpreis 600.000 €). Funktionale Währung der NZ ist der neuseeländische Dollar (NZD). Der Steuersatz in Neuseeland beträgt 30%, der Steuersatz der M BV. beträgt 40%. Die nachfolgende Tabelle stellt für den Erwerbsstichtag die beizulegenden Zeitwerte und die Steuerwerte für die Vermögenswerte und Schulden der NZ gegenüber. Zudem werden die zu versteuernden bzw. die abzugsfähigen temporären Differenzen ermittelt. Auf dieser Basis wird das erworbene Nettoreinvermögen den Anschaffungskosten des Unternehmenserwerbs gegenübergestellt und der Geschäfts- oder Firmenwert ermittelt.

---

35 Vgl. *Ernst & Young LLP* (2004), S. 1346 f.

Alle Werte in T€	Beizulegen-der Zeitwert	Steuerwert	Zu versteu-ernde/ab-zugsfähige temporäre Differenz
Sachanlagen	270	155	(115)
Forderungen	210	210	–
Vorräte	174	124	(50)
Pensionsverpflichtungen	(30)	–	30
Verbindlichkeiten	(120)	(120)	–
Beizulegender Zeitwert des Nettoreinvermögens vor Steuern	504	369	(135)
Passive latente Steuer [135 T€ * 30% Steuersatz in Neuseeland]	(41)		
Beizulegender Zeitwert des erworbenen Netto-reinvermögens	463		
Geschäfts- oder Firmen-wert	137		
Anschaffungskosten	600		

Tabelle 3-65: Latente Steuern und Anteile an Tochterunternehmen (I)

Auf den Geschäfts- oder Firmenwert werden keine latenten Steuern abge-grenzt.

Am Tag des Unternehmenserwerbs beträgt der Steuerwert der Beteiligung an der NZ 600.000 €. Da auch der Wert des insgesamt im Konzern bilan-zierten Nettoreinvermögens diesem Betrag entspricht, ergeben sich keine temporären Differenzen.

Es sei nun angenommen, dass im Jahr 2005 die folgenden Geschäfts-vorfälle eingetreten sind. Das Ergebnis der NZ im Jahr 2005 beträgt 150.000 €, von denen 80.000 € vor dem 31. Dezember 2005 vorab aus-geschüttet werden. Es verbleibt ein Gewinnvortrag/Bilanzgewinn von 70.000 €. Auf der Basis von IAS 21 erfasst die M BV. bei der Umrechnung des Abschlusses der NZ von NZD in Euro in ihrem Eigenkapital einen Währungsverlust in Höhe von 15.000 €. Weiterhin schreibt die M BV. 10.000 € des Goodwills der NZ außerplanmäßig ab (IAS 36). Der beizule-gende Zeitwert der „Beteiligung" an der NZ entwickelt sich im Konzernab-schluss der M BV. daher wie folgt:

Alle Werte in T€	
Nettoreinvermögen und Geschäfts- oder Firmenwert, 01. 01. 2005	600
Gewinnvortrag	70
Währungsverlust	(15)
Wertminderung Geschäfts- oder Firmenwert	(10)
Nettoreinvermögen und Geschäfts- oder Firmenwert, 31. 12. 2005	**645**

Tabelle 3-66: Latente Steuern und Anteile an Tochterunternehmen (II)

In der Steuerbilanz der M BV. wird die Beteiligung an der NZ weiterhin mit den Anschaffungskosten in Höhe von 600.000 € ausgewiesen. Es besteht somit eine temporäre Differenz von 45.000 €. Fraglich ist, ob auf diese temporäre Differenz eine (passive) latente Steuer abzugrenzen ist. Die Frage ist auf der Basis von IAS 12.39 anhand der beiden folgenden Merkmale zu beantworten: (i) kann die M BV. die Umkehr der temporären Differenz steuern und (ii) ist es wahrscheinlich, dass sich die temporäre Differenz in absehbarer Zeit nicht umkehren wird. Werden beide Fragen mit „ja" beantwortet, unterbleibt die Abgrenzung latenter Steuern.

Hinsichtlich temporärer Differenzen, die aus thesaurierten Gewinnen entstehen, muss berücksichtigt werden, dass bei Tochterunternehmen das Mutterunternehmen Beherrschung ausübt und daher die Umkehr der Differenz steuern kann. Hat das Mutterunternehmen beschlossen, auf absehbare Zeit keine Gewinnausschüttungen vorzunehmen, erfolgt also keine Abgrenzung passiver latenter Steuern. Dies ist anders bei assoziierten Unternehmen. Hier übt der Anteilseigner keine Beherrschung aus, sondern verfügt nur über einen maßgeblichen Einfluss, der aber regelmäßig nicht ausreicht, um das Ausschüttungsverhalten des assoziierten Unternehmens zu beeinflussen. Wenn daher die Satzung des assoziierten Unternehmens keine Thesaurierung von Gewinnen vorsieht, wird es regelmäßig zur Abgrenzung einer passiven latenten Steuer kommen, wenn Gewinne thesauriert werden.

Auch auf die hier zu ermittelnden latenten Steuern sind die allgemeinen Grundregeln anzuwenden, d.h. die Bewertung erfolgt mit dem Steuersatz, der der erwarteten Art und Weise der Realisierung entspricht (vgl. IAS 12.52). Im Beispiel könnte es sein, dass bei einem Verkauf der NZ die M BV. einen Steuersatz von 30% auf den Verkaufsgewinn anzuwenden hat, während bei Ausschüttungen ein Steuersatz von 20% anzuwenden wäre. In Abhängigkeit davon wie erwartet wird, die thesaurierten Gewinne zu realisieren, ergibt sich der Steuersatz, der für die Ermittlung der latenten Steuer zugrunde zu legen ist.

In **Fortführung** des **Beispiels** sei unterstellt, dass der Steuersatz der M BV. einheitlich 40% beträgt. Weiterhin sind latente Steuern unmittelbar dem Eigenkapital zu belasten oder gutzuschreiben, wenn sich die Steuer auf Posten bezieht, die ebenfalls unmittelbar dem Eigenkapital gutgeschrieben wurden (vgl. IAS 12.61). In diesem Fall wird daher die latente Steuer, die auf der Währungsumrechnung beruht, direkt im Eigenkapital erfasst, denn auch die zugrunde liegende Währungsdifferenz wurde direkt im Eigenkapital gebucht. Es ergibt sich folgender Buchungssatz:

Alle Werte in T€	Soll	Haben
Latenter Steueraufwand [40% von 60.000 € (Saldo aus 70.000 € thesaurierten Gewinnen und 10.000 € Wertminderung Geschäfts- oder Firmenwert)]	24	
Eigenkapital [40% von 15.000 € Währungsverlust]		6
Passive latente Steuer		18

Tabelle 3-67: Latente Steuern und Anteile an Tochterunternehmen (III)

In Deutschland ist zu berücksichtigen, dass § 8b Abs. 1 KStG Dividenden und § 8b Abs. 2 KStG die Gewinne aus der Veräußerung von Anteilen an Kapitalgesellschaften steuerfrei stellt. Dies führt grundsätzlich dazu, dass auf die genannten temporären Differenzen aus Anteilen an Tochterunternehmen, *Joint Ventures* und assoziierten Unternehmen keine latenten Steuern abgegrenzt werden, da die temporären Differenzen nicht abzugsfähig bzw. nicht zu versteuern sind. Dabei dürfen aber die Regelungen der § 8b Abs. 3 und Abs. 5 KStG nicht vernachlässigt werden. Nach § 8b Abs. 3 KStG gelten von den Gewinnen nach § 8b Abs. 2 KStG (Veräußerungsgewinne) 5% als Ausgaben, die nicht als Betriebsausgaben abgezogen werden dürfen. Gemäß § 8b Abs. 5 KStG gelten von den Bezügen im Sinne des § 8b Abs. 1 KStG (Dividenden) 5% als Ausgaben die nicht als Betriebsausgaben abgezogen werden dürfen. Insofern kommt es faktisch zu einer Besteuerung sowohl der Dividenden wie auch der Veräußerungsgewinne wobei die Bemessungsgrundlage auf 5% der jeweiligen Bezüge bzw. Gewinne beschränkt ist. Daher sind auch bei einer Muttergesellschaft mit Sitz in Deutschland auf die temporären Differenzen aus Anteilen an Tochterunternehmen (bzw. *Joint Ventures* und assoziierten Unternehmen) latente Steuern abzugrenzen, wenn die Voraussetzungen des IAS 12 erfüllt sind, wobei die latente Steuer lediglich auf 5% der temporären Differenz gebildet wird.

3.9 Anhangangaben

IAS 1 sieht in Textziffer 108f. vor, das die maßgeblichen Bilanzierungs- und Bewertungsmethoden im Anhang zusammenfassend anzugeben sind. Die Angaben umfassen Erläuterungen zu den bei der Erstellung des Abschlusses herangezogenen Bewertungsgrundlagen (IAS 1.108a) und die sonstigen angewandten Bilanzierungs- und Bewertungsgrundlagen, die für das Verständnis des Abschlusses relevant sind. IAS 1.110 erläutert die Angabe einzelner Bilanzierungs- und Bewertungsgrundlagen. Die Darstellung ist insbesondere dann angebracht, wenn die IFRS für die Bilanzierung alternative Methoden vorsehen. Zum Beispiel ist zu erläutern, ob der Anteil an gemeinschaftlich geführten Einheiten durch Quotenkonsolidierung oder nach der Equity-Methode bilanziert wird.

Nachfolgend wird eine beispielhafte Darstellung des IFRS-Anhangs hinsichtlich der sich auf den Konzernabschluss beziehenden Angaben gegeben, die nach IAS 1 erforderlich sind. Es ist zu beachten, dass dieses Beispiel nicht alle möglichen Sachverhalte abdecken kann und daher nicht als Checkliste für die Vollständigkeit eines IFRS-Anhangs geeignet ist. Eine Checkliste für die konzernrelevanten Anhangangaben ist in Kapitel 6 enthalten.

Bilanzierungs- und Bewertungsgrundsätze

[...]

Erklärung zur Übereinstimmung mit IFRS

Der Konzernabschluss der XY AG und die Abschlüsse aller einbezogenen Unternehmen wurden in Übereinstimmung mit den International Financial Reporting Standards (IFRS) aufgestellt.

Änderung der Bilanzierungs- und Bewertungsmethoden

Die angewandten Bilanzierungs- und Bewertungsmethoden entsprechen grundsätzlich den im Vorjahr angewandten Methoden. Als Ausnahme hierzu hat die XY AG im Geschäftsjahr 2005 erstmals IFRS 2 „Aktienbasierte Vergütung", IFRS 3 „Unternehmenszusammenschlüsse", IAS 36 (i.d.F. 2004) „Wertminderung von Vermögenswerten", IAS 38 (i.d.F. 2004) „Immaterielle Vermögenswerte" und IFRS 5 „Zur Veräußerung gehaltene langfristige Vermögenswerte und aufgegebene Geschäftsbereiche" angewendet. Die sich aus dieser Änderung ergebenden Auswirkungen werden in den folgenden Abschnitten erläutert.

Bilanzierungs- und Bewertungsgrundsätze

IFRS 2 „Aktienbasierte Vergütung"
Werden von der Gesellschaft für den Erwerb von Gütern oder Dienstleistungen Aktien oder Aktienbezugsrechte als Gegenleistung ... [hier nicht relevant].

IFRS 3 „Unternehmenszusammenschlüsse", IAS 36 „Wertminderung von Vermögenswerten", IAS 38 „Immaterielle Vermögenswerte"
IFRS 3 ist auf alle Unternehmenszusammenschlüsse anzuwenden, bei denen das Datum des Vertragsabschlusses am oder nach dem 31. März 2004 liegt. Als Folge der Anwendung von IFRS 3 musste die Bilanzierung von Restrukturierungsrückstellungen bei Unternehmenszusammenschlüssen geändert werden. Der Konzern darf nur noch dann eine Rückstellung für Restrukturierung passivieren, wenn das erworbene Unternehmen zum Zeitpunkt des Unternehmenszusammenschlusses bereits diese Restrukturierungsrückstellung passiviert hatte.

Nach IFRS 3 bewertet der Konzern die im Rahmen des Unternehmenszusammenschlusses erworbenen identifizierbaren Vermögenswerte, Schulden und Eventualschulden stets in voller Höhe mit ihren beizulegenden Zeitwerten zum Zeitpunkt des Unternehmenszusammenschlusses. Minderheitenanteile werden daher in Höhe ihres Anteils an den beizulegenden Zeitwerten der Vermögenswerte und Schulden angesetzt.
Die Anwendung von IFRS 3 und IAS 36 (i. d. F. 2004) hat dazu geführt, dass die planmäßige Abschreibung von Geschäfts- oder Firmenwerten eingestellt wurde. Seit dem 1. Januar 2005 werden für Geschäfts- oder Firmenwerte jährliche Wertminderungstests durchgeführt (sofern nicht Ereignisse eintreten, die eine häufigere Überprüfung der Geschäfts- oder Firmenwerte erfordern). Die bis zum 31. Dezember 2004 vorgenommenen planmäßigen Abschreibungen wurden gem. den Übergangsvorschriften von IFRS 3 mit den Anschaffungskosten der Geschäfts- oder Firmenwerte verrechnet.
Gemäß IAS 38 (i. d. F. 2004) sind immaterielle Vermögenswerte danach zu unterscheiden, ob sie eine bestimmte oder unbestimmte Nutzungsdauer haben. Sofern ein immaterieller Vermögenswert eine bestimmte Nutzungsdauer besitzt, wird dieser Vermögenswert über diese Nutzungsdauer hinweg planmäßig abgeschrieben. Die Nutzungsdauer und die Abschreibungsmethode wird für immaterielle Vermögenswerte mit bestimmter Nutzungsdauer einmal jährlich überprüft bzw. immer dann, wenn Indikatoren für eine Wertminderung vorliegen. Immaterielle Vermögenswerte mit unbestimmter Nutzungsdauer werden nicht planmäßig abgeschrieben. Stattdessen werden diese Vermögenswerte einmal jährlich (sofern nicht Ereignisse eintreten, die eine häufigere Überprüfung erforderlich machen) im Rahmen eines Wertminderungstest auf Wertminderungen hin überprüft.

IFRS 5 „Zur Veräußerung gehaltene langfristige Vermögenswerte und aufgegebene Geschäftsbereiche"
Nach IFRS 5 werden Geschäftsbereiche als zur Veräußerung gehalten eingestuft, wenn ... [hier nicht relevant].

Bilanzierungs- und Bewertungsgrundsätze

Konsolidierungsgrundsätze

Der Konzernabschluss der XY AG umfasst die Abschlüsse der XY AG und ihrer Tochterunternehmen zum 31. Dezember eines jeden Geschäftsjahres. Die Abschlüsse der Tochterunternehmen werden unter Anwendung einheitlicher Bilanzierungs- und Bewertungsmethoden für das gleiche Berichtsjahr aufgestellt, wie der Abschluss des Mutterunternehmens. Eventuell auftretende Unterschiede bei den Bilanzierungs- und Bewertungsmethoden werden durch entsprechende Anpassungen eliminiert.

Konzerninterne Salden und Transaktionen einschließlich noch nicht realisierter Gewinne aus konzerninternen Transaktionen wurden eliminiert. Nicht realisierte Verluste wurden eliminiert, es sei denn, sie sind endgültig entstanden.

Tochterunternehmen werden ab dem Zeitpunkt in den Konzernabschluss einbezogen, an dem die Beherrschung durch den Konzern erlangt wird. Die Einbeziehung endet zu dem Zeitpunkt, zu dem die Beherrschung des Tochterunternehmens auf ein Unternehmen außerhalb des Konzerns übergeht. Wird ein Tochterunternehmen nicht mehr vom Konzern beherrscht, so enthält der Konzernabschluss die Aufwendungen und Erträge für den Teil des Geschäftsjahres, während dessen die Beherrschung durch den Konzern noch gegeben war.

Die im Geschäftsjahr erworbene ABC GmbH wurde unter Anwendung der Erwerbsmethode in den Konzernabschluss einbezogen. Nach dieser Methode werden die Vermögenswerte und Schulden des erworbenen Unternehmens zu ihrem beizulegenden Zeitwert am Erwerbszeitpunkt bewertet. Im Konzernabschluss sind die Aufwendungen und Erträge der ABC GmbH enthalten, die in den acht Monaten seit dem Erwerb am 1. Mai 2005 angefallen sind. Die Gegenleistung für den Unternehmenserwerb wurde den erworbenen Vermögenswerten und Schulden auf Basis der beizulegenden Zeitwerte zum Zeitpunkt des Erwerbs zugeordnet.

Minderheitsanteile stellen diejenigen Anteile an der DEF, Inc. (San Diego, USA) und an der GHI S. A. (Luxemburg) dar, die nicht vom Konzern gehalten werden.

Anteile an assoziierten Unternehmen

Anteile an assoziierten Unternehmen werden nach der Equity-Methode bilanziert. Ein assoziiertes Unternehmen ist ein Unternehmen, auf welches der Konzern maßgeblichen Einfluss hat und das weder ein Tochterunternehmen noch ein Joint Venture ist. Grundlage für die Bilanzierung nach der Equity-Methode ist der Abschluss des assoziierten Unternehmens, der unter Anwendung der konzerneinheitlichen Bilanzierungs- und Bewertungsmethoden erstellt wurde. Die Abschlussstichtage assoziierter Unternehmens und des Konzerns stimmen überein.

Die Anteile an assoziierten Unternehmen werden in der Bilanz zu Anschaffungskosten zuzüglich nach dem Erwerb eingetretener Änderungen des Anteils des Konzerns am Reinvermögen des assoziierten Unternehmens abzüglich etwaiger Wertminderungen erfasst. Die Gewinn- und Verlustrechnung enthält den Anteil des Konzerns am Erfolg des assoziierten Unternehmens. Unmittelbar im Eigenkapital des assoziierten Unternehmens

Bilanzierungs- und Bewertungsgrundsätze

erfasste Änderungen erfasst der Konzern in Höhe seines Anteils ebenfalls unmittelbar im Eigenkapital und gibt diese gegebenenfalls in der Aufstellung über Veränderungen des Eigenkapitals an.

Anteile an Gemeinschaftsunternehmen (Joint Ventures)

Die Bilanzierung der Anteile an Joint Ventures erfolgt unter Anwendung der Quotenkonsolidierung, nach der der Anteil des Konzerns an den Vermögenswerten, Schulden, Erträgen und Aufwendungen des Joint Ventures in den entsprechenden Posten des Konzernabschlusses erfasst werden.

Fremdwährungsumrechnung

Die funktionale Währung und die Darstellungswährung der XY AG und ihrer Tochterunternehmen in der EU ist der Euro (EUR). Fremdwährungstransaktionen werden zunächst zu dem am Tag des Geschäftsvorfalls gültigen Kassakurs zwischen der funktionalen Währung und der Fremdwährung umgerechnet. Monetäre Vermögenswerte und Schulden in einer Fremdwährung werden zum Stichtagskurs in die funktionale Währung umgerechnet. Alle Währungsdifferenzen werden in der Gewinn- und Verlustrechnung erfasst. Hiervon ausgenommen sind Währungsdifferenzen aus Fremdwährungskrediten, soweit sie zur Sicherung einer Nettoinvestition in einen ausländischen Geschäftsbetrieb eingesetzt werden. Diese werden bis zur Veräußerung der Nettoinvestition direkt im Eigenkapital und erst bei deren Abgang in der Gewinn- und Verlustrechnung erfasst. Aus diesen Währungsdifferenzen entstehende latente Steuern werden ebenfalls direkt im Eigenkapital erfasst. Nicht monetäre Posten, die zu historischen Anschaffungs- oder Herstellungskosten in einer Fremdwährung bewertet wurden, werden mit dem Kurs am Tag des Geschäftsvorfalles umgerechnet. Nicht monetäre Posten, die mit ihrem beizulegenden Zeitwert in einer Fremdwährung bewertet werden, werden mit dem Kurs umgerechnet, der zum Zeitpunkt der Ermittlung des Zeitwertes gültig war.

Die funktionale Währung der Tochterunternehmen außerhalb der EU (DEF, Inc.) ist der US-Dollar. Zum Bilanzstichtag werden die Vermögenswerte und Schulden dieser Tochterunternehmen in die Darstellungswährung des Konzerns zum Stichtagskurs umgerechnet. Erträge und Aufwendungen werden zum gewichteten Durchschnittskurs des Geschäftsjahres umgerechnet. Die bei der Umrechnung entstehenden Umrechnungsdifferenzen werden als separater Bestandteil des Eigenkapitals erfasst. Bei Veräußerung eines ausländischen Geschäftsbetriebs wird der im Eigenkapital für diesen ausländischen Geschäftsbetrieb erfasste kumulative Betrag erfolgswirksam aufgelöst.

Geschäfts- oder Firmenwert

Geschäfts- oder Firmenwerte aus einem Unternehmenserwerb werden bei erstmaligem Ansatz zu Anschaffungskosten bewertet, die sich als Überschuss der Anschaffungskosten des Unternehmenszusammenschlusses über den Anteil des Erwerbers an den beizulegenden Zeitwerten der erworbenen identifizierbaren Vermögenswerte, Schulden und Eventualschulden ergeben. Nach dem erstmaligen Ansatz wird der Geschäfts- oder Firmenwert zu Anschaffungskosten abzüglich kumulierter Wertminderungsaufwendungen bewertet. Geschäfts- oder Firmenwerte aus einem Unternehmenszusammenschluss, über den ein Vertrag am oder nach dem

Bilanzierungs- und Bewertungsgrundsätze

31. März 2004 geschlossen wurde, werden nicht planmäßig abgeschrieben. Darüber hinaus werden Geschäfts- oder Firmenwerte, die in Vorjahren bereits in der Bilanz erfasst waren, seit dem 1. Januar 2005 nicht mehr planmäßig abgeschrieben. Geschäfts- oder Firmenwerte werden mindestens einmal jährlich oder dann auf Wertminderung getestet, wenn Sachverhalte oder Änderungen der Umstände darauf hindeuten, dass der Buchwert gemindert sein könnte.

Zum Erwerbszeitpunkt wird der erworbene Geschäfts- oder Firmenwert jeder zahlungsmittelgenerierenden Einheit zugeordnet, die erwartungsgemäß von den erzielten Synergien aus dem Unternehmenszusammenschluss profitieren wird.

Wertminderungen werden durch die Ermittlung des erzielbaren Betrags der zahlungsmittelgenerierenden Einheit, auf die sich der Geschäfts- oder Firmenwert bezieht, bestimmt. Liegt der erzielbare Betrag der zahlungsmittelgenerierenden Einheit unter ihrem Buchwert, ist ein Wertminderungsaufwand zu erfassen. In den Fällen, in denen der Geschäfts- oder Firmenwert einen Teil der zahlungsmittelgenerierenden Einheit darstellt und ein Teil des Geschäftsbereiches dieser Einheit veräußert wird, wird der dem veräußerten Geschäftsbereich zuzurechnende Geschäfts- oder Firmenwert als Bestandteil des Buchwerts des Geschäftsbereiches bei der Ermittlung des Ergebnisses aus der Veräußerung des Geschäftsbereiches einbezogen. Ein Geschäfts- oder Firmenwert, der auf diese Weise veräußert wird, wird auf der Grundlage des Wertverhältnisses des veräußerten Geschäftsbereiches zum nicht veräußerten Anteil der zahlungsmittelgenerierenden Einheit ermittelt.

Immaterielle Vermögenswerte

Einzelne oder im Rahmen eines Unternehmenszusammenschlusses erworbene immaterielle Vermögenswerte

Einzeln erworbene immaterielle Vermögenswerte werden zu Anschaffungs oder Herstellungskosten aktiviert. Im Rahmen eines Unternehmenszusammenschlusses erworbene immaterielle Vermögenswerte werden mit dem beizulegenden Zeitwert zum Erwerbszeitpunkt aktiviert. Nach erstmaligem Ansatz wird das Anschaffungskostenmodell angewendet. Für die immateriellen Vermögenswerte ist zunächst festzustellen, ob sie eine bestimmte oder eine unbestimmte Nutzungsdauer haben. Abschreibungen auf immaterielle Vermögenswerte mit bestimmten Nutzungsdauern werden im Posten ‚Verwaltungskosten' in der Gewinn- und Verlustrechnung erfasst.

Selbst erstellte immaterielle Vermögenswerte werden mit Ausnahme von Entwicklungskosten nicht aktiviert; damit verbundene Kosten werden erfolgswirksam im Aufwand der Periode erfasst, in der sie anfallen.

Bei immateriellen Vermögenswerten mit unbestimmter Nutzungsdauer werden mindestens einmal jährlich für den einzelnen Vermögenswert oder auf Ebene der zahlungsmittelgenerierenden Einheit Werthaltigkeitstests durchgeführt. Bei den immateriellen Vermögenswerten mit bestimmter Nutzungsdauer werden diese Nutzungsdauern ebenfalls jährlich überprüft; notwendige Anpassungen werden gegebenenfalls prospektiv vorgenommen.

Bilanzierungs- und Bewertungsgrundsätze
Forschungs- und Entwicklungskosten
Forschungskosten werden als Aufwand in der Periode erfasst, in der sie angefallen sind. ....

Tabelle 3-68: Angabe der konzernrelevanten Bilanzierungs- und Bewertungsmethoden im Anhang

Vorschriften zu den Anhangangaben hinsichtlich von Unternehmenserwerben finden sich in IFRS 3.66 f., Ausführungen zum Konzernabschluss im engeren Sinne sind in IAS 27.40 f definiert.

Auch hier werden die Angaben nachfolgend nicht anhand des Standardtextes wiedergegeben, sondern anhand eines **Beispiels** verdeutlicht.

Unternehmenszusammenschlüsse		
Am 1. Mai 2005 erwarb die Gesellschaft 100% der stimmberechtigten Anteile an der X GmbH. Bei der X GmbH handelt es sich um ein Unternehmen, deren Tätigkeitsfeld die Herstellung von ... ist. Die beizulegenden Zeitwerte der identifizierbaren Vermögenswerte und Schulden der X GmbH zum Zeitpunkt des Unternehmenszusammenschlusses waren wie folgt:		
	T€ Angesetzt	T€ Buchwert
Sachanlagen	7.042	5.384
Aktive latente Steuer	300	300
Zahlungsmittel	230	230
Forderungen aus Lieferungen und Leistungen	1.736	1.736
Vorräte	3.678	2.179
Patente	1.200	–
Summe Aktiva	14.186	9.829
Verbindlichkeiten aus Lieferungen und Leistungen	(3.380)	(3.380)
Gewährleistungsrückstellungen	(400)	(325)
Restrukturierungsrückstellungen	(500)	(500)
Passive latente Steuer	(1.322)	(1.322)
	(5.602)	(5.527)
Beizulegender Zeitwert des Nettoreinvermögens	8.584	4.302
Passive latente Steuer	(834)	
Geschäfts- oder Firmenwert	1.500	
	9.250	

Unternehmenszusammenschlüsse		
Die Anschaffungskosten des Unternehmenszusammenschlusses betrugen 9.250 T€ und setzten sich aus den ausgegebenen Aktien der Gesellschaft und den direkt dem Unternehmenszusammenschluss zurechenbaren Kosten zusammen. Insgesamt wurden für den Erwerb der X GmbH von der Gesellschaft 2.500.000 Aktien mit einem beizulegenden Zeitwert von je 3,46 € (Börsenpreis am Stichtag des Unternehmenszusammenschlusses) ausgegeben. Die Kosten des Unternehmenszusammenschlusses setzen sich wie folgt zusammen:		
	T€	
Beizulegender Zeitwert der ausgegebenen Aktien	8.650	
Direkt zurechenbare Kosten	600	
Summe	9.250	
Mit dem Unternehmenszusammenschluss ging folgender Zahlungsmittelabfluss einher		
	T€	
Erworbene Zahlungsmittel	230	
Geleistete Zahlungen	(600)	
Nettozahlungsmittelabfluss	(370)	
Seit dem Stichtag des Unternehmenszusammenschlusses hat die X GmbH insgesamt 750 T€ zum Jahresüberschuss des Konzerns beigetragen. Wenn der Unternehmenszusammenschluss bereits zum Beginn des Vorjahres stattgefunden hätte, wäre der Jahresüberschuss 10.709 T€ gewesen. Der Umsatz aus fortgeführten Geschäftsbereichen hätte sich auf 239.930 T€ belaufen.		
Bereits vor dem Unternehmenszusammenschluss hat die X GmbH beschlossen, bestimmte Produktlinien einzustellen. Die oben genannte Restrukturierungsrückstellung betrifft eine gegenwärtige Verpflichtung der X GmbH, die unmittelbar vor dem Unternehmenszusammenschluss entstanden ist und die nicht vom Unternehmenszusammenschluss mit der Gesellschaft abhängt.		
Der Geschäfts- oder Firmenwert von 1.500 T€ enthält immaterielle Vermögenswerte, die nicht separierbar und/oder vom Erwerber nicht verlässlich bewertet werden konnten. Dazu gehören im Wesent-		

Unternehmenszusammenschlüsse		
lichen der Mitarbeiterstamm, die Kundenbindung und die Forschungsaktivitäten des erworbenen Unternehmens.		

Tabelle 3-69: Anhangangabe für einen Unternehmenszusammenschluss

4 Die Quotenkonsolidierung

IAS 31 regelt die Bilanzierung der verschiedenen Formen von *Joint Ventures*. Diese werden definiert als eine vertragliche Vereinbarung, in der zwei oder mehr Partner eine wirtschaftliche Tätigkeit durchführen, die einer gemeinschaftlichen Führung unterliegt (vgl. IAS 31.3). Basierend auf dieser Definition unterscheidet IAS 31 drei Haupttypen von *Joint Ventures* (vgl. IAS 31.7): (i) gemeinsame Tätigkeiten, (ii) Vermögenswerte unter gemeinschaftlicher Führung und (iii) gemeinschaftlich geführte Unternehmen. Allen drei Formen ist gemeinsam, dass zwei oder mehr Partnerunternehmen sich durch eine vertragliche Vereinbarung gebunden haben und die vertragliche Vereinbarung eine gemeinschaftliche Führung begründet.

Nur für *Joint Ventures* in der Form der gemeinschaftlich geführten Unternehmen kommt die Quotenkonsolidierung in Frage (vgl. IAS 31.30). Die Quotenkonsolidierung ist ein Verfahren der Rechnungslegung, bei dem der Anteil des betrachteten Partnerunternehmens an allen Vermögenswerten, Schulden, den Erträgen und den Aufwendungen einer gemeinschaftlich geführten Einheit mit den entsprechenden Posten des Abschlusses des Partnerunternehmens zusammengefasst oder als gesonderter Posten im Abschluss des Partnerunternehmens ausgewiesen wird.

Alternativ können gemeinschaftlich geführte Unternehmen auch nach der Equity-Methode bilanziert werden (vgl. IAS 31.38). Diese Art der Einbeziehung in der Konzernabschluss wird in Kapitel 5 erläutert.

4.1 Anwendungsbereich von IAS 31

IAS 31 ist auf die Bilanzierung von *Joint Ventures* anzuwenden, soweit nicht eine der in IAS 31 enthaltenen Ausnahmeregelungen zur Anwendung kommt.

Nach IAS 31.1 wird IAS 31 nicht auf die Anteile von Partnerunternehmen an *Joint Ventures* angewendet, wenn das Partnerunternehmen (i) eine Wagniskapital-Organisation oder (ii) ein Investmentfonds, ein *Unit Trust* oder ein ähnliches Unternehmen (einschließlich fondsgebundener Versicherungen) ist und dieses Partnerunterneh-

men die Anteile an dem *Joint Venture* bei erstmaligen Ansatz erfolgswirksam mit dem beizulegenden Zeitwert bewertet oder die Anteile
als zu Handelszwecken gehalten klassifiziert. In diesen Fällen kommt
statt IAS 31 der IAS 39 zur Anwendung. Die Anteile werden mit dem
beizulegenden Zeitwert bewertet und Wertänderungen werden im
Periodenergebnis erfasst.

Ein Partnerunternehmen kann noch aus anderen Gründen von der
Anwendung der Quotenkonsolidierung oder der Equity-Methode
befreit sein (vgl. IAS 31.2). Dies ist beispielsweise dann der Fall, wenn
die Anteile nach IFRS 5 als zur Veräußerung gehalten klassifiziert
werden. Daneben sind Mutterunternehmen, die Anteile an gemeinschaftlich geführten Unternehmen besitzen, von der Anwendung der
Quotenkonsolidierung oder der Equity-Methode befreit, wenn sie
gem. IAS 27.10 keinen Konzernabschluss aufstellen müssen.

Darüber hinaus ist ein Partnerunternehmen von der Anwendung der
Quotenkonsolidierung oder der Anwendung der Equity-Methode
auch dann befreit, wenn sämtliche nachfolgenden Punkte erfüllt sind
(vgl. IAS 31.2c): (i) das Partnerunternehmen ist selbst ein Tochterunternehmen eines anderen Unternehmens und dessen Anteilseigner
(einschließlich der nicht stimmberechtigten) erheben keine Einwände
gegen die Inanspruchnahme der Befreiungsmöglichkeit, (ii) keine
der Schuld- oder Eigenkapitalinstrumente des Partnerunternehmens
werden an einer Börse gehandelt, (iii) eine Börsenregistrierung ist
auch nicht geplant und (iv) ein übergeordnetes Mutterunternehmen
stellt einen IFRS-konformen Konzernabschluss auf und veröffentlicht
diesen.

4.2 Konsolidierungstechnik

4.2.1 Grundsätzliches

Die Kapitalkonsolidierung im Rahmen der Quotenkonsolidierung
basiert auf der Erwerbsmethode *(Purchase Method)*. Die Posten in Bilanz und Gewinn- und Verlustrechnung des gemeinschaftlich geführten Unternehmens werden allerdings nur in Höhe des Kapitalanteils
des Partnerunternehmens erfasst. Beträgt der Kapitalanteil des Partnerunternehmens beispielsweise 50% werden die Bilanzposten und
die Aufwendungen und Erträge des gemeinschaftlich geführten Unternehmens zur Hälfte in den Summenabschluss aufgenommen.

Hinsichtlich des Ausweises der beteiligungsproportional zum Anteil
des Partnerunternehmens in den Konzernabschluss übernommenen

Posten aus Bilanz- und Gewinn- und Verlustrechnung des Gemeinschaftsunternehmens unterscheidet IAS 31 zwei Darstellungsvarianten (vgl. IAS 31.34): (i) Zusammenfassung der anteiligen Posten in Bilanz- und Gewinn- und Verlustrechnung des Gemeinschaftsunternehmens mit den Posten der übrigen einbezogenen Konzernunternehmen (*„Line-by-Line"*) oder (ii) Einfügung separater Posten in das Gliederungsschema, die ausschließlich die Anteile an Gemeinschaftsunternehmen enthalten (*„Separate Line"*).

Der Beteiligungsbuchwert, den das Partnerunternehmen ausweist, wird mit dem anteiligen Eigenkapital des Gemeinschaftsunternehmens aufgerechnet. Dabei entstehende Differenzen werden wie bei der Vollkonsolidierung behandelt. Da im Summenabschluss die Vermögenswerte, Schulden, Erträge und Aufwendungen nur mit dem Anteil des Partnerunternehmens eingehen, kommt es nicht zum Ausweis von Minderheitsanteilen.

Transaktionen zwischen dem Partnerunternehmen und dem gemeinschaftlich geführten Unternehmen werden nur in Höhe des Kapitalanteils des Partnerunternehmens eliminiert (vgl. IAS 31.48). Im Fall von *Upstream*-Transaktionen (vgl. IAS 31.49) ist ein dabei entstehender Zwischengewinn in Höhe des Anteils des Partnerunternehmens am Gemeinschaftsunternehmen zu eliminieren und erst bei Weiterveräußerung an einen unabhängigen Dritten zu realisieren. Entsprechendes gilt für Zwischenverluste, es sei denn, die Zwischenverluste stellen eine Verringerung des Nettoveräußerungswertes von kurzfristigen Vermögenswerten oder einen nicht nur vorübergehenden Rückgang im Buchwert eines langfristigen Vermögenswertes dar. In diesen Fällen ist der Zwischenverlust sofort erfolgswirksam zu erfassen. Entsprechend ist auch bei *Downstream*-Transaktionen vorzugehen (vgl. IAS 31.48).

Für die Aufwands- und Ertragskonsolidierung gelten die Vorschriften zur Vollkonsolidierung analog (vgl. IAS 31.33). Die Konsolidierung erfolgt stets in Höhe des Anteils des Partnerunternehmens am Gemeinschaftsunternehmens, d. h. die Aufwendungen und Erträge des Gemeinschaftsunternehmens gegenüber dem betrachteten Partnerunternehmen werden vollständig eliminiert. Im Konzernabschluss des betrachteten Partnerunternehmens aber enthalten sind die entsprechenden Posten in Höhe des Anteils der anderen Partnerunternehmen am Gemeinschaftsunternehmen.

Es gelten die allgemeinen Regelungen zu latenten Steuern. Insoweit kann auf die obigen Ausführungen zur Thematik der latenten Steuern im Rahmen der Vollkonsolidierung verwiesen werden.

4.2.2 Beispiele zur Konsolidierungstechnik

4.2.2.1 Erstkonsolidierung

Zur Darstellung der Quotenkonsolidierung kann das einführende **Beispiel** aus Kapitel 3 analog aufgegriffen werden: Die M AG erwirbt für einen Kaufpreis von 650.000 € insgesamt 50% der Anteile an der Gesellschaft JV AG, die über ein Nettoreinvermögen von 500.000 € verfügt. Im Rahmen der Kaufpreisallokation wird festgestellt, dass die JV AG über zusätzliche identifizierbare Vermögenswerte in Höhe von 150.000 € in Form eines Kundenstamms verfügt. Zusätzlich wird festgestellt, dass das Sachanlagevermögen zwar einen Buchwert von 500.000 €, jedoch einen beizulegenden Zeitwert von 700.000 € hat. Von der Abgrenzung latenter Steuern wird zur Vereinfachung abgesehen. Es soll angenommen werden, dass die Voraussetzungen für das Vorliegen eines *Joint Ventures* (gemeinschaftliche Führung und vertragliche Vereinbarung derselben) erfüllt sind.

Zur Ermittlung des Geschäfts- oder Firmenwertes werden die erworbenen identifizierbaren Vermögenswerte und Schulden den Anschaffungskosten gegenübergestellt.

Alle Werte in T€	
Kaufpreis	650
Erworbene Vermögenswerte und Schulden laut Einzelabschluss der JV AG [50% von 500 T€]	(250)
Zusätzlich identifizierte Vermögenswerte	
Kundenstamm [50% von 150 T€]	(75)
Stille Reserven in den Sachanlagen [50% von 200 T€]	(100)
Geschäfts- oder Firmenwert	225

Tabelle 4-1: Ermittlung Geschäfts- oder Firmenwert

Als Differenz verbleibt somit ein Geschäfts- oder Firmenwert in Höhe von 225.000 €. Um diesen Betrag übersteigen die Anschaffungskosten den mit dem Kapitalanteil des Partnerunternehmens gewichteten beizulegenden Nettozeitwert der identifizierbaren Vermögenswerte, Schulden und Eventualschulden. Auch bei der Quotenkonsolidierung wird der Geschäfts- oder Firmenwert nur in der Höhe angesetzt, in der er vom Käufer erworben wurde. Anders als bei der Vollkonsolidierung wird bei den übrigen identifizierbaren Vermögenswerten und Schulden sowie Eventualschulden zwar eine Neubewertung vorgenommen, bei der Quotenkonsolidierung kommt es allerdings nicht zur Bildung eines Minderheitenanteils. Die Vermögenswerte, Schulden und Eventualschulden werden nur in Höhe des Kapitalanteils des Partnerunternehmens in der Konzernbilanz angesetzt.

In der nachfolgenden Tabelle ist die Erstkonsolidierung dargestellt. Zunächst wird der Beteiligungsbuchwert mit dem anteiligen neubewerteten Eigenkapital aufgerechnet (Buchung [1]). Der dabei entstehende aktivische Unterschiedsbetrag ist der beim Unternehmenszusammenschluss entstandene Geschäfts- oder Firmenwert in Höhe von 225.000 €.

	M AG	JV AG	JV AG	∑	Konsolidierung		Konzern
		HB I	HB II				
Alle Werte in T€	2005	2005	2005		Soll	Haben	2005
Sachanlagen	–	500	350	350			350
Immaterielle Vermögenswerte	–	–	75	75			75
Geschäfts- oder Firmenwert	–	–	–	–	225 [1]		225
Finanzinstrumente (AFS)	650	500	250	900		650 [1]	250
Vorräte/sonst. Aktiva	900	500	250	1.150			1.150
Zahlungsmittel	750	–	–	750			750
Summe Aktiva	2.300	1.500	925	3.225			2.800
Eigenkapital	1.300	500	425	1.725	425 [1]		1.300
Schulden	1.000	1.000	500	1.500			1.500
Summe Passiva	2.300	1.500	925	3.225			2.800

Tabelle 4-2: Beispiel zur Kapitalkonsolidierung bei der Quotenkonsolidierung

4.2.2.2 Transaktionen zwischen Partnerunternehmen und gemeinschaftlich geführtem Unternehmen

Angenommen sei[1], dass die beiden Partnerunternehmen Alpha AG (A) und Beta AG (B) gemeinsam ein *Joint Venture* (C GmbH, C) gegründet haben. Beide Partnerunternehmen sind zu je 50% an der C GmbH beteiligt. Sowohl die Alpha AG wie auch die Beta AG haben der C GmbH jeweils 5.000.000 € an Zahlungsmitteln zugewendet. Von den insgesamt erhaltenen 10.000.000 € verwendet die C GmbH 8.000.000 € um Sachanlagevermögen von der Alpha AG zu erwerben. Der Buchwert bei der Alpha AG beträgt 6.000.000 €. Zwischen den Parteien besteht Einigkeit, dass der Kaufpreis dem beizulegenden Zeitwert entspricht.
Bei der Einbeziehung der C GmbH in den Konzernabschluss der Alpha AG kann verkürzt wie folgt gebucht werden:

---

1 Vgl. zu den folgenden Beispielen *Ernst & Young LLP* (2004), S. 506 f.

4 Die Quotenkonsolidierung

Alle Werte in T€	Soll	Haben	
Zahlungsmittel	3.000		[1]
Anteil an den Zahlungsmitteln der C	1.000		[2]
Anteil an den Sachanlagen der C	3.000		[3]
Sachanlagen		6.000	[4]
Veräußerungsgewinn		1.000	[5]

Tabelle 4-3: Beispiel zur Quotenkonsolidierung (I)

[1] Saldo aus Zahlungsmittelabfluss von 5.000.000 € und Zahlungsmittel-zufluss von 8.000.000 €
[2] 50%-Anteil an den Zahlungsmitteln der C
[3] 50%-Anteil an C's Buchwert der Sachanlagen (8.000.000 €) abzüglich 1.000.000 € eliminierter Zwischengewinn; siehe auch Anmerkung [5]
[4] Abgang der Sachanlagen bei A
[5] Eliminierung des Veräußerungsgewinns in Höhe von 50% von 2.000.000 €

Unterstellt sei nun, dass der Buchwert der Sachanlagen nunmehr 10.000.000 € beträgt. Bei einem Kaufpreis (zwischen den Parteien besteht wieder Einigkeit, dass der Kaufpreis dem beizulegenden Zeitwert entspricht) von 8.000.000 € realisiert die Alpha AG einen Verlust in Höhe von 2.000.000 €.

Bei der Einbeziehung der C GmbH in den Konzernabschluss der Alpha AG kann verkürzt wie folgt gebucht werden:

Alle Werte in T€	Soll	Haben	
Zahlungsmittel	3.000		[1]
Anteil an den Zahlungsmittel der C	1.000		[2]
Anteil an den Sachanlagen der C	4.000		[3]
Veräußerungsverlust	2.000		[4]
Sachanlagen		10.000	[5]

Tabelle 4-4: Beispiel zur Quotenkonsolidierung (II)

[1] Saldo aus Zahlungsmittelabfluss von 5.000.000 € und Zahlungsmittel-zufluss von 8.000.000 €
[2] 50%-Anteil an den Zahlungsmitteln der C
[3] 50%-Anteil an C's Buchwert der Sachanlagen (8.000.000 €)
[4] 100% des Veräußerungsverlusts. Dieser wird nicht zur Hälfte eliminiert sondern bleibt in voller Höhe bestehen. Dasselbe Ergebnis würde erzielt, wenn die Alpha AG vor der Veräußerung die Sachanlagen im Rahmen eines *Impairment Tests* nach IAS 36 auf den beizulegenden Zeitwert abgeschrieben hätte.
[5] Abgang der Sachanlagen bei A

144   VAHLENS **IFRS** PRAXIS

Gehen wir nunmehr wieder davon aus, dass die beiden Partnerunternehmen Alpha AG (A) und Beta AG (B) gemeinsam ein *Joint Venture* (C GmbH, C) gegründet haben. Beide Partnerunternehmen sind zu je 50% an der C GmbH beteiligt. Sowohl die Alpha AG wie auch die Beta AG haben der C GmbH jeweils 5.000.000 € an Zahlungsmitteln zugewendet. Von den insgesamt erhaltenen 10.000.000 € verwendet die C GmbH 8.000.000 € um ein Grundstück von einem konzernfremden Dritten (Delta AG, D) zu erwerben. Später veräußert die C GmbH das Grundstück an die Alpha AG. Der Kaufpreis (zwischen den Parteien besteht wieder Einigkeit, dass der Kaufpreis dem beizulegenden Zeitwert entspricht) beträgt 12.000.000 €.
Bei der Einbeziehung der C GmbH in den Konzernabschluss der Alpha AG kann verkürzt wie folgt gebucht werden:

Alle Werte in T€	Soll	Haben	
Grundstück	10.000		[1]
Anteil an den Zahlungsmittel der C	7.000		[2]
Zahlungsmittel		17.000	[3]

Tabelle 4-5: Beispiel zur Quotenkonsolidierung (III)

[1] Anschaffungskosten von 12.000.000 € bei A abzüglich 2.000.000 € (50% des von C realisierten Veräußerungsgewinns in Höhe von 4.000.000 €)
[2] 50% des Zahlungsmittelbestands der C (insgesamt 14.000.000 €)
[3] Zahlungsmittelabfluss bei A (5.000.000 € + 12.000.000 €)
In der letzten Beispielvariante soll davon ausgegangen werden, dass die C GmbH das von einem konzernfremden Dritten für 8.000.000 € erworbene Grundstück wiederum an die Alpha AG veräußert. Der Kaufpreis (zwischen den Parteien besteht wieder Einigkeit, dass der Kaufpreis dem beizulegenden Zeitwert entspricht) beträgt 7.000.000 €.
Bei der Einbeziehung der C GmbH in den Konzernabschluss der Alpha AG kann verkürzt wie folgt gebucht werden:

Alle Werte in T€	Soll	Haben	
Grundstück	7.000		[1]
Anteil an den Zahlungsmitteln der C	4.500		[2]
Anteil am Verlust der C	500		[3]
Zahlungsmittel		12.000	[4]

Tabelle 4-6: Beispiel zur Quotenkonsolidierung (IV)

[1] Anschaffungskosten des Grundstücks bei A
[2] 50% des Zahlungsmittelbestands der C (insgesamt 9.000.000 €, ergibt sich aus Bareinlage 10.000.000 €, Kaufpreiszahlung Grundstück 8.000.000 € und 7.000.000 €, die A an C bezahlt hat)
[3] C hat einen Veräußerungsverlust von 1.000.000 € realisiert, der in Höhe von 500.000 € auf A entfällt

[4] Zahlungsmittelabfluss bei A (Bareinlage 5.000.000 €, Kaufpreiszahlung 7.000.000 €)

4.2.3 Sacheinlagen in Joint Ventures

SIC-13 regelt „nicht monetäre Einlagen durch Partnerunternehmen in gemeinschaftlich geführten Einheiten". SIC-13 definiert Einlagen als die Übertragung von Vermögenswerten des Partnerunternehmens im Tausch gegen Kapitalanteile des *Joint Ventures*. Die Einlagen können entweder bei Gründung des *Joint Ventures* oder aber auch später geleistet werden. Die Gegenleistung des *Joint Ventures* kann unter anderem auch Zahlungsmittel umfassen (gegebenenfalls erforderlich um das gewünschte Anteilsverhältnis zu erreichen).

SIC-13 bestimmt, dass wenn ein Partnerunternehmen nicht monetäre Einlagen im Tausch gegen Kapitalanteile des *Joint Ventures* tätigt, ein Gewinn oder Verlust in der Höhe zu erfassen ist, der dem Kapitalanteil des anderen Partnerunternehmens zuzurechnen ist (vgl. SIC-13.5).

Die in SIC-13 enthaltene Vorschrift kann anhand eines **Beispiels** erläutert werden[2]: Die beiden Partnerunternehmen Alpha AG (A) und Beta AG (B) gründen gemeinsam das *Joint Venture* C GmbH (C). Die Alpha AG hält 40% der Anteile, die Beta AG 60% der Anteile. Eine vertragliche Vereinbarung gewährleistet die gemeinschaftliche Führung. Alpha AG und Beta AG sind sich darüber einig, dass der Wert des *Joint Ventures* 250.000.000 € beträgt. Sowohl Alpha AG als auch Beta AG bringen in das *Joint Venture* jeweils eines ihrer Tochterunternehmen ein. Die nachfolgende Tabelle stellt für die in den Tochterunternehmen enthaltenen Vermögenswerte die Buchwerte (BW) und die beizulegenden Zeitwerte (FV) einander gegenüber.

	TU A		TU B	
Alle Werte in T€	BW	FV	BW	FV
Separierbares Nettoreinvermögen	50.000	80.000	85.000	120.000
Geschäfts- oder Firmenwert	10.000	20.000	15.000	30.000
Summe	60.000	100.000	100.000	150.000

Tabelle 4-7: Beispiel zu SIC-13 (I)

Es stellt sich nun die Frage, wie A die Gründung des *Joint Ventures* bilanziert. Dabei muss A berücksichtigen, dass von den vormals vollständig selbst kontrollierten Vermögenswerten nunmehr immer noch ein Teil (40%) durch A kontrolliert wird und der andere *Joint Venture*-Partner 60% kontrolliert.

---

2 Vgl. *Ernst & Young LLP* (2004), S. 510 f.

Alle Werte in T€	Soll	Haben	
Anteile an den separierbaren Vermögenswerten der C	68.000		[1]
Geschäfts- oder Firmenwert	16.000		[2]
Abgang der Vermögenswerte bei A		60.000	[3]
Veräußerungsgewinn		24.000	[4]

Tabelle 4-8: Beispiel zu SIC-13 (II)

[1] Das separierbare Nettoreinvermögen der C hat einen beizulegenden Zeitwert von 200.000.000 €. Davon entfallen auf A 40%, d.h. 80.000.000 €. Darin enthalten ist ein auf A entfallender Veräußerungsgewinn von 30.000.000 €, der in Höhe von 40% zu stornieren ist. Es verbleiben 68.000.000 €. Der Betrag kann auch durch Addition von 40% des Buchwertes der von A eingebrachten separierbaren Vermögenswerte (40% von 50.000.000 €) und 40% der beizulegenden Zeitwerte der von B eingebrachten separierbaren Vermögenswerte (40% von 120.000.000 €) ermittelt werden. Der Gesamtwert ist von A im Rahmen der Quotenkonsolidierung auf die entsprechenden Bilanzpositionen zu verteilen.

[2] Analog wird der Geschäfts- oder Firmenwert berechnet: 40% von 10.000.000 € und 40% von 30.000.000 € ergeben den gesamten Geschäfts- oder Firmenwert in Höhe von 16.000.000 €.

[3] Bei A werden Abgänge von Vermögenswerten in Höhe von 60.000.000 € erfasst.

[4] Die verbleibende Differenz ist der Veräußerungsgewinn. A erhält 40% der Anteile an dem *Joint Venture*, das einen beizulegenden Zeitwert von 250.000.000 € hat. A gibt dafür Vermögenswerte mit einem Buchwert von 60.000.000 € hin, die Differenz beträgt 40.000.000 €. Soweit die Differenz auf den Kapitalanteil des anderen *Joint Venture* Partners entfällt, wird der Veräußerungsgewinn von A realisiert (60% von 40.000.000 € = 24.000.000 €).

Gemäß SIC-13 kommt eine Gewinnrealisierung allerdings dann nicht in Betracht, wenn (i) die mit dem Eigentum der eingebrachten Vermögenswerte verbundenen wesentlichen Chancen und Risiken nicht mit übertragen wurden oder (ii) der mit der nicht monetären Einlage verbundene Gewinn oder Verlust nicht verlässlich bewertet werden kann oder (iii) es der Transaktion an wirtschaftlicher Substanz mangelt. Soweit es nicht zu einer Gewinn- oder Verlustrealisierung kommt, werden die Gewinne oder Verluste im Rahmen der Quotenkonsolidierung eliminiert (vgl. SIC-13.7).

Die Beurteilung der wirtschaftlichen Substanz einer Transaktion wird nach IAS 16 durchgeführt. Gemäß IAS 16.25 hat ein Tauschgeschäft wirtschaftliche Substanz, wenn (i) die Spezifikationen (Risiko, *Timing*,

Betrag) des Cash Flows des erhaltenen Vermögenswertes sich von den Spezifikationen des übertragenen Vermögenswertes unterscheidet oder (ii) der unternehmensspezifische Wert des Teils der Geschäftstätigkeit des Unternehmens, der von der Transaktion betroffen ist, sich auf Grund des Tauschgeschäftes ändert. In jedem Fall müssen die jeweiligen Differenzen im Vergleich zum beizulegenden Zeitwert der getauschten Vermögenswerte wesentlich sein[3].

4.3 Anhangangaben

Die erforderlichen Anhangangaben zu den gemeinschaftlich geführten Unternehmen finden sich in IAS 31.54 f. Die Angaben sollen nachfolgend nicht anhand des Standardtextes wiedergegeben werden.

Stattdessen kann der (mögliche) Umfang anhand eines **Beispiels** verdeutlicht werden: Es ist zu beachten, dass dieses Beispiel nicht alle möglichen Sachverhalte abdecken kann und daher nicht als Checkliste für die Vollständigkeit eines IFRS-Anhangs geeignet ist. Für diesen Zweck ist in Kapitel 6 eine Checkliste der konzernrelevanten Anhangangaben enthalten.

---

3 Vgl. hierzu ausführlich *Tanski, J. S.:* (2005), S. 30 f.

Gemeinschaftlich geführte Unternehmen		
Die Gesellschaft hält einen 50%-igen Anteil an der JV GmbH, einem gemeinschaftlich geführten Unternehmen. Geschäftszweck der JV GmbH ist die Herstellung und der Vertrieb von Produkten zur		
Der Anteil an den Vermögenswerten, Schulden, Erträgen und Aufwendungen des gemeinschaftlich geführten Unternehmens zum 31. Dezember 2005 bzw. für das Geschäftsjahr 2005, die im Konzernabschluss der Gesellschaft enthalten sind, wird nachfolgend dargestellt:		
	2005 T€	2004 T€
Kurzfristige Vermögenswerte	1.362	1.404
Langfristige Vermögenswerte	1.432	1.482
	2.794	2.886
Kurzfristige Verbindlichkeiten	(112)	(551)
Langfristige Verbindlichkeiten	(510)	(500)
	2.172	1.835
Umsatzerlöse	31.047	30.438
Umsatzkosten	(27.244)	(26.710)
Verwaltungsaufwendungen	(1.319)	(1.293)
Finanzierungskosten	(102)	(100)
Ergebnis vor Steuern	2.382	2.335
Ertragsteuern	(794)	(778)
Ergebnis nach Steuern	1.588	1.557

Tabelle 4-9: Anhangangabe für gemeinschaftlich geführte Unternehmen

5 Assoziierte Unternehmen

Für die Bilanzierung der Anteile an assoziierten Unternehmen ist IAS 28 der relevante Standard im Regelwerk der IFRS (vgl. IAS 28.1). Bei den assoziierten Unternehmen handelt es sich um diejenigen Unternehmen, auf die der Konzern weder Beherrschung noch gemeinschaftliche Führung ausübt. Seitens des Konzerns besteht lediglich ein sog. maßgeblicher Einfluss.

5.1 Anwendungsbereich von IAS 28

Nach IAS 28.1 ist der IAS 28 bei der Bilanzierung von Anteilen an assoziierten Unternehmen anzuwenden, soweit nicht bestimmte Ausnahmen greifen. Vom Anwendungsbereich des IAS 28 sind die Anteile an assoziierten Unternehmen, die von (i) Wagniskapital-Organisationen oder (ii) Investmentfonds (und ähnlichen Unternehmen, z.B. fondsgebundenen Versicherungen)[1], gehalten werden und die bei erstmaligem Ansatz[2] als erfolgswirksam mit dem beizulegenden Zeitwert zu bewerten waren oder die als zu Handelszwecken klassifiziert sind und nach IAS 39 bilanziert werden, ausgenommen (vgl. IAS 28.1). In diesen Fällen werden die Anteile nach IAS 39 mit dem beizulegenden Zeitwert bilanziert.

Assoziierte Unternehmen werden von IAS 28 als Unternehmen (einschließlich Personengesellschaften) definiert, bei denen der Anteilseigner über maßgeblichen Einfluss verfügt und die weder ein Tochterunternehmen (Voraussetzung: Beherrschung) noch ein *Joint Venture* (Voraussetzung: gemeinschaftliche Führung) sind. Maßgeblicher Einfluss liegt dann vor, wenn die Möglichkeit besteht, an den finanz- und geschäftspolitischen Entscheidungen des Beteiligungsunternehmens mitzuwirken (vgl. IAS 28.2).

Ein maßgeblicher Einfluss wird (widerlegbar) bei einer Beteiligungsquote von 20% und mehr angenommen (vgl. IAS 28.6). Umgekehrt

---

1 Die Abgrenzung der in IAS 28 genannten Unternehmensformen Wagniskapital-Organisationen, Investmentfonds und ähnliche Unternehmensformen ist insofern schwierig, als IAS 28 diese Unternehmensformen explizit (vgl. IAS 28.BC12) nicht definiert.
2 Eine nachträgliche Designation *„at fair value through profit or loss"* ist nicht möglich.

wird davon ausgegangen (ebenfalls widerlegbar), dass bei einer Beteiligungsquote von weniger als 20% eben kein maßgeblicher Einfluss vorliegt. IAS 28.6 zählt Indikatoren auf, bei deren Vorliegen regelmäßig auf einen maßgeblichen Einflusses geschlossen werden kann: (i) Zugehörigkeit zum Geschäftsführungs- und/oder Aufsichtsorgan oder einem gleichartigen Leitungsgremium des Beteiligungsunternehmens, (ii) Teilnahme an den Entscheidungsprozessen, einschließlich der Teilnahme an Entscheidungen über Gewinnausschüttungen, (iii) wesentliche Geschäftsvorfälle zwischen dem Anteilseigner und dem Beteiligungsunternehmen, (iv) Austausch von Führungspersonal, (v) Bereitstellung von bedeutenden technischen Informationen.

Bei der Ermittlung der Beteiligungsquote werden potenzielle Stimmrechte (beispielsweise Optionsscheine, Kaufoptionen, Fremdkapital- und Eigenkapitalinstrumente mit Umtauschrecht in Stammaktien und ähnliche Instrumente, die in Stammaktien einlösbar bzw. umtauschbar sind) berücksichtigt, sofern die Options- bzw. Tauschrechte aktuell ausgeübt werden können (vgl. IAS 28.8 f.)[3].

Anteile an einem assoziierten Unternehmen sind nach der Equity-Methode zu bilanzieren (siehe den nachfolgenden Abschnitt dieses Kapitels). Eine Befreiung von der Anwendung der Equity-Methode besteht, wenn (vgl. IAS 28.13): (i) die Beteiligung nachweisbar mit der Absicht erworben wird, sie innerhalb von zwölf Monaten nach Erwerb zu veräußern, und das Management aktiv einen Käufer sucht; (ii) auf das Mutterunternehmen IAS 27.10 anwendbar ist, d.h. dass das Mutterunternehmen von der Pflicht zur Aufstellung eines den IFRS entsprechenden Konzernabschlusses befreit ist; oder (iii) wenn die folgenden Voraussetzungen kumulativ erfüllt sind (a) der Anteilseigner steht vollständig oder teilweise im Besitz eines übergeordneten Unternehmens, und die anderen Anteilseigner (inklusive der Anteilseigner, die über kein Stimmrecht verfügen) erheben keine Einwände dagegen, dass die Equity-Methode nicht angewendet wird, (b) die Wertpapiere des Anteilseigners werden nicht öffentlich (weder national noch international) gehandelt, (c) der Anteilseigner hat nicht die Emission seiner Wertpapiere in öffentliche Wertpapiermärkte in die Wege geleitet und (d) ein nächstes ("*intermediate*") oder oberstes ("*ultimate*") Mutterunternehmen des Anteils-

---

3 Die im Rahmen der Equity-Methode im Konzernabschluss enthaltenen Gewinne oder Verluste und Änderungen des Eigenkapitals eines assoziierten Unternehmens werden hingegen auf Basis der aktuellen Beteiligungsquote und ohne Berücksichtigung potenzieller Stimmrechte aus zukünftigen Wandlungen oder Optionsrechtsausübungen bestimmt (vgl. IAS 28.12).

eigners stellt einen IFRS-konformen Konzernabschluss auf, der veröffentlicht wird.

Allein zur Veräußerung erworbene Beteiligungen sind gem. IFRS 5 zu bilanzieren (vgl. IAS 28.14). Nach IFRS 5 sind zur Veräußerung verfügbar eingestufte Vermögenswerte oder sog. *disposal groups* mit dem jeweils niedrigeren Betrag aus Buchwert und Zeitwert abzüglich der Kosten der Veräußerung zu bewerten. Sofern die zur Weiterveräußerung gehaltenen und nach IFRS 5 bilanzierten Anteile nicht innerhalb von zwölf Monaten veräußert werden, sind sie rückwirkend auf den Erwerbszeitpunkt nach der Equity-Methode einzubeziehen. Abschlüsse, die seit dem Erwerb aufgestellt wurden, sind anzupassen (vgl. IAS 28.15). Dies gilt nicht, wenn der Gesellschafter einen Käufer gefunden hat, aber die Veräußerung aufgrund von fehlenden Genehmigungen staatlicher Institutionen noch nicht abschließen konnte und zu erwarten ist, dass die Veräußerung voraussichtlich kurz nach dem Bilanzstichtag abgeschlossen wird. In diesem Fall können die Anteile weiterhin nach IFRS 5 bilanziert werden.

Ein Anteilseigner an einem assoziierten Unternehmen hat die Anwendung der Equity-Methode ab dem Zeitpunkt einzustellen, ab dem er nicht mehr über maßgeblichen Einfluss auf das assoziierte Unternehmen verfügt. Er hat die Beteiligung ab diesem Zeitpunkt gem. IAS 39 zu bilanzieren, es sei denn, das assoziierte Unternehmen ist ein Tochterunternehmen oder ein *Joint Venture* im Sinne von IAS 31 geworden. Der Buchwert der Beteiligung zum Zeitpunkt, ab dem der Anteilseigner nicht mehr über maßgeblichen Einfluss auf das assoziierte Unternehmen verfügt, stellt die Anschaffungskosten für den fortan auszuweisenden finanziellen Vermögenswert im Sinne von IAS 39 dar (vgl. IAS 28.19).

5.2 Bilanzierung nach der Equity-Methode

IAS 28.11 gibt einen kurzen Überblick über die Vorgehensweise bei der Bilanzierung nach der Equity-Methode: Bei der Equity-Methode werden die Anteile am assoziierten Unternehmen zunächst mit den Anschaffungskosten angesetzt. In der Folge erhöht und verringert sich der Buchwert der Anteile entsprechend dem Anteil des Anteilseigners am Periodenergebnis des Beteiligungsunternehmens (vgl. IAS 28.11). Vom Beteiligungsunternehmen erhaltene Ausschüttungen vermindern den Buchwert der Anteile.

Zum Anschaffungszeitpunkt besteht Übereinstimmung zwischen Equity-Methode und Anschaffungskostenmethode. Allerdings werden zum Zeitpunkt der erstmaligen Bilanzierung der aus dem Erwerb der Beteiligung resultierende Geschäfts- oder Firmenwert sowie die erworbenen stillen Reserven in einer Nebenrechnung festgehalten, die in der Folgezeit fortgeschrieben wird[4]. Darüber hinaus können sich Minderungen und Erhöhungen des Buchwertes der Anteile aufgrund von außerplanmäßigen Abschreibungen und Wertaufholungen oder aufgrund von erfolgsneutralen Eigenkapitalveränderungen (beispielsweise Neubewertung von Sachanlagen nach IAS 16 oder Bildung einer Neubewertungsrücklage im Zusammenhang mit der Bewertung von zur Veräußerung verfügbaren Finanzinstrumenten) beim Beteiligungsunternehmen ergeben.

5.2.1 Erstmalige Anwendung der Equity-Methode

Zum Zeitpunkt des Erwerbs der Beteiligung an einem assoziierten Unternehmen ist die Beteiligung zu Anschaffungskosten zu bilanzieren (IAS 28.11). Obwohl sich im Erwerbszeitpunkt die Wertansätze zu Anschaffungskosten und gem. der Bewertung at Equity entsprechen, ist jeder Unterschiedsbetrag zwischen den Anschaffungskosten und dem Anteil des Anteilseigners an den beizulegenden Zeitwerten des identifizierbaren Reinvermögens des assoziierten Unternehmens entsprechend den Vorschriften zur Vollkonsolidierung in IFRS 3 zu bilanzieren. Eine positive Differenz zwischen dem Beteiligungsbuchwert und dem anteiligen, zu Stichtagszeitwerten bewerteten Nettovermögen ist analog zur Vollkonsolidierung als Geschäfts- oder Firmenwert innerhalb des Beteiligungsansatzes auszuweisen. Eine Abschreibung dieses Geschäfts- oder Firmenwertes ist nach IAS 28.23 nicht erlaubt. Eine auftretende negative Differenz ist sofort erfolgswirksam zu vereinnahmen.

> Die Vorgehensweise bei der erstmaligen Anwendung kann anhand eines einfachen **Beispiels** erläutert werden: Die M AG erwirbt am 1. Januar 2006 insgesamt 40% der Anteile an der E GmbH. Es soll angenommen werden, dass die M AG einen maßgeblichen Einfluss auf die E GmbH ausübt. Der Kaufpreis für den 40%-Anteil soll 100.000 € betragen. Die E GmbH hat zum 31. Dezember 2005 eine Bilanz aufgestellt, aus der sich die folgenden Wertansätze ergeben.

---

4 Vgl. *Baetge, J./Bruns, C./Klaholz, T.* (2003), S. 19 f., *Lüdenbach, N.* (2004 b), S. 1477 f.

Alle Werte in T€	Buchwerte	Beizulegende Zeitwerte
Bankguthaben	2.000	2.000
Sachanlagen	20.000	25.000
Grundstücke	60.000	80.000
Summe Aktiva	82.000	107.000
Eigenkapital	50.000	
Verbindlichkeiten	32.000	
Summe Passiva	82.000	

Tabelle 5-1: Beispiel zur Equity-Methode (I)

Bei der Equity-Methode ist genau wie bei der Neubewertungsmethode der Geschäfts- oder Firmenwert zu ermitteln. Wenn angenommen wird, dass die E GmbH einen vom Geschäfts- oder Firmenwert separierbaren Kundenstamm mit einem beizulegenden Zeitwert von 40.000 € besitzt, bestimmt sich der Geschäfts- oder Firmenwert wie folgt:

Alle Werte in T€	
Kaufpreis	100
Erworbene Vermögenswerte und Schulden laut Einzelabschluss der E GmbH [40% von 50 T€]	20
Zusätzlich identifizierte Vermögenswerte	
Kundenstamm [40% von 40 T€]	(16)
Stille Reserven in den Sachanlagen [40% von 5 T€]	(2)
Stille Reserven in den Grundstücken [40% von 20 T€]	(8)
Geschäfts- oder Firmenwert	54

Tabelle 5-2: Ermittlung Geschäfts- oder Firmenwert bei Equity-Bewertung

Im Gegensatz zur Vollkonsolidierung eines Tochterunternehmens nach IAS 27/IFRS 3 wird der Geschäfts- oder Firmenwert nach IFRS nicht gesondert ausgewiesen. IAS 28.23 sagt hierzu: „Bei dem Anteilserwerb ist jede Differenz zwischen den Anschaffungskosten des Anteils und dem Anteil des Anteilseigners an den beizulegenden Zeitwerten der identifizierten Vermögenswerte, Schulden und Eventualschulden des assoziierten Unternehmens gem. IFRS 3 ... zu bilanzieren. Deswegen: (a) ist der mit einem assoziierten Unternehmen verbundene Geschäfts- oder Firmenwert im Buchwert des Anteils enthalten. Die planmäßige Abschreibung des Geschäfts- oder Firmenwertes ist jedoch untersagt ..." Ebenso ist (so wie auch im Rahmen der Vollkonsolidierung), wenn der Anteil des Konzerns am neubewerteten Nettoreinvermögen des assoziierten Unternehmens die Anschaffungskosten übersteigt, diese Differenz als Ertrag in dem Geschäftsjahr zu vereinnahmen, in dem die Anteile an dem assoziierten Unternehmen erworben wurden (vgl. IAS 28.23b).

5.2.2 Anwendung der Equity-Methode in Folgejahren

Wesentliches Merkmal der Equity-Methode ist, dass sich ab dem erstmaligen Ansatz in der Konzernbilanz der Buchwert der Anteile entsprechend dem Anteil des Anteilseigners am Periodenergebnis des Beteiligungsunternehmens verändert und dass vom Beteiligungsunternehmen erhaltene Ausschüttungen den Buchwert der Anteile vermindern. Der Equity-Wert verändert sich also spiegelbildlich zu den Veränderungen des Eigenkapitals des assoziierten Unternehmens.

Zur Verdeutlichung kann das obige **Beispiel** fortgeführt werden: Die E GmbH erwirtschaftet im Jahr 2006 einen Jahresüberschuss von 25.000 €, der in Höhe von 75% im Jahr 2007 an die Anteilseigner ausgeschüttet wird. Die Sachanlagen haben im Übrigen eine Restnutzungsdauer von 5 Jahren. Der Kundenstamm hat eine Restnutzungsdauer von 2 Jahren. Zum 31. Dezember 2006 sieht die Bilanz der E GmbH wie folgt aus:

Alle Werte in T€	Buchwerte
Bankguthaben	31.000
Sachanlagen	16.000
Grundstücke	60.000
Summe Aktiva	107.000
Eigenkapital	75.000
Verbindlichkeiten	32.000
Summe Passiva	107.000

Tabelle 5–3: Beispiel zur Equity-Methode (II)

Zum Jahresüberschuss in Höhe von 25.000 € müssen die Abschreibungen auf Sachanlagen in Höhe von 4.000 € hinzugerechnet, um den Cash Flow aus der operativen Geschäftätigkeit zu ermitteln. Dieser beträgt damit 29.000 € und erklärt die Erhöhung des Zahlungsmittelbestands von 2.000 € am 1. Januar 2006 auf 31.000 € am 31. Dezember 2006. Die M AG schreibt den Equity-Wert der E GmbH wie folgendermaßen fort:

Alle Werte in T€	Buchwerte
Anschaffungskosten	100.000
Abschreibung Kundenstamm [40% von 40.000 €/2 Jahre]	(8.000)
Zusätzl. Abschreibung Sachanlagen [40% von 5.000 €/5 Jahre]	(400)
Anteiliger Jahresüberschuss [40% von 25.000 €]	10.000
Equity-Wert zum 31. 12. 2006	101.600
Nicht verrechneter Kundenstamm	(8.000)
Nicht verrechnete Reserven im SAV	(1.600)
Nicht verrechnete Reserven in Grundstücken	(8.000)
Geschäfts- oder Firmenwert	(54.000)
Verbleiben	30.000
Anteiliges EK der E GmbH [40% von 75.000 €]	30.000

Tabelle 5-4: Beispiel zur Equity-Methode (III)

Zieht man vom Equity-Wert die noch nicht abgeschriebenen stillen Reserven und den Geschäfts- oder Firmenwert ab, erhält man also das anteilige Eigenkapital der E GmbH.

Im Jahr 2007 ist die Ausschüttung für das Jahr 2006 zu berücksichtigen. Gleichzeitig soll angenommen werden, dass ein Jahresüberschluss von 10.000 € erwirtschaftet wurde. Aus diesen Daten kann man wieder die Bilanz der E GmbH zum 31. Dezember 2007 ableiten.

Alle Werte in T€	Buchwerte
Bankguthaben	26.250
Sachanlagen	12.000
Grundstücke	60.000
Summe Aktiva	98.250
Eigenkapital	66.250
Verbindlichkeiten	32.000
Summe Passiva	98.250

Tabelle 5-5: Beispiel zur Equity-Methode (IV)

Das Eigenkapital erhöht sich aufgrund des Jahresüberschusses von 10.000 € und vermindert sich wegen der Ausschüttung in Höhe von 18.750 €. Das Bankguthaben vermindert sich insgesamt um 4.750 €, denn es ist die Ausschüttung an die Anteilseigner erfolgt, die um diesen Betrag den operativen Cash Flow in Höhe von 14.000 € (Jahresüberschuss + Abschreibung) übersteigt. Die Fortschreibung des Equity-Wertes durch die M AG im Jahr 2007 berücksichtigt nunmehr also auch die Ausschüttung für das Jahr 2006.

Alle Werte in T€	Buchwerte
Equity-Wert zum 31. 12. 2006	101.600
Abschreibung Kundenstamm [40% von 40.000 €/2 Jahre]	(8.000)
Zusätzl. Abschreibung Sachanlagen [40% von 5.000 €/5 Jahre]	(400)
Anteiliger Jahresüberschuss [40% von 10.000 €]	4.000
Ausschüttung [40% von 18.750 €]	(7.500)
Equity-Wert zum 31. 12. 2007	89.700
Nicht verrechnete Reserven im SAV	(1.200)
Nicht verrechnete Reserven in den Grundstücken	(8.000)
Geschäfts- oder Firmenwert	(54.000)
Verbleiben	26.500
Anteiliges EK der E GmbH [40% von 66.250 €]	26.500

Tabelle 5-6: Beispiel zur Equity-Methode (V)

Auch hier kann der Equity-Wert zum 31. 12. 2007 also zum anteiligen Eigenkapital der E GmbH übergeleitet werden.

5.2.3 Anwendung der Equity-Methode bei Verlusten des assoziierten Unternehmens

In den obigen Beispielen wurde deutlich, dass der Equity-Wert mit den Jahresergebnissen des assoziierten Unternehmens schwankt. Macht die E GmbH im Jahr 2008 einen Verlust, reduziert sich der in der Konzernbilanz der M AG ausgewiesen Equity-Wert entsprechend dem Verlustanteil der M AG. Fortgesetzte Verluste führen allerdings nur dazu, dass der Equity-Wert bestenfalls bis auf einen Wert von Null abgeschrieben wird, d.h. in der Konzernbilanz wird grundsätzlich keine Verbindlichkeit erfasst. Die das Eigenkapital übersteigenden Verluste werden in einer Nebenrechnung festgehalten. Eine Zuschreibung des Equity-Wertes erfolgt erst dann, wenn die kumulierten Gewinne diesen gedanklichen negativen Equity-Wert übersteigen[5].

> Unterstellt sei, dass die M AG eine Beteiligung an einem assoziierten Unternehmen für 100.000 € erworben hat. Annahmegemäß sollen keine stillen Reserven und auch kein Geschäfts- oder Firmenwert beim Erwerb bestanden haben, d. h. Equity-Wert und anteiliges Eigenkapital des assoziierten Unternehmens sind identisch. Erwirtschaftet das assoziierte Unternehmen im ersten Jahr nach Erwerb einen anteiligen Verlust von 70.000 € und im zweiten Jahr nach Erwerb einen anteiligen Verlust in Höhe von 40.000 € beträgt der Equity-Wert im ersten Jahr nach Erwerb 30.000 € und im zweiten Jahr 0 €. Soweit keine Nachschusspflicht der M AG besteht, wird auch keine Verbindlichkeit von 10.000 € erfasst. Realisiert das assoziierte Unternehmen im dritten Jahr einen anteiligen Jahresüberschuss von 25.000 € führt dies zu einem Equity-Wert in Höhe von 15.000 €. Der Konzern weist in diesem Jahr ein Ergebnis aus assoziierten Unternehmen in eben dieser Höhe aus.

Nach IAS 28 umfasst der Anteil an einem assoziierten Unternehmen (Beteiligungsbuchwert im weiteren Sinne) den at Equity bewerteten Buchwert der Beteiligung (Beteiligungsbuchwert im engeren Sinne) zusammen mit anderen langfristigen Ansprüchen, die nach ihrem wirtschaftlichen Gehalt einen Bestandteil der Beteiligung des Anteilseigners am assoziierten Unternehmen darstellen. Ansprüche, für die eine Tilgung durch das assoziierte Unternehmen weder geplant noch in absehbarer Zukunft wahrscheinlich ist, stellen ihrer Art nach eine Erweiterung der Beteiligung an dem assoziierten Unternehmen dar. Solche Ansprüche können z. B. langfristige Forderungen oder Darlehen sowie Vorzugsaktien darstellen, nicht hingegen Forderungen oder Verbindlichkeiten aus Lieferungen und Leistungen sowie langfristige Forderungen, für die ausreichende Sicherheiten bestehen. Verluste, die über den Beteiligungsbuchwert im engeren Sinne hinausgehen, werden den anderen Komponenten der Beteiligung in umgekehrter Reihenfolge zu deren Liquiditätsnähe zugerechnet (vgl. IAS 28.29).

Nachdem die Beteiligung und die sonstigen Komponenten der Beteiligung auf null reduziert wurden, werden weitere Verluste nur dann als Verbindlichkeit erfasst, wenn der Anteilseigner eine rechtliche oder faktische Verpflichtung eingegangen ist oder Zahlungen im Namen des assoziierten Unternehmens geleistet hat. Gegebenenfalls besteht die Pflicht zur Bildung einer Rückstellung nach IAS 37. Falls das assoziierte Unternehmen in der Folge wieder Gewinne ausweist, berücksichtigt der Anteilseigner seinen Anteil an den Gewinnen erst

5 Vgl. *Lüdenbach, N/Frowein, N.* (2003), S. 2450.

dann, wenn der Gewinnanteil dem noch nicht ausgewiesenen Periodenfehlbetrag entspricht (vgl. IAS 28.30). Mit der Verlustrealisierung bis zur Höhe des langfristigen finanziellen Engagements möchte das IASB Umgehungsmöglichkeiten entgegenwirken. Auch wenn der Anteilseigner dem assoziierten Unternehmen zur Restrukturierung Fremd- anstelle von Eigenkapital zur Verfügung stellt, muss der Anteilseigner für diese Engagements Verluste aus dem assoziierten Unternehmen in seinem Abschluss erfassen.

In Übereinstimmung mit IAS 39 ist zu überprüfen, ob zusätzliche Wertminderungsaufwendungen bei den einzelnen Komponenten des langfristigen finanziellen Engagements zu berücksichtigen sind (vgl. IAS 28.31).

5.2.4 Sonstige Merkmale und Maßnahmen der Equity-Methode

5.2.4.1 Konzerneinheitliche Bilanzierung und Bewertung

Der Konzernabschluss des Anteilseigners wird unter Verwendung einheitlicher Bilanzierungs- und Bewertungsmethoden für ähnliche Geschäftsvorfälle und Ereignisse unter vergleichbaren Umständen erstellt. Wenn das assoziierte Unternehmen abweichende Bilanzierungs- und Bewertungsmethoden für ähnliche Geschäftsvorfälle und Ereignisse unter vergleichbaren Umständen verwendet und der Abschluss des assoziierten Unternehmens vom Anteilseigner für die Anwendung der Equity-Methode herangezogen wird, sind daher Berichtigungen vorzunehmen, um die Bilanzierungs- und Bewertungsmethoden des assoziierten Unternehmens an die des Anteilseigners anzugleichen (vgl. IAS 28.27).

Damit müssen Finanzinformationen nach IFRS seitens des assoziierten Unternehmens der Equity-Bewertung zugrunde gelegt werden. Der 2003 überarbeitete IAS 28 erweitert in diesem Zusammenhang die Angabepflicht erheblich. Unter den Angabeerfordernissen wurde in diesem Zusammenhang u.a. die Angabepflicht zu zusammengefassten Finanzinformationen der assoziierten Unternehmen, einschließlich Vermögenswerten, Schulden, Erträgen und Jahresergebnis, aufgenommen (vgl. IAS 28.37 b).

5.2.4.2 Abweichender Abschlussstichtag

Der Equity-Methode ist jeweils der letzte verfügbare Abschluss des assoziierten Unternehmens zugrunde zu legen. Weichen die Abschlussstichtage des Anteilseigners und des assoziierten Unternehmens voneinander ab, muss das assoziierte Unternehmen einen Zwischenabschluss auf den Stichtag des Anteilseigners aufstellen, der dem Anteilseigner zur Verfügung gestellt wird, es sei denn, dies ist aus Praktikabilitätsgründen nicht durchführbar (vgl. IAS 28.24).

Wenn Abschlüsse mit unterschiedlichen Abschlussstichtagen verwendet werden, sind Berichtigungen für die Auswirkungen aller bedeutenden Transaktionen oder Ereignisse vorzunehmen, die zwischen dem Bilanzstichtag des assoziierten Unternehmens und dem Bilanzstichtag des Anteilseigners auftreten. In jedem Fall dürfen die Abschlussstichtage nicht mehr als drei Monate voneinander abweichen. Nach dem Grundsatz der Stetigkeit haben die Länge der Berichtsperioden und die Abweichung zwischen den Abschlussstichtagen im Zeitablauf gleich zu bleiben (vgl. IAS 28.25).

5.2.4.3 Erwerbszeitpunkt

Nach IAS 28.23 ist die Equity-Methode ab dem Zeitpunkt anzuwenden, an dem das Beteiligungsunternehmen ein assoziiertes Unternehmen geworden ist. Zu unterscheiden sind dabei (i) der Einmalerwerb der Anteile am assoziierten Unternehmen und (ii) der sukzessive Erwerb der Anteile.

Im Fall des Einmalerwerbs von Anteilen an einem Unternehmen, an dem das erwerbende Unternehmen vorher nicht beteiligt gewesen ist, wird das Beteiligungsunternehmen mit dem Erwerb dieser Anteile ein assoziiertes Unternehmen.

Wird eine Beteiligung hingegen in mehreren Tranchen erworben, z.B. durch sukzessiven Aktienkauf an der Börse, sind die Anteile so lange nach IAS 39 zu bilanzieren, bis das Beteiligungsunternehmen ein assoziiertes Unternehmen geworden ist. Ab dem Zeitpunkt, zu dem das Beteiligungsunternehmen assoziiertes Unternehmen geworden ist, sind sämtliche Anteile nach der Equity-Methode zu bilanzieren.

Die Vorgehensweise beim Erwerb in Tranchen kann anhand eines **Beispiels** verdeutlicht werden: Angenommen sei, dass die M AG am 1. Januar 2006 insgesamt 10% der Anteile an der B AG erwirbt. Der für die Anteile bezahlte Kaufpreis soll 100.000 € betragen und 10% des Nettoreinvermögens der B AG entsprechen. Die M AG weist die Anteile als zur Veräußerung verfügbar *(available for sale)* aus. Zum 31. Dezember 2006 ist der beizulegende Zeitwert der Anteile auf 110.000 € gestiegen. Die B AG hat einen Gewinn von 100.000 € erwirtschaftet, von denen 60.000 € als Dividende ausgeschüttet werden. Entsprechend ihrem Anteil von 10% erhält die M AG davon 6.000 €.
Die Wertsteigerung wird über die Bildung einer Neubewertungsrücklage direkt im Eigenkapital der M AG erfasst.

Alle Werte in T€	Soll	Haben
Finanzinstrumente (AFS)	10	
Neubewertungsrücklage		10

Tabelle 5-7: Beispiel Übergang von at cost auf at Equity (I)

Im Folgejahr soll die M AG weitere 15% an der B AG erwerben. Der Kaufpreis für den Erwerb der zweiten Tranche soll 165.000 € betragen. Insgesamt haben die Anschaffungskosten der M AG für die 25%ige Beteiligung an der B AG damit 265.000 € betragen. Entsprechend dem Beispiel 6 zu IFRS 3 (vgl. IFRS 3.IE) sind die Anpassungen des Beteiligungsbuchwertes an den beizulegenden Zeitwert rückgängig zu machen.

Alle Werte in T€	Soll	Haben
Neubewertungsrücklage	10	
Finanzinstrumente (AFS)		10

Tabelle 5-8: Beispiel Übergang von at cost auf at Equity (II)

Zusätzlich ist noch zu berücksichtigen, dass im Eigenkapital der B AG insgesamt 40.000 € Ergebnisvortrag enthalten sind. Davon entfallen 4.000 € auf die M AG. Diese sind bei der M AG im Eigenkapital zu erfassen und erhöhen gleichzeitig den Equity-Wert der B AG im Konzernabschluss der M AG. Die B AG wird daher bei Beginn der Equity-Methode mit einem Wert von 269.000 € angesetzt, der sich aus den Anschaffungskosten von 265.000 € und den anteiligen thesaurierten Gewinnen von 4.000 € zusammensetzt. Auf die erste Tranche entfallen 104.000 €, die sich direkt zu 10% des Eigenkapitals der B AG abgleichen lassen, denn dieses setzt sich aus den ursprünglichen 1.000.000 € und dem Gewinnvortrag von 40.000 € zusammen. Der Rest des Equity-Wertes sind die Anschaffungskosten der zweiten Tranche (165.000 €). 15% des Eigenkapitals betragen 156.000 €, die Differenz zum Equity-Wert in Höhe von 9.000 € kann beispielsweise auf einen erworbenen Geschäfts- oder Firmenwert zurückzuführen sein.

5.2.4.4 Sonstige Konsolidierungsmaßnahmen

Die Notwendigkeit einer *Schuldenkonsolidierung* kann aus IAS 28 nicht eindeutig abgeleitet werden; allerdings enthält IAS 28.20 einen Generalverweis auf die Anwendbarkeit der Vollkonsolidierungsgrundsätze gem. IAS 27.

Unrealisierte Gewinne und Verluste aus *upstream-* und *downstream-*Transaktionen sind in Höhe der Beteiligungsquote des Anteilseigners an dem assoziierten Unternehmen zu eliminieren (IAS 28.22). Unrealisierte Verluste dürfen nicht eliminiert werden, soweit die Transaktion substanzielle Hinweise auf eine Wertminderung des übertragenen Vermögenswertes gibt.

Angenommen sei, dass die M AG an die E GmbH im Geschäftsjahr 2008 Vorräte liefert, die bei der E GmbH am 31. Dezember 2008 noch auf Lager sind. Die Anschaffungskosten bei der M AG betrugen 500.000 €, der Veräußerungspreis (und damit die Anschaffungskosten bei der E GmbH) betrugen 800.000 €. Unterstellt sei weiterhin, dass die E GmbH die Vorräte im Jahr 2009 für 880.000 € veräußert hat. Zudem hat die E GmbH der M AG Vorräte geliefert, die am 31. Dezember 2009 noch nicht an konzernfremde Dritte weiterverkauft wurden. Die Anschaffungskosten betrugen für die E GmbH 250.000 €, der Verkaufspreis 300.000 €. Die M AG veräußert im Folgejahr diese Vorräte für 350.000 €. Der Anteil der M AG an der E GmbH soll 40% betragen.

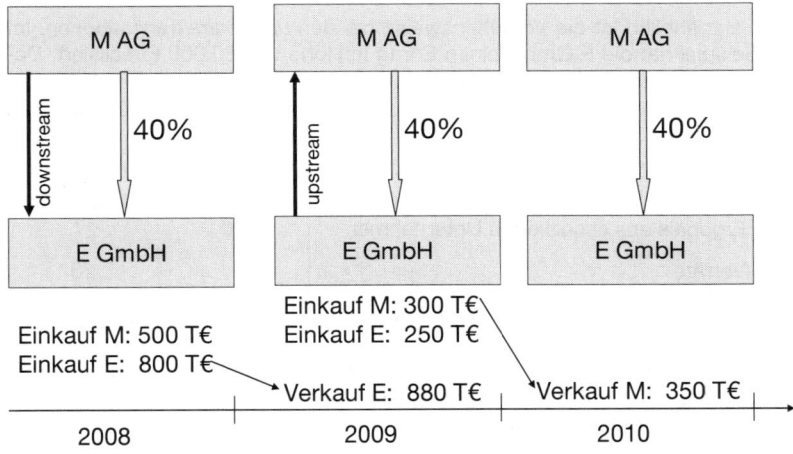

Abbildung 5-1: Equity-Methode und Zwischengewinne

Im ersten Fall liegt eine *downstream*-Transaktion vor, im zweiten Fall eine *upstream*-Transaktion.

Betrachtet sei zunächst die *downstream*-Transaktion. Im Jahr 2008 muss der Zwischengewinn in Höhe von 300.000 € eliminiert werden, und zwar in Höhe des Anteils der auf die M AG entfällt. Dies geschieht durch Kürzung der Umsatzerlöse der M AG. Gleichfalls werden der Wareneinsatz und die Anteile an assoziierten Unternehmen vermindert.

Alle Werte in T€	Soll	Haben
Umsatzerlöse	320	
Wareneinsatz		200
Anteile an assoziierten Unternehmen		120

Tabelle 5-9: Buchungssatz zur Zwischengewinneliminierung (I)

Im Jahr 2008 veräußert die E GmbH die Waren für 880.000 €. Im Konzernabschluss entstehen nunmehr die Umsatzerlöse auch soweit sie auf die M AG entfallen.

Alle Werte in T€	Soll	Haben
Gewinnvortrag	120	
Anteile an assoziierten Unternehmen		120
Wareneinsatz	200	
Anteile an assoziierten Unternehmen	120	
Umsatzerlöse		320

Tabelle 5-10: Buchungssatz zur Zwischengewinneliminierung (II)

Ganz ähnlich ist die Vorgehensweise bei den *upstream*-Transaktionen. Im Beispiel hat die E GmbH einen Ertrag in Höhe von 50.000 € realisiert. Davon entfallen 40%, d. h. 20.000 € auf die M AG. Im Jahr 2009 ist der Bestand der Vorräte um diesen Zwischengewinn in Höhe von 20.000 € zu vermindern.

Alle Werte in T€	Soll	Haben
Ergebnis aus assoziierten Unternehmen	20	
Vorräte		20

Tabelle 5-11: Buchungssatz zur Zwischengewinneliminierung (III)

Im Folgejahr realisiert die M AG einen Veräußerungserfolg von 50.000 €. Deswegen ist nach Wiederholung der Konsolidierungsbuchung aus dem Vorjahre der Wert der Vorräte wieder entsprechend nach oben anzupassen.

Alle Werte in T€	Soll	Haben
Gewinnvortrag	20	
Vorräte		20
Vorräte	20	
Ergebnis aus assoziierten Unternehmen		20

Tabelle 5-12: Buchungssatz zur Zwischengewinneliminierung (IV)

Wie an den Buchungssätzen zur Erfassung der *upstream*-Transaktion zu erkennen ist, führt die Zwischengewinneliminierung dazu, dass sich die Veränderung des Buchwertes der assoziierten Unternehmen in der Konzernbilanz nicht mehr zu dem in der Konzern-Gewinn- und Verlustrechnung gezeigten Ergebnis aus assoziierten Unternehmen abstimmen lässt. Im ersten Jahr ist der in der Gewinn- und Verlustrechnung gezeigte Betrag um 20.000 € niedriger als die Veränderung in der Bilanz, im zweiten Jahr ist der in der Gewinn- und Verlustrechnung gezeigte Betrag um 20.000 € höher als die Veränderung in der Konzernbilanz. Bei entsprechend wesentlichen Beträgen, wird es notwendig sein, die Unterschiede im Konzernanhang mit dem Hinweis auf eliminierte Zwischengewinne zu erläutern.

5.2.4.5 Latente Steuern

Nach dem *temporary differences* Konzept, werden latente Steuern auf bilanzielle Unterschiede zwischen Steuerbilanz und IFRS-Bilanz abgegrenzt. Nachfolgend wird diskutiert, inwieweit es auch bei der Equity-Methode zu einer Abgrenzung latenter Steuern kommt.

Im Rahmen der Equity-Bewertung wird typischerweise zwischen *inside basis differences* und *outside basis differences* unterschieden. *Inside basis differences* resultieren aus Unterschieden zwischen der IFRS-Bilanz des Beteiligungsunternehmens und dessen Steuerbilanz. *Outside basis differences* entstehen aus Differenzen zwischen dem Equity-Wert in der IFRS-Bilanz des Investors und dessen Steuerbilanz[6].

Inside basis differences entstehen beispielsweise wenn das assoziierte Unternehmen eine Bewertung von zur Veräußerung verfügbaren Finanzinstrumenten zum beizulegenden Zeitwert vornimmt und in der Steuerbilanz die Bewertung dieser Finanzinstrumente mit den Anschaffungskosten erfolgt. Auch die Zwischenergebniseliminierung ist eine typische Ursache von *inside basis differences*. Hat ein assoziiertes Unternehmen vom Investor Vermögenswerte erworben, werden diese in der Steuerbilanz des assoziierten Unternehmens zumeist mit den (fortgeführten) Anschaffungskosten bewertet. In der IFRS-Bilanz des assoziierten Unternehmens wird der Wertansatz der Vermögenswerte um die darin enthaltenen Zwischengewinne korrigiert.

Outside basis differences entstehen durch die Fortschreibung des Beteiligungsbuchwertes im Rahmen der Equity-Methode. Thesauriert das assoziierte Unternehmen sein erzieltes Ergebnis, erhöht sich entsprechend der Beteiligungsbuchwert, den der Investor in seiner IFRS-Konzernbilanz ausweist. In der Steuerbilanz ist dies regelmäßig nicht der Fall. Zumeist bilden die Anschaffungskosten die Obergrenze des Wertansatzes. Auf die Differenz sind grundsätzlich latente Steuern abzugrenzen. Eine Abgrenzung latenter Steuern erfolgt allerdings dann nicht, wenn es sich bei den *outside basis differences* um permanente Differenzen handelt. Dies ist dann der Fall, wenn Gewinne aus der Veräußerung von Beteiligungen steuerfrei sind.

---

6 Vgl. *Heurung, R.* (2000b), S. 667.

5.2.5 Beendigung der Equity-Methode

Gemäß IAS 28.18 hat der Investor mit dem Zeitpunkt des Wegfallens des maßgeblichen Einflusses auf ein assoziiertes Unternehmen die Anwendung der Equity-Methode einzustellen und die Anteile in Übereinstimmung mit IAS 39 zu bilanzieren, sofern das assoziierte Unternehmen nicht zu einem Tochterunternehmen oder einem *Joint Venture* wird. Der Equity-Wert zum Zeitpunkt des Wegfalls des maßgeblichen Einflusses stellt dann die Anschaffungskosten im Sinne von IAS 39 dar.

5.3 Anhangangaben

Die Erfordernisse für Anhangangaben zu den assoziierten Unternehmen finden sich in IAS 28.37 f. Die erforderlichen Angaben sollen nachfolgend nicht anhand des Standardtextes wiedergegeben werden.

Stattdessen kann der (mögliche) Umfang anhand eines **Beispiels** verdeutlicht werden: Es ist zu beachten, dass dieses Beispiel nicht alle möglichen Sachverhalte abdecken kann und daher nicht als Checkliste für die Vollständigkeit eines IFRS-Anhangs geeignet ist. Eine Anhangcheckliste für die konzernrelevanten Angaben findet sich in Kapitel 6 dieses Buches. Diese enthält auch die für assoziierte Unternehmen erforderlichen Angaben.

Assoziierte Unternehmen		
Die Gesellschaft hält einen 25%-igen Anteil an der E GmbH. Geschäftszweck der E GmbH ist die Herstellung und der Vertrieb von Produkten zur ...		
Die nachfolgende Tabelle fasst die Finanzinformationen über das assoziierte Unternehmen zusammen:		
	2005 T€	2004 T€
Anteilige Bilanz des assoziierten Unternehmens		
Kurzfristige Vermögenswerte	1.631	1.581
Langfristige Vermögenswerte	3.416	3.207
Kurzfristige Schulden	(1.122)	(976)
Langfristige Schulden	(3.161)	(3.131)
Nettoreinvermögen	764	681
Anteil an den Umsatzerlösen und am Ergebnis des assoziierten Unternehmens		
Umsatzerlöse	8.323	8.160
Ergebnis	83	81
Buchwert der Beteiligung	764	681

Tabelle 5-13: Anhangangaben für assoziierte Unternehmen

6 Checkliste für konzernrelevante Anhangangaben

Die nachfolgende Checkliste stellt die für einen IFRS-konformen Anhang relevanten konzernbezogenen Anhangangaben zusammen. Aus Vereinfachungsgründen wurden die Angabevorschriften gegenüber dem Originalwortlaut des Standards teilweise umformuliert. Sofern notwendig sollte daher im Einzelfall auf den genauen Wortlaut des Standards zur jeweiligen Angabepflicht abgestellt werden. Die Textziffern des Originalstandards werden bei den einzelnen Angabepflichten mit angegeben.

Darüber hinaus wurde die Checkliste um Kommentare ergänzt, in denen Erläuterungen zum Anwendungsbereich und zur Interpretation bestimmter Angabevorschriften gegeben werden.

Die Checkliste stellt nur die konzernbezogenen Anhangangaben zusammen. Dazu gehören neben den allgemeinen Angaben zum Konzernabschluss unter anderem die Angaben zu Unternehmenszusammenschlüssen, zu den Gemeinschaftsunternehmen und den assoziierten Unternehmen. Die Checkliste berücksichtigt die Standards und Interpretationen, die auf Abschlüsse anzuwenden sind, deren Berichtsperiode am oder nach dem 1. Januar 2005 beginnt, d. h. sie gilt für Geschäftsjahre, die zum 31. Dezember 2005 enden.

Sofern ein deutsches Mutterunternehmen gemäß § 315a HGB einen gesetzlichen IFRS-Konzernabschluss aufstellt, hat es zusätzlich zu den IFRS-Vorschriften die in § 315a HGB aufgeführten Vorschriften, insbesondere die dort normierten zusätzlichen Angabepflichten, zu beachten. Die gemäß § 315a HGB für diese Abschlüsse zusätzlich zu beachtenden Angabepflichten sind ebenfalls in der Checkliste enthalten.

Allgemeine Anhangangaben	ja	nein	n. r.
Identifizierung und Bestandteile des Jahresabschlusses			
Werden die folgenden Informationen deutlich sichtbar dargestellt und wiederholt, falls es für das richtige Verständnis der dargestellten Informationen notwendig ist (*IAS 1.46*):			
(a) der Name des berichtenden Unternehmens oder andere Mittel der Identifizierung sowie alle Änderungen dieser Angaben seit dem vorangegangenen Bilanzstichtag;	____	____	____

Allgemeine Anhangangaben	ja	nein	n. r.
(b) ob sich der Abschluss auf das einzelne Unternehmen oder einen Konzern bezieht;	____	____	____
(c) der Bilanzstichtag oder die Berichtsperiode, auf die sich der Abschluss bezieht, je nachdem, was für den entsprechenden Bestandteil des Abschlusses angemessen ist;	____	____	____
(d) die Darstellungswährung, und	____	____	____
(e) der Präzisionsgrad, der bei der Darstellung von Beträgen im Abschluss angewandt wird (z. B. Mio. Euro oder Tsd. Euro).	____	____	____
Unternehmensdaten			
Macht das Unternehmen die folgenden Angaben, wenn diese nicht an anderer Stelle in den zusammen mit dem Abschluss veröffentlichten Informationen enthalten sind (*IAS 1.126*):			
(a) den Firmensitz des Unternehmens;	____	____	____
(b) die Rechtsform des Unternehmens;	____	____	____
(c) das Land, in dem das Unternehmen als juristische Person registriert ist;	____	____	____
(d) die Adresse des eingetragenen Sitzes (oder des Hauptsitzes der Geschäftätigkeit, wenn dieser vom eingetragenen Sitz abweicht);	____	____	____
(e) eine Beschreibung der Art der Geschäftstätigkeit des Unternehmens und seiner Hauptaktivitäten;	____	____	____
(f) den Namen des Mutterunternehmens; und	____	____	____
(g) den Namen des obersten Mutterunternehmens des Konzerns.	____	____	____

Bilanz	ja	nein	n. r.
Wurden mindestens die folgenden Posten in der Bilanz dargestellt *(IAS 1.68)*:			
(a) Sachanlagen;	____	____	____
(b) als Finanzinvestition gehaltene Immobilien;	____	____	____
(c) immaterielle Vermögenswerte;	____	____	____
(d) finanzielle Vermögenswerte (ausschließlich der unter e., h. und i. genannten Beträge);	____	____	____

Bilanz	ja	nein	n. r.
(e) nach der Equity-Methode bilanzierte Beteiligungen an assoziierten Unternehmen *(IAS 28.38)*;	___	___	___
(f) biologische Vermögenswerte;	___	___	___
(g) Vorräte;	___	___	___
(h) Forderungen aus Lieferungen und Leistungen und sonstige Forderungen;	___	___	___
(i) Zahlungsmittel und Zahlungsmitteläquivalente;	___	___	___
(j) Verbindlichkeiten aus Lieferungen und Leistungen und sonstige Verbindlichkeiten;	___	___	___
(k) Rückstellungen;	___	___	___
(l) finanzielle Verbindlichkeiten (ausschließlich der unter j. und k. genannten Beträge);	___	___	___
(m) tatsächliche Steuerschulden und Steuererstattungsansprüche;	___	___	___
(n) passive latente Steuern und aktive latente Steuern;	___	___	___
(o) Anteile anderer Gesellschafter, die innerhalb des Eigenkapitals ausgewiesen werden *(IAS 27.33)*; und	___	___	___
(p) gezeichnetes Kapital und Rücklagen, die den Anteilsinhabern der Muttergesellschaft zuzurechnen sind.	___	___	___

Gewinn- und Verlustrechnung	ja	nein	n. r.
Wurden mindestens die folgenden Posten in der Gewinn- und Verlustrechnung dargestellt *(IAS 1.81)*:	___	___	___
(a) Erträge;	___	___	___
(b) Finanzierungsaufwendungen;	___	___	___
(c) Anteile am Gewinn oder Verlust nach Steuern an assoziierten Unternehmen und Joint Ventures, die nach der Equity-Methode bilanziert werden *(IAS 28.38)*;	___	___	___
(d) Steueraufwendungen *(IAS 12.77)*;	___	___	___
(e) ein gesonderter Betrag, welcher der Summe entspricht aus dem Ergebnis nach Steuern des aufgegebenen Geschäftsbereichs und dem Ergebnis nach Steuern, das bei der Bewertung mit dem beizulegenden Zeitwert abzüglich Veräuße-	___	___	___

Gewinn- und Verlustrechnung	ja	nein	n. r.
rungskosten oder der Veräußerung der Vermögenswerte oder Veräußerungsgruppe(n), die den aufgegebenen Geschäftsbereich darstellen, erfasst wurde *(IFRS 5.38)*; und			
(f) Periodenergebnis.	___	___	___
Wurden mindestens die folgenden Posten als Zuordnungen des Periodengewinns oder Verlusts in der Gewinn- und Verlustrechnung dargestellt *(IAS 1.82)*:			
(a) auf Minderheitenanteile entfallende Gewinne oder Verluste *(IAS 27.33)*; und	___	___	___
(b) auf die Anteilsinhaber des Mutterunternehmens entfallende Gewinne oder Verluste.	___	___	___

Fremdwährungsumrechnung	ja	nein	n. r.
Der Begriff „funktionale Währung" bezieht sich bei Vorliegen eines Konzerns auf die funktionale Währung des Mutterunternehmens. *(IAS 21.51)*			
Hat das Unternehmen folgende Angaben gemacht: *(IAS 21.52)*			
(a) den Betrag der erfolgswirksam erfassten Umrechnungsdifferenzen, mit Ausnahme derjenigen Umrechnungsdifferenzen, die aus gemäß IAS 39 ergebniswirksam mit dem beizulegenden Zeitwert zu bewertenden Finanzinstrumenten resultieren; und	___	___	___
(b) den Saldo der Umrechnungsdifferenzen, der als separater Posten in das Eigenkapital eingestellt wurde, und eine Überleitungsrechnung des Betrages solcher Umrechnungsdifferenzen zu Beginn und Ende der Berichtsperiode.	___	___	___
Macht das Unternehmen, wenn die funktionale Währung des berichtenden Unternehmens oder eines wichtigen ausländischen Geschäftsbetriebs geändert wird, folgende Angaben *(IAS 21.53)*:			
(a) eine Erläuterung diese Tatsache; und	___	___	___
(b) den Grund für den Wechsel der funktionalen Währung.	___	___	___

Ergebnis je Aktie	ja	nein	n. r.
Macht das Unternehmen, das sowohl einen Konzernabschluss als auch Einzelabschlüsse nach IAS 27 aufstellt, die von diesem Standard vorgeschriebenen Angaben lediglich auf Basis der konsolidierten Daten *(IAS 33.4)*.	____	____	____
Stellt das Unternehmen, wenn es sich entscheidet, das Ergebnis je Aktie auf Basis des Einzelabschlusses auszuweisen, diese Angaben lediglich in der Gewinn- und Verlustrechnung des Einzelabschlusses dar und nicht im Konzernabschluss *(IAS 33.4)*.	____	____	____

Kapitalflussrechnung	ja	nein	n. r.
Erwerb von Tochterunternehmen und sonstigen Geschäftseinheiten			
Wurde die Summe der Cashflows aus dem Erwerb von Tochterunternehmen oder sonstigen Geschäftseinheiten gesondert dargestellt und in der Kapitalflussrechnung als Investitionstätigkeit klassifiziert *(IAS 7.39)*.	____	____	____
Hat das Unternehmen im Hinblick auf den während der Berichtsperiode erfolgten Erwerb von Tochterunternehmen oder sonstigen Geschäftseinheiten folgende Angaben gemacht *(IAS 7.40)*:			
(a) den gesamten Kaufpreis;	____	____	____
(b) den Teil des Kaufpreises, der durch Zahlungsmittel und Zahlungsmitteläquivalente beglichen wurde;	____	____	____
(c) den Betrag der Zahlungsmittel oder Zahlungsmitteläquivalente des Tochterunternehmens oder der Geschäftseinheit, die mit dem Erwerb übernommen wurden; und	____	____	____
(d) die Beträge der nach Hauptgruppen gegliederten Vermögenswerte und Verbindlichkeiten mit Ausnahme der Zahlungsmittel und Zahlungsmitteläquivalente des Tochterunternehmens oder der sonstigen Geschäftseinheit, das bzw. die erworben wurde.	____	____	____
Veräußerung von Tochterunternehmen und sonstigen Geschäftseinheiten			
Wurde die Summe der Cashflows aus der Veräußerung von Tochterunternehmen oder sonstigen Geschäftseinheiten gesondert dargestellt und in der			

Kapitalflussrechnung	ja	nein	n. r.
Kapitalflussrechnung als Investitionstätigkeit klassifiziert *(IAS 7.39)*.			
Hat das Unternehmen im Hinblick auf die während der Berichtsperiode erfolgte Veräußerung von Tochterunternehmen oder sonstigen Geschäftseinheiten folgende Angaben gemacht *(IAS 7.40)*:			
(a) den gesamten Veräußerungspreis;	——	——	——
(b) den Teil des Veräußerungspreises, der durch Zahlungsmittel und Zahlungsmitteläquivalente beglichen wurde;	——	——	——
(c) den Betrag der Zahlungsmittel oder Zahlungsmitteläquivalente des Tochterunternehmens oder der Geschäftseinheit, die im Zusammenhang mit dem Verkauf abgegeben wurden; und	——	——	——
(d) die Beträge der nach Hauptgruppen gegliederten Vermögenswerte und Verbindlichkeiten mit Ausnahme der Zahlungsmittel und Zahlungsmitteläquivalente des Tochterunternehmens oder der sonstigen Geschäftseinheit, das bzw. die veräußert wurde.	——	——	——

Bilanzierungs- und Bewertungsmethoden	ja	nein	n. r.
Darstellung der wesentlichen Bilanzierungs- und Bewertungsmethoden			
Einige der gemäß IAS 1.113 vorgeschriebenen Angaben werden auch von anderen Standards verlangt. So schreibt IAS 27 beispielsweise vor, dass ein Unternehmen die Gründe anzugeben hat, warum die Beteiligungsquote des Unternehmens im Hinblick auf ein Beteiligungsunternehmen, welches kein Tochterunternehmen darstellt, keine Beherrschung begründet, obwohl mehr als die Hälfte der Stimmrechte oder potenziellen Stimmrechte direkt oder indirekt über Tochterunternehmen gehalten werden *(IAS 1.115)*.			
Darstellung spezifischer Bilanzierungs- und Bewertungsgrundsätze			
Consolidated financial statements (Konzernabschluss) – Gibt das Unternehmen in seinem Einzelabschluss eine Beschreibung der Bilanzierungs-	——	——	——

Bilanzierungs- und Bewertungsmethoden	ja	nein	n.r.
methode für Anteile an Tochterunternehmen, assoziierten Unternehmen und gemeinschaftlich geführten Einheiten an *(IAS 27.41)*.			
Interests in joint ventures (Anteile an Joint Ventures) – Gibt das Unternehmen (Partnerunternehmen) die zur Bilanzierung seiner Anteile an gemeinschaftlich geführten Einheiten angewandte Methode an *(IAS 31.57)*.	___	___	___

Konzernabschluss	ja	nein	n.r.
Das Mutterunternehmen ist nur dann nicht verpflichtet, einen Konzernabschluss gemäß IFRS zu erstellen, wenn *(IAS 27.10)*: (a) es selbst vollständig im Besitz eines übergeordneten Mutterunternehmens steht oder, sofern es nur teilweise im Besitz eines übergeordneten Mutterunternehmens steht, die Eigner der Minderheitsanteile (einschließlich der Anteilseigner, die ansonsten über kein Stimmrecht verfügen), damit einverstanden sind, dass das Mutterunternehmen keinen Konzernabschluss aufstellt; (b) von dem Mutterunternehmen ausgegebene Wertpapiere nicht öffentlich gehandelt werden; (c) das Mutterunternehmen nicht die Ausgabe von Wertpapieren an einer Wertpapierbörse in die Wege geleitet hat; und (d) das direkte oder das oberste Mutterunternehmen einen in Übereinstimmung mit den IFRS aufgestellten Konzernabschluss veröffentlicht.			
Wurden Minderheitsanteile am Nettovermögen der konsolidierten Tochterunternehmen in der Konzernbilanz im Eigenkapital, jedoch gesondert vom Eigenkapital des Mutterunternehmens dargestellt *(IAS 27.33)*.	___	___	___
Wurden Minderheitsanteile am Konzernergebnis gesondert im Konzernabschluss dargestellt *(IAS 27.33)*.	___	___	___

Konzernabschluss	ja	nein	n. r.
Die auf Minderheitsanteile entfallenden Verluste eines konsolidierten Tochterunternehmens können den auf diese Anteile entfallenden Anteil am Eigenkapital des Tochterunternehmens übersteigen. Der übersteigende Betrag und jeder weitere auf Minderheitsanteile entfallende Verlust ist gegen die Mehrheitsbeteiligung am Konzerneigenkapital zu verrechnen, mit Ausnahme des Betrages, in dem die Minderheiten zum einen verbindlich verpflichtet sind und zum anderen in der Lage sind, die Verluste durch zusätzliche Investitionen auszugleichen. Falls das Tochterunternehmen zu einem späteren Zeitpunkt Gewinne ausweist, sind diese in voller Höhe der Mehrheitsbeteiligung zuzuweisen, bis der zuvor von der Mehrheit übernommene Verlustanteil der Minderheiten zurückerstattet ist *(IAS 27.35)*.			

Hat das Unternehmen folgende Angaben gemacht *(IAS 27.40)*:

(a) die Art der Beziehung zwischen Mutterunternehmen und einem Tochterunternehmen, wenn dem Mutterunternehmen, direkt oder indirekt über Tochterunternehmen, nicht mehr als die Hälfte der Stimmrechte gehört;

(b) für eine Beteiligung, an der unmittelbar oder mittelbar durch Tochterunternehmen mehr als die Hälfte der Stimmrechte oder der potenziellen Stimmrechte gehalten werden, die Begründung, warum diese Besitzverhältnisse keine Beherrschung ermöglichen;

(c) der Abschlussstichtag eines Tochterunternehmens, wenn der Abschluss zur Aufstellung eines Konzernabschlusses verwendet wird und dieser Stichtag oder die Berichtsperiode von denen des Mutterunternehmens abweichen, sowie die Gründe für die Verwendung unterschiedlicher Stichtage oder Berichtsperioden; und;

(d) Art und Umfang erheblicher Beschränkungen der Fähigkeit von Tochterunternehmen, Finanzmittel in Form von Dividenden oder durch Darlehens- und Vorschusstilgungen an das Mutterunternehmen zu transferieren (z. B. aus Darlehensvereinbarungen oder aufsichtsrechtlichen Bestimmungen.

Unternehmenszusammenschlüsse	ja	nein	n. r.

Allgemeines

IFRS 3 ist auf Unternehmenszusammenschlüsse anzuwenden, über die sich die Transaktionspartner am oder nach dem 31. März 2004 (Agreement Date) geeinigt haben *(IFRS 3.78)*.			
Möchte das Unternehmen die Vorschriften dieses IFRS auf Geschäfts- oder Firmenwerte bzw. Unternehmenszusammenschlüsse anwenden, die vor den in IFRS 3.78–84 erläuterten Zeitpunkten des Inkrafttretens bestanden oder erworben bzw. abgeschlossen wurden, hat das Unternehmen *(IFRS 3.85)*: (a) Bewertungen und andere benötigte Informationen zu dem Zeitpunkt zu ermitteln, zu dem diese Unternehmenszusammenschlüsse ursprünglich bilanziert wurden; (b) IAS 36 (überarbeitet 2004) und IAS 38 (überarbeitet 2004) ebenfalls prospektiv ab dem gleichen Zeitpunkt anzuwenden; und (c) die Bewertungen und andere zum Zwecke der Anwendung von IAS 36 und IAS 38 ab diesem Zeitpunkt benötigten Informationen bereits in der Vergangenheit zu ermitteln, so dass keine Notwendigkeit besteht, Schätzungen zu ermitteln, die zu einem früheren Zeitpunkt hätten vorgenommen werden müssen.			

Unternehmenserwerbe Macht das erwerbende Unternehmen Angaben (siehe IFRS 3.67–71 unten), die den Leser des Abschlusses in die Lage versetzen, die Art und finanziellen Auswirkungen von Unternehmenszusammenschlüssen zu beurteilen, die zu folgenden Zeitpunkten vollzogen wurden *(IFRS 3.66)*:			
(a) während der Berichtsperiode; und	——	——	——
(b) nach dem Bilanzstichtag, aber vor Freigabe des Abschlusses zur Veröffentlichung.	——	——	——

Unternehmenszusammenschlüsse	ja	nein	n. r.
Wurden zum Zwecke der Erfüllung der in IFRS 3.66 a enthaltenen Angabepflicht für die während der Berichtsperiode vollzogenen Unternehmenszusammenschlüsse im Abschluss die folgenden Angaben gemacht *(IFRS 3.67)*:			
(a) die Namen der sich zusammenschließenden Unternehmen oder Geschäftseinheiten und weitere Erläuterungen hierzu;	____	____	____
(b) den Zeitpunkt des Erwerbs;	____	____	____
(c) den Prozentsatz der erworbenen Stimmrechte;	____	____	____
(d) die Kosten des Unternehmenszusammenschlusses;	____	____	____
(e) eine Beschreibung der Bestandteile dieser Kosten, einschließlich der direkt dem Unternehmenszusammenschluss zuordenbaren Kosten;	____	____	____
(f) sofern Eigenkapitalinstrumente als Bestandteil der Kosten ausgegeben werden (können):			
– die Anzahl der ausgegebenen oder begebbaren Eigenkapitalinstrumente; und	____	____	____
– den beizulegenden Zeitwert dieser Eigenkapitalinstrumente und die Grundlage für die Bestimmung dieses beizulegenden Zeitwerts; und	____	____	____
(g) Einzelheiten zu einzelnen Geschäftsbereichen, die das Unternehmen aufgrund des Unternehmenszusammenschlusses veräußern will;	____	____	____
(h) die am Erwerbszeitpunkt für jede Gruppe von Vermögenswerten, Schulden und Eventualschulden des erworbenen Unternehmens erfassten Beträge und (ausgenommen im Falle der Undurchführbarkeit), die in Übereinstimmung mit IFRS unmittelbar vor dem Unternehmenszusammenschluss ermittelten Buchwerte jeder dieser Gruppen (bei Undurchführbarkeit solcher Angaben ist diese Tatsache zusammen mit einer Begründung hierfür anzugeben);	____	____	____
(i) Angabe des in der Gewinn- und Verlustrechnung erfassten Überschusses des Anteils des Erwerbers an den beizulegenden Zeitwerten der erworbenen identifizierbaren Vermögenswerte, Schulden und Eventualschulden über die Kosten des Unternehmenszusammenschlusses, sowie	____	____	____

Unternehmenszusammenschlüsse	ja	nein	n.r.
Angabe des Postens in der Gewinn- und Verlustrechnung, in dem dieser Überschussbetrag erfasst wurde;			
(j) eine Beschreibung der Faktoren, die Ursache für die Entstehung von Kosten waren, die zum Ansatz eines Geschäfts- oder Firmenwerts führten.	____	____	____
(k) eine Beschreibung der immateriellen Vermögenswerte, die nicht gesondert vom Geschäfts- oder Firmenwert erfasst wurden sowie eine Begründung, warum der beizulegende Zeitwert des immateriellen Vermögenswerts nicht verlässlich bewertet werden konnte; oder eine Beschreibung der gemäß Punkt i) in der Gewinn- und Verlustrechnung erfasster Überschussbeträge; und	____	____	____
(l) den Betrag des seit dem Erwerbszeitpunkt im Periodenergebnis des Erwerbers erfassten Gewinn oder Verlust des erworbenen Unternehmens, es sei denn, die Angabe wäre nicht durchführbar (sofern eine solche Angabe nicht durchführbar ist, ist diese Tatsache zusammen mit einer Begründung hierfür anzugeben).	____	____	____
Hat das Unternehmen für Unternehmenszusammenschlüsse, deren erstmalige Bilanzierung lediglich vorläufig erfolgt ist, folgende Angaben gemacht *(IFRS 3.69)*:			
(a) die Angabe dieser Tatsache; und	____	____	____
(b) eine Begründung hierfür.	____	____	____
Wurden zum Zwecke der Erfüllung der Angabepflichten gemäß IFRS 3.66 a die folgenden Angaben gemacht *(IFRS 3.70)*:	____	____	____
(a) die Erträge des zusammengeschlossenen Unternehmens für die Berichtsperiode, für deren Berechnung unterstellt wird, dass alle während der Periode vollzogenen Unternehmenszusammenschlüsse am Beginn dieser Periode vollzogen worden wären;	____	____	____
(b) den Gewinn oder Verlust des zusammengeschlossenen Unternehmens für die Berichtsperiode, für deren Berechnung unterstellt wird, dass alle während der Periode vollzogenen Unternehmenszusammenschlüsse am Beginn dieser Periode vollzogen worden wären; und	____	____	____

Unternehmenszusammenschlüsse	ja	nein	n. r.
(c) sofern die unter a. und b. geforderten Angaben nicht durchführbar sind, wurde diese Tatsache zusammen mit einer Begründung hierfür angegeben.	____	____	____
Unternehmenszusammenschlüsse nach dem Bilanzstichtag Hat das Unternehmen für Unternehmenszusammenschlüsse, die nach dem Bilanzstichtag, aber vor Freigabe des Abschlusses zur Veröffentlichung vollzogen wurden, folgende Angaben gemacht *(IFRS 3.71)*:			
(a) die gemäß IFRS 3.67 (vgl. oben) vorgeschriebenen Informationen; und	____	____	____
(b) sofern die vollständige oder teilweise Angabe dieser Informationen nicht durchführbar ist, wurde diese Tatsache zusammen mit einer Begründung hierfür angegeben.	____	____	____
Unternehmenszusammenschlüsse – Anpassung Hat das erwerbende Unternehmen folgende Angaben gemacht, die den Leser des Abschlusses in die Lage versetzen, die finanziellen Auswirkungen der in der laufenden Periode erfassten Gewinnen, Verlusten, Fehlerberichtigungen und sonstigen Anpassungen zu beurteilen, die im Zusammenhang mit in der laufenden oder in einer früheren Periode vollzogenen Unternehmenszusammenschlüssen stehen *(IFRS 3.72; IFRS 3.73))*: (a) den Betrag und eine Erläuterung für in der laufenden Periode erfasste Gewinne und Verluste:			
– die sich auf die identifizierbaren, im Rahmen eines in der laufenden oder einer früheren Periode vollzogenen Unternehmenszusammenschlusses erworbenen Vermögenswerte oder übernommenen Schulden oder Eventualschulden beziehen; und	____	____	____
– deren Angabe auf Grund ihrer Größe, Art oder Häufigkeit für das Verständnis der Ertragslage des zusammengeschlossenen Unternehmens erforderlich ist;	____	____	____
(b) wenn die erstmalige Bilanzierung für einen in der unmittelbar vorangegangenen Periode vollzogenen Unternehmenszusammenschluss am Ende	____	____	____

Unternehmenszusammenschlüsse	ja	nein	n. r.
dieser Periode lediglich vorläufig erfolgt ist: die Beträge und Erläuterungen zu während der laufenden Periode vorgenommenen Anpassungen; und			
(c) die gemäß IAS 8 für die identifizierbaren Vermögenswerte, Schulden oder Eventualschulden des erworbenen Unternehmens vorgeschriebenen Angaben zu Fehlerberichtigungen oder Angaben zu Änderungen der identifizierbaren Vermögenswerte, Schulden oder Eventualschulden des erworbenen Unternehmens, die das erwerbende Unternehmen gemäß IFRS 3.63 und IFRS 3.64 in der laufenden Periode erfasst.	____	____	____

Geschäfts- oder Firmenwerte	ja	nein	n. r.
Hat das Unternehmen folgende Angaben gemacht, die den Adressaten seines Abschlusses die Beurteilung der in der Berichtsperiode erfolgten Änderungen des Buchwerts des Geschäfts- oder Firmenwertes ermöglichen *(IFRS 3.74; IFRS 3.75)*:			
(a) den Bruttobetrag und den kumulierten Wertminderungsaufwand zu Beginn der Berichtsperiode;	____	____	____
(b) den zusätzlichen in der Berichtsperiode angesetzten Geschäfts- oder Firmenwert mit Ausnahme des einer gesonderten Gruppe abgehender Vermögenswerte (Disposal Group) zugeordneten Geschäfts- oder Firmenwerts, welche zum Anschaffungszeitpunkt die in IFRS 5 enthaltenen Kriterien für eine Einstufung als zur Veräußerung verfügbar erfüllt;	____	____	____
(c) Anpassungen, die aus dem nachträglichen Ansatz aktiver latenter Steuern in der Berichtsperiode resultieren;	____	____	____
(d) den Geschäfts- oder Firmenwert, der gemäß IFRS 5 einer als zur Veräußerung verfügbar eingestuften gesonderten Gruppe abgehender Vermögenswerte (Disposal Group) zugerechnet wurde, sowie den ausgebuchten Geschäfts- oder Firmenwert, der vorher nicht einer als zur Veräußerung verfügbar eingestuften gesonderten Gruppe abgehender Vermögenswerte (Disposal Group) zugerechnet wurde;	____	____	____
(e) in der Berichtsperiode erfasster Wertminderungsaufwand;	____	____	____

Geschäfts- oder Firmenwerte	ja	nein	n. r.
(f) in der Berichtsperiode entstandene Nettoumrechnungsdifferenzen;	____	____	____
(g) sämtliche weiteren Änderungen des Buchwerts in der Berichtsperiode; und	____	____	____
(h) den Bruttobetrag und den kumulierter Wertminderungsaufwand am Ende der Berichtsperiode.	____	____	____
Hat das Unternehmen in Fällen, in denen die erstmalige Zuordnung des durch einen Unternehmenszusammenschluss erworbenen Geschäfts- oder Firmenwerts zum Abschlussstichtag noch nicht abgeschlossen und der Geschäfts- oder Firmenwert zu diesem Zeitpunkt daher noch keiner zahlungsmittelgenerierenden Einheit (oder Gruppe solcher Einheiten) zugerechnet war, Folgendes angegeben *(IAS 36.133)*:			
(a) den Betrag des nicht zugeordneten Geschäfts- oder Firmenwerts; und	____	____	____
(b) die Gründe für die nicht erfolgte Zuordnung dieses Betrags.	____	____	____

Ertragsteuern	ja	nein	n. r.
Hat das Unternehmen Folgendes getrennt angegeben *(IAS 12.81)*:			
(a) die Summe des Betrags temporärer Unterschiede im Zusammenhang mit Anteilen an Tochterunternehmen, Zweigniederlassungen und assoziierten Unternehmen sowie Anteilen an Joint Ventures, für die keine latenten Steuerschulden bilanziert worden sind *(weitere Regelungen sind in IAS 12.39 enthalten)*.	____	____	____
Wurde, sofern praktikabel, der Betrag der nicht bilanzierten latenten Steuerschulden aus Anteilen an Tochterunternehmen, Zweigniederlassungen und assoziierten Unternehmen sowie Anteilen an Joint Ventures angegeben *(Angabe nur empfohlen, IAS 12.87)*.			

Anteile an Joint Ventures	ja	nein	n. r.
Stuft das Unternehmen seine Anteile an gemeinschaftlich geführten Einheiten als zur Veräußerng verfügbar ein und behandelt es diese gemäß IFRS 5, soweit *(IAS 31.42)*:			

Anteile an Joint Ventures	ja	nein	n. r.
(a) ihr Buchwert voraussichtlich eher durch den Verkauf als durch die weitere Nutzung erzielt wird; und	___	___	___
(b) die Anteile in ihrem gegenwärtigen Zustand sofort zur Veräußerung verfügbar sind und ihr Verkauf als hoch wahrscheinlich gilt.	___	___	___

Gibt das Unternehmen (Partnerunternehmen) die Summe des Betrags aus den im Folgenden angeführten Eventualschulden getrennt vom Betrag anderer Eventualschulden an (vorausgesetzt, die Wahrscheinlichkeit eines Verlustes ist nicht als äußerst gering einzustufen) *(IAS 31.54)*:

	ja	nein	n. r.
(a) Eventualschulden eines Partnerunternehmens auf Grund von gemeinschaftlich eingegangenen Verpflichtungen aller Partnerunternehmen zu Gunsten der Joint Ventures und seinen Anteil an gemeinschaftlich mit anderen Partnerunternehmen eingegangenen Eventualschulden;	___	___	___
(b) seinen Anteil an den Eventualschulden der Joint Ventures, für den es gegebenenfalls haftet; und	___	___	___
(c) solche Eventualschulden, welche aus der Haftung des Partnerunternehmens für die Schulden der anderen Partnerunternehmen eines Joint Venture entstehen.	___	___	___

Gibt das Unternehmen (Partnerunternehmen) die Summe des Betrags aus den im Folgenden angeführten Verpflichtungen in Bezug auf seine Anteile an Joint Ventures getrennt von anderen Verpflichtungen an *(IAS 31.55)*:

	ja	nein	n. r.
(a) alle Kapitalverpflichtungen des Partnerunternehmens in Bezug auf seine Anteile an Joint Ventures und seinen Anteil an den Kapitalverpflichtungen, welche gemeinschaftlich mit anderen Partnerunternehmen eingegangen wurden; und	___	___	___
(b) seinen Anteil an den Kapitalverpflichtungen der Joint Ventures selbst.	___	___	___

Gibt das Unternehmen (Partnerunternehmen) Folgendes an *(IAS 31.56)*:

	ja	nein	n. r.
(a) eine Aufstellung der Anteile an maßgeblichen Joint Ventures;	___	___	___
(b) eine Beschreibung der Anteile an maßgeblichen Joint Ventures; und	___	___	___

Anteile an Joint Ventures	ja	nein	n. r.
(c) die Anteilsquote an gemeinschaftlich geführten Einheiten.	___	___	___
Bei Unternehmen (Partnerunternehmen), die ihre Anteile an gemeinschaftlich geführten Einheiten mithilfe der Quotenkonsolidierung der entsprechenden Posten oder der Equity-Methode bilanzieren: Gibt das Unternehmen (Partnerunternehmen) folgende Beträge in Bezug auf seine Anteile an Joint Ventures an *(IAS 31.56)*:			
(a) Gesamtsumme aller kurzfristigen Vermögenswerte;	___	___	___
(b) Gesamtsumme aller langfristigen Vermögenswerte;	___	___	___
(c) Gesamtsumme aller kurzfristigen Verbindlichkeiten;	___	___	___
(d) Gesamtsumme aller langfristigen Verbindlichkeiten;	___	___	___
(e) Gesamtsumme aller Erträge; und	___	___	___
(f) Gesamtsumme aller Aufwendungen.	___	___	___
Legt das Unternehmen (Partnerunternehmen) die zur Bilanzierung seiner Anteile an gemeinschaftlich geführten Einheiten angewandte Methode offen *(IAS 31.57)*.	___	___	___
Sofern das Unternehmen IAS 31 (überarbeitet 2003) auf eine vor dem 1. Januar 2005 beginnende Berichtsperiode anwendet, hat es diese Tatsache angegeben *(IAS 31.58)*.	___	___	___

Anteile an assoziierten Unternehmen	ja	nein	n. r.
Stuft das Unternehmen seine Anteile an assoziierten Unternehmen als zur Veräußerung verfügbar ein und bilanziert es diese gemäß IFRS 5, soweit *(IAS 28.14)*:			
(a) ihr Buchwert voraussichtlich eher durch den Verkauf als durch die weitere Nutzung erzielt wird; und	___	___	___
(b) die Anteile in ihrem gegenwärtigen Zustand sofort zur Veräußerung verfügbar sind und ihr Verkauf als hoch wahrscheinlich gilt.	___	___	___
Hat das Unternehmen folgende Angaben gemacht *(IAS 28.37)*:			

Anteile an assoziierten Unternehmen	ja	nein	n. r.
(a) den beizulegenden Zeitwert von Anteilen an assoziierten Unternehmen, für die öffentliche Marktpreise verfügbar sind;	____	____	____
(b) zusammengefasste Finanzinformationen über assoziierte Unternehmen, darunter die Bilanzsumme, den Gesamtbetrag der Schulden, die Erträge und das Periodenergebnis;	____	____	____
(c) die Gründe, aufgrund derer der Anteilseigner zu dem Schluss kommt, dass er in Fällen, in denen er direkt oder indirekt (durch Tochterunternehmen) weniger als 20% der Stimmrechte oder potenziellen Stimmrechte des assoziierten Unternehmens hält, einen maßgeblichen Einfluss auf das assoziierte Unternehmen ausübt;	____	____	____
(d) die Gründe, aufgrund derer der Anteilseigner zu dem Schluss kommt, dass er in Fällen, in denen er direkt oder indirekt (durch Tochterunternehmen) 20 % oder mehr der Stimmrechte oder potenziellen Stimmrechte des assoziierten Unternehmens hält, keinen maßgeblichen Einfluss auf das assoziierte Unternehmen ausübt;	____	____	____
(e) den Abschlussstichtag des von einem assoziierten Unternehmen erstellten Abschlusses, wenn dieser Abschluss für die Anwendung der Equity-Methode herangezogen wird und sein Abschlussstichtag oder seine Berichtsperiode gegenüber dem Abschluss bzw. der Berichtsperiode des Anteilseigners abweicht, und den Grund für die Wahl eines abweichenden Abschlussstichtags oder einer abweichenden Berichtsperiode;	____	____	____
(f) die Art und den Umfang etwaiger wesentlicher Beschränkungen der Fähigkeit assoziierter Unternehmen (bedingt z. B. durch Darlehensvereinbarungen oder aufsichtsrechtliche Bestimmungen), Finanzmittel in Form von Dividenden oder durch Darlehenstilgung an den Anteilseigner zu transferieren;	____	____	____
(g) den kumulierten Gesamtbetrag und den nicht erfassten anteiligen Verlust aus einem assoziierten Unternehmen aus der jeweiligen Berichtsperiode, wenn der Anteilseigner die Erfassung seines Anteils an den Verlusten des assoziierten Unternehmens eingestellt hat;	____	____	____
(h) bei einem assoziierten Unternehmen, das nicht nach der Equity-Methode gemäß IAS 28.13 bilanziert wird, das Vorliegen dieser Tatsache; und	____	____	____

Anteile an assoziierten Unternehmen	ja	nein	n. r.
(i) zusammengefasste Finanzinformationen über einzelne oder in Gruppen zusammengefasste assoziierte Unternehmen, die nicht nach der Equity-Methode bilanziert werden, darunter die Bilanzsumme, den Gesamtbetrag der Schulden, die Erträge und das Periodenergebnis.	___	___	___
Wurden nach der Equity-Methode bilanzierte Anteile an assoziierten Unternehmen *(IAS 28.38)*:			
(a) als langfristige Vermögenswerte klassifiziert; und	___	___	___
(b) als gesonderter Bilanzposten ausgewiesen.	___	___	___
Wurde Anteil des Unternehmens an den Gewinnen oder Verlusten assoziierter Unternehmen, die nach der Equity-Methode bilanziert werden, als gesonderter Posten der Gewinn- und Verlustrechnung ausgewiesen *(IAS 28.38)*.	___	___	___
Wurde Anteil des Unternehmens an aufzugebenden Geschäftsbereichen assoziierter Unternehmen, die nach der Equity-Methode bilanziert werden, gesondert angegeben *(IAS 28.38)*.	___	___	___
Wurde der Anteil des Anteilseigners an den Veränderungen, die direkt im Eigenkapital des assoziierten Unternehmens erfasst wurden, in der gemäß IAS 1 Darstellung des Abschlusses geforderten Aufstellung über Veränderungen des Eigenkapitals dargestellt *(IAS 28.39)*.	___	___	___
Hat das Unternehmen, wie in IAS 37 vorgeschrieben, Folgendes angegeben *(IAS 28.40)*:			
(a) seinen Anteil an den gemeinschaftlich mit anderen Anteilseignern eingegangenen Eventualschulden eines assoziierten Unternehmens; und	___	___	___
(b) solche Eventualschulden, die entstehen, weil der Anteilseigner einzeln für alle oder einen Teil der Schulden des assoziierten Unternehmens haftet.	___	___	___
Sofern das Unternehmen IAS 28 (überarbeitet 2003) auf eine vor dem 1. Januar 2005 beginnende Berichtsperiode anwendet, hat es diese Tatsache angegeben *(IAS 28.41)*.	___	___	___

Nahe stehende Unternehmen und Personen	ja	nein	n. r.
Die Angabepflichten nach IAS 24 zu Geschäftsvorfällen und offenen Posten mit nahestehenden Personen und Unternehmen erstrecken sich auch auf die gemäß IAS 27 erstellten Einzelabschlüsse eines Mutterunternehmens, eines Partnerunternehmens oder eines Anteilseigners *(IAS 24.3)*.			
Geschäftsvorfälle und offene Posten mit nahe stehenden Unternehmen und Personen sind im Einzelabschluss eines Unternehmens anzugeben. Konzerninterne Geschäftsvorfälle und offene Posten mit nahe stehenden Unternehmen und Personen werden im Rahmen der Erstellung des Konzernabschlusses eliminiert *(IAS 24.4)*.			
Gleichartige Posten dürfen zusammengefasst angegeben werden, es sei denn, eine gesonderte Angabe ist notwendig für das Verständnis der Auswirkungen der Geschäftsvorfälle mit nahe stehenden Unternehmen und Personen auf den Abschluss des Unternehmens *(IAS 24.22)*.			
Sind die zwischen Mutter- und Tochterunternehmen bestehenden Beziehungen unabhängig davon, ob sich zwischen diesen nahe stehenden Unternehmen Geschäftsvorfälle ereignet haben, angegeben worden *(IAS 24.12)*.	—	—	—
Die Ermittlung von Geschäftsbeziehungen zwischen Mutter- und Tochterunternehmen hat zusätzlich zu den nach IAS 27, IAS 28 und IAS 31 erforderlichen Angaben zu erfolgen. IAS 27, IAS 28 und IAS 31 verlangen eine angemessene Auflistung sowie angemessene Erläuterungen zu wesentlichen Anteilen an Tochterunternehmen, assoziierten Unternehmen und gemeinschaftlich geführten Einheiten *(IAS 24.14)*.			
Hat das Unternehmen die folgenden Angaben gemacht *(IAS 24.12)*:			
(a) den Namen seines Mutterunternehmens;	—	—	—
(b) sofern davon abweichend: das Beherrschung ausübende Konzernunternehmen; oder	—	—	—

Nahe stehende Unternehmen und Personen	ja	nein	n. r.
(c) wenn weder das Mutterunternehmen noch das Beherrschung ausübende Konzernunternehmen zur Veröffentlichung bestimmte Abschlüsse erstellen: den Namen des nächsthöheren Mutterunternehmens, das Abschlüsse veröffentlicht.	___	___	___
Hat das Unternehmen die Gesamtbezüge der Personen in Schlüsselpositionen des Managements, geordnet nach den folgenden Kategorien, angegeben *(IAS 24.16)*:			
(a) kurzfristig fällige Leistungen;	___	___	___
(b) Leistungen nach Beendigung des Arbeitsverhältnisses;	___	___	___
(c) andere langfristig fällige Leistungen;	___	___	___
(d) Leistungen aus Anlass der Beendigung des Arbeitsverhältnisses; und	___	___	___
(e) aktienbasierte Vergütung.	___	___	___
Hat das Unternehmen bei Vorliegen von Geschäftsvorfällen mit nahe stehenden Unternehmen und Personen zusätzlich zu den nach IAS 24.16 anzugebenden Bezügen Folgendes (gesondert für jede von IAS 24.18 geforderte Kategorie) angegeben *(IAS 24.17)*:			
(a) die Art der Geschäftsbeziehung zwischen den nahe stehenden Unternehmen und Personen; und	___	___	___
(b) Informationen, die für das Verständnis der potenziellen Auswirkungen der Geschäftsbeziehungen und der offenen Posten auf den Abschluss notwendig sind. Hierzu sind (gesondert für jede von IAS 24.18 vorgegebene Kategorie) mindestens folgende Angaben zu machen:			
– den Betrag der Geschäftsvorfälle;	___	___	___
– den betragsmäßigen Umfang der ausstehenden Salden; und:	___	___	___
– deren Bedingungen und Konditionen, einschließlich einer möglichen Besicherung, sowie die Art der Leistungserfüllung; und	___	___	___
– Einzelheiten zu den erteilten oder erhaltenen Garantien;	___	___	___
– Rückstellungen für zweifelhafte Forderungen hinsichtlich der ausstehenden Salden; und	___	___	___

Nahe stehende Unternehmen und Personen	ja	nein	n. r.
– den in der Berichtsperiode erfassten Aufwand für uneinbringbare oder zweifelhafte Forderungen gegen nahe stehende Unternehmen und Personen.	___	___	___
Hat das Unternehmen die von IAS 24.17 geforderten Angaben für jede der folgenden Kategorien gesondert gemacht *(IAS 24.18)*:			
(a) das Mutterunternehmen;	___	___	___
(b) Unternehmen, die an der gemeinschaftlichen Führung des Unternehmens beteiligt sind oder einen maßgeblichen Einfluss auf das Unternehmen ausüben;	___	___	___
(c) Tochterunternehmen;	___	___	___
(d) assoziierte Unternehmen;	___	___	___
(e) gemeinschaftlich geführte Einheiten, an denen das Unternehmen als Partnerunternehmen beteiligt ist;	___	___	___
(f) Personen in Schlüsselpositionen des Managements des Unternehmens oder des Mutterunternehmens; und	___	___	___
(g) sonstige nahe stehende Unternehmen und Personen.	___	___	___
Gibt das Unternehmen z. B. folgende Geschäftsvorfälle mit nahe stehenden Unternehmen und Personen an *(IAS 24.20)*:	___	___	___
(a) Käufe oder Verkäufe von (fertigen oder unfertigen) Gütern;	___	___	___
(b) Käufe oder Verkäufe von Grundstücken, Bauten und anderen Vermögenswerten;	___	___	___
(c) geleistete oder bezogene Dienstleistungen;	___	___	___
(d) Leasingverhältnisse;	___	___	___
(e) Transfer von Dienstleistungen im Bereich Forschung und Entwicklung;	___	___	___
(f) Transfers aufgrund von Lizenzvereinbarungen;	___	___	___
(g) Übertragungen im Rahmen von Finanzierungsvereinbarungen (einschließlich Darlehen und Kapitaleinlagen in Form von Bar- oder Sacheinlagen);	___	___	___
(h) Stellung von Garantien oder Sicherheiten; und	___	___	___

Nahe stehende Unternehmen und Personen	ja	nein	n. r.
(i) Begleichung von Schulden durch eine vom Unternehmen beauftragten Dritten oder durch das Unternehmen im Auftrag eines Dritten.	___	___	___
Hat das Unternehmen nur dann angegeben, dass bei Geschäftsvorfällen mit nahe stehenden Unternehmen und Personen marktübliche Konditionen galten, wenn es diese Konditionen tatsächlich nachweisen kann *(IAS 24.21)*.	___	___	___
Sofern das Unternehmen IAS 24 (revised 2003) auf eine vor dem 1. Januar 2005 beginnende Berichtsperiode anwendet, hat es diese Tatsache angegeben *(IAS 24.23)*.	___	___	___

Zusätzliche Angabepflichten für deutsche Mutterunternehmen im IFRS-Konzernabschluss gemäß § 315a HGB	ja	nein	n. r.
Ist ein Mutterunternehmen, das gem. §§ 290 HGB ff. einen Konzernabschluss aufzustellen hat, nach Artikel 4 der EU-Verordnung Nr. 1606/2002 verpflichtet, IFRS anzuwenden, oder wendet ein Mutterunternehmen im Konzernabschluss freiwillig IFRS an, so sind die in § 315a Abs. 1 HGB aufgeführten Vorschriften zu beachten *(§ 315a HGB)*.			
Die folgenden Anhangangaben sind erstmals für nach dem 31. Dezember 2004 beginnende Geschäftsjahre anzuwenden. Für Geschäftsjahre, die davor beginnen, ist § 292a HGB anzuwenden *(Art. 58 Abs. 3 EGHGB)*.			

Enthält der Konzernabschluss die folgenden Angaben *(§ 313 Abs. 2 HGB)*:

Die unter (a) bis (d) verlangten Angaben brauchen insoweit nicht gemacht zu werden, als nach vernünftiger kaufmännischer Beurteilung damit gerechnet werden muss, dass durch die Angaben dem Mutterunternehmen, einem Tochterunternehmen oder einem anderen unter (a) bis (d) beschriebenen Unternehmen erhebliche Nachteile entstehen können. Dies gilt nicht, wenn ein Mutterunternehmen einen organisierten Markt im Sinne des § 2 Abs. 5 WpHG durch			

Zusätzliche Angabepflichten für deutsche Mutterunternehmen im IFRS-Konzernabschluss gemäß § 315a HGB	ja	nein	n.r.
von ihm oder einem seiner Tochterunternehmen ausgegebene Wertpapiere im Sinne des § 2 Abs. 1 Satz 1 WpHG in Anspruch nimmt oder wenn die Zulassung solcher Wertpapiere zum Handel an einem organisierten Markt beantragt worden ist *(§ 313 Abs. 3 HGB)*.			
Die unter (a) bis (d) verlangten Angaben dürfen statt im Anhang auch in einer Aufstellung des Anteilsbesitzes gesondert gemacht werden. Die Aufstellung ist Bestandteil des Anhangs. Auf die besondere Aufstellung des Anteilsbesitzes und den Ort ihrer Hinterlegung ist im Anhang hinzuweisen *(§ 313 Abs. 4 HGB)*.			
(a) für jedes in den Konzernabschluss einbezogene Unternehmen:			
Die unter (a) aufgelisteten Angaben sind auch für Tochterunternehmen zu machen, die nach § 295 HGB nicht in den Konzernabschluss einbezogen worden sind *(§ 313 Abs. 2 Nr. 1 Satz 2 HGB)*.			
(i) Name des in den Konzernabschluss einbezogenen Unternehmens;	____	____	____
(ii) Sitz des in den Konzernabschluss einbezogenen Unternehmens;	____	____	____
(iii) der Anteil am Kapital des Tochterunternehmen, der dem Mutterunternehmen und den in den Konzernabschluss einbezogenen Tochterunternehmen gehört oder von einer für Rechnung dieser Unternehmen handelnden Person gehalten wird;	____	____	____
(iv) sofern die Einbeziehung nicht auf einer der Kapitalbeteiligung entsprechenden Mehrheit der Stimmrechte beruht: der zur Einbeziehung in den Konzernabschluss verpflichtende Sachverhalt.	____	____	____
(b) für jedes assoziierte Unternehmen:			
(i) Name des assoziierten Unternehmens;	____	____	____

Zusätzliche Angabepflichten für deutsche Mutterunternehmen im IFRS-Konzernabschluss gemäß § 315a HGB	ja	nein	n.r.
(ii) Sitz des assoziierten Unternehmens;	—	—	—
(iii) der Anteil am Kapital des assoziierten Unternehmens, der dem Mutterunternehmen und den in den Konzernabschluss einbezogenen Tochterunternehmen gehört oder von einer für Rechnung dieser Unternehmen handelnden Person gehalten wird;	—	—	—
(iv) sofern die Beteiligung an einem assoziierten Unternehmen für die Vermittlung eines den tatsächlichen Verhältnissen entsprechenden Bildes der Vermögens-, Finanz- und Ertragslage des Konzerns von untergeordneter Bedeutung ist: Hat das Unternehmen die Nicht-Anwendung von § 311 Abs. 1 HGB und § 312 HGB angegeben und begründet.	—	—	—
(c) für jedes anteilmäßig in den Konzernabschluss einbezogene Unternehmen:			
(i) Name des anteilmäßig einbezogenen Unternehmens;	—	—	—
(ii) Sitz des anteilmäßig einbezogenen Unternehmens;	—	—	—
(iii) Angabe des Tatbestands, aus dem sich die Möglichkeit der anteilmäßigen Einbeziehung ergibt;	—	—	—
(iv) der Anteil am Kapital des assoziierten Unternehmens, der dem Mutterunternehmen und den in den Konzernabschluss einbezogenen Tochterunternehmen gehört oder von einer für Rechnung dieser Unternehmen handelnden Person gehalten wird.	—	—	—
(d) für andere als unter (a) bis (c) aufgelisteten Unternehmen, bei denen das Mutterunternehmen, ein Tochterunternehmen, oder eine für Rechnung eines dieser Unternehmen handelnde Person mindestens den fünften Teil der Anteile besitzt:			
(i) Name des Unternehmens;	—	—	—
(ii) Sitz des Unternehmens;	—	—	—
(iii) Anteil am Kapital des Unternehmens;	—	—	—
(iv) Eigenkapital des letzten Geschäftsjahres des Unternehmens;	—	—	—

Zusätzliche Angabepflichten für deutsche Mutterunternehmen im IFRS-Konzernabschluss gemäß § 315a HGB	ja	nein	n.r.
(v) Ergebnis des letzten Geschäftsjahres des Unternehmens.	___	___	___

> Die unter (d) aufgelisteten Angaben brauchen nicht gemacht zu werden, wenn sie für die Vermittlung eines den tatsächlichen Verhältnissen entsprechenden Bildes der Vermögens-, Finanz- und Ertragslage des Konzerns von untergeordneter Bedeutung sind (§ 313 Abs. 2 Nr. 4 Satz 3 HGB).

> Das Eigenkapital und das Ergebnis brauchen nicht angegeben zu werden, wenn das in Anteilsbesitz stehende Unternehmen seinen Jahresabschluss nicht offen zu legen hat und das Mutterunternehmen, das Tochterunternehmen oder die Person weniger als die Hälfte der Anteile an diesem Unternehmen besitzt (§ 313 Abs. 2 Nr. 4 Satz 4 HGB).

	ja	nein	n.r.
Sofern die unter (a) bis (d) geforderten Angaben nicht gemacht werden, als nach vernünftiger kaufmännischer Beurteilung damit gerechnet werden muss, dass durch die Angaben dem Mutterunternehmen, einem Tochterunternehmen oder einem anderen unter (a) bis (d) beschriebenen Unternehmen erhebliche Nachteile entstehen können, ist die Anwendung der Ausnahmeregelung im Konzernanhang angegeben worden (§ 313 Abs. 3 HGB).	___	___	___
Sofern die unter (a) bis (d) geforderten Angaben statt im Anhang in einer Aufstellung des Anteilsbesitzes gesondert gemacht werden, wurden folgende Angaben im Konzernanhang gemacht (§ 313 Abs. 4 HGB).			
(a) Hinweis auf die besondere Aufstellung des Anteilsbesitzes;	___	___	___
(b) Hinweis auf den Ort ihrer Hinterlegung	___	___	___
Enthält der Konzernabschluss die folgenden Angaben:			
(a) in Bezug auf die Arbeitnehmer der in den Konzernabschluss einbezogenen Unternehmen (§ 314 Abs. 1 Nr. 4 HGB):	___	___	___

Zusätzliche Angabepflichten für deutsche Mutterunternehmen im IFRS-Konzern- abschluss gemäß § 315a HGB	ja	nein	n.r.
(i) die durchschnittliche Anzahl der Arbeitneh- mer, getrennt nach Gruppen;	___	___	___
(ii) der im Geschäftsjahr verursachte Personalauf- wand, sofern er nicht gesondert in der Ge- winn- und Verlustrechnung ausgewiesen ist;	___	___	___
(iii) gesonderte Angabe der durchschnittlichen Anzahl der Arbeitnehmer von nur anteilsmä- ßig einbezogenen Unternehmen.	___	___	___
(b) für die Mitglieder des Geschäftsführungsorgans, eines Aufsichtsrats, eines Beirats oder einer ähnlichen Einrichtung des Mutterunternehmens, jeweils für jede Personengruppe *(§ 314 Abs. 1 Nr. 6 HGB)*:			
(i) die für die Wahrnehmung ihrer Aufgaben im Mutterunternehmen und den Tochterunter- nehmen im Geschäftsjahr gewährten Ge- samtbezüge (Gehälter, Gewinnbeteiligungen, Bezugsrechte und sonstige aktienbasierte Vergütungen, Aufwandsentschädigungen, Versicherungsentgelte, Provisionen und Ne- benleistungen jeder Art);	___	___	___
In die Gesamtbezüge sind auch Bezüge einzurechnen, die nicht ausgezahlt, sondern in Ansprüche anderer Art umgewandelt oder zur Erhöhung anderer Ansprüche verwendet werden *(§ 314 Abs. 1 Nr. 6a Satz 2 HGB)*.			
(ii) weitere Bezüge, die aktiven Mitgliedern der bezeichneten Organe im Geschäftsjahr ge- währt, bisher aber in keinem Konzernab- schluss angegeben worden sind;	___	___	___
(iii) für die Wahrnehmung ihrer Aufgaben im Mut- terunternehmen und den Tochterunternehmen gewährten Gesamtbezüge (Abfindungen, Ru- hegehälter, Hinterbliebenenbezüge und Leis- tungen verwandter Art) der früheren Mitglie- der der bezeichneten Organe und ihrer Hinterbliebenen;	___	___	___
In die Gesamtbezüge sind auch Bezüge einzurechnen, die nicht ausgezahlt, sondern in Ansprüche anderer Art umgewandelt oder zur Erhöhung anderer Ansprüche verwendet werden *(§ 314 Abs. 1 Nr. 6b Satz 2 HGB)*.			

Zusätzliche Angabepflichten für deutsche Mutterunternehmen im IFRS-Konzern-abschluss gemäß § 315 a HGB	ja	nein	n. r.
(iv) weitere Bezüge, die früheren Mitgliedern der bezeichneten Organe oder deren Hinterbliebene im Geschäftsjahr gewährt, bisher aber in keinem Konzernabschluss angegeben worden sind;	—	—	—
(v) Betrag der für frühere Mitglieder der bezeichneten Organe oder deren Hinterbliebene gebildeten Rückstellungen für laufende Pensionen und Anwartschaften auf Pensionen und der Betrag der für diese Verpflichtungen nicht gebildeten Rückstellungen;	—	—	—
(vi) die vom Mutterunternehmen und den Tochterunternehmen gewährten Vorschüsse und Kredite unter Angabe der Zinssätze, der wesentlichen Bedingungen und der gegebenenfalls im Geschäftsjahr zurückgezahlten Beträge sowie die zugunsten dieser Personengruppen eingegangenen Haftungsverhältnisse.	—	—	—
(c) für jedes in den Konzernabschluss einbezogene börsennotierte Unternehmen, dass die nach § 161 AktG vorgeschriebene Erklärung abgegeben und den Aktionären zugänglich gemacht worden ist (§ 314 Abs. 1 Nr. 8 HGB).	—	—	—
(d) soweit es sich um ein Mutterunternehmen handelt, das einen organisierten Markt im Sinne des § 2 Abs. 5 WpHG in Anspruch nimmt, für den Abschlussprüfer des Konzernabschlusses im Sinne des § 319 Abs. 1 Satz 1, 2 HGB das im Geschäftsjahr als Aufwand erfasste Honorar für (§ 314 Abs. 1 Nr. 9 HGB):			
(i) die Abschlussprüfungen;	—	—	—
(ii) sonstige Bestätigungs- oder Bewertungsleistungen;	—	—	—
(iii) Steuerberatungsleistungen;	—	—	—
(iv) sonstige Leistungen, die für das Mutterunternehmen oder Tochterunternehmen erbracht worden sind.	—	—	—

7 Konzernabschluss und erstmalige Anwendung der IFRS

Die erstmalige Anwendung der IFRS ist in IFRS 1 geregelt. Verglichen mit der davor gültigen Regelung SIC-8 ist der Regelungsumfang erheblich gestiegen. SIC-8 sah vor, dass in dem Geschäftsjahr, in dem die IFRS erstmals als primäre Grundlage der Rechnungslegung vollständig angewendet werden, der Jahresabschluss so aufzustellen ist, als ob die Standards und Interpretationen des betreffenden Geschäftsjahres schon immer angewendet worden wären (Grundsatz der retrospektiven Anwendung). Während IFRS 1 diese grundlegende Regelung (in abgewandelter Form[1]) beibehalten hat, normiert IFRS 1 eine ganze Reihe von Ausnahmen, die zu einer Vereinfachung des Übergangs auf IFRS für den IFRS-Erstanwender führen sollen[2]. Allerdings wird dieser Vorteil mit einer größeren Komplexität des Standards erkauft.

7.1 Anwendungsbereich von IFRS 1

IFRS 1 ist anzuwenden, wenn der Zeitraum des ersten IFRS-Abschlusses am 1. Januar 2004 oder später beginnt (vgl. IFRS 1.47). IFRS 1 gilt für alle Unternehmen, die erstmals ihren Abschluss nach IFRS aufstellen und bei denen dieser Abschluss einen expliziten und uneingeschränkten Hinweis auf die Übereinstimmung mit den IFRS enthält (vgl. IFRS 1.3). Erstanwender sind nach dieser Regelung unter anderem die folgenden Unternehmen: (i) bisher wurde ein Konzernabschluss nach HGB veröffentlicht; (ii) bislang wurde ein Konzernabschluss nach HGB ergänzt um eine Überleitungsrechnung auf IFRS veröffentlicht; (iii) bislang wurde lediglich ein IFRS-konformes konzerninternes *Reporting Package* erstellt, dass an die bereits nach IFRS bilanzierende Muttergesellschaft übermittelt wurde; (iv) es wurde ein IFRS-Abschluss aufgestellt; dieser wurde allerdings nur intern ver-

---

1 Nach IFRS 1 sind die IFRS retrospektiv anzuwenden, die am Zeitpunkt des ersten IFRS-Abschlusses gelten werden. Übergangsvorschriften der IFRS sind für Erstanwender grundsätzlich nicht relevant. Vgl. auch *Andrejewski, K. C./ Grube, F.* (2005), S. 99, *Andrejewski, K. C./Böckem, H.* (2004), S. 333.
2 Vgl. ausführlich zu IFRS 1 auch *Hayn, S.* (2005b), S. 8f. und *Hayn, S.* (2004), S. 1121f.

wendet und auch nicht Banken oder anderen Gläubigern zur Verfügung gestellt. Keine Erstanwender im Sinne von IFRS 1 sind z. B. die Unternehmen, die in Vorjahren einen IFRS-Abschluss mit ausdrücklicher und uneingeschränkter Übereinstimmungserklärung veröffentlicht haben, selbst wenn dieser Abschluss einen eingeschränkten Bestätigungsvermerk des Abschlussprüfers erhalten hat.

Unterstellt sei die M1 AG an, die am 31. Dezember 2004 noch einen Konzernabschluss aufgestellt hat, der im Anhang den folgenden Satz enthält: „Dieser Abschluss wurde in Übereinstimmung mit den vom IASB und dem IFRIC erlassenen Standards und Interpretationen aufgestellt, mit der Ausnahme, dass die Pensionsverpflichtungen entgegen IAS 19 nach den in Deutschland geltenden steuerlichen Regelungen ermittelt wurden." Die M1 AG wäre ein Erstanwender im Sinne von IFRS 1 und könnte bei der erstmaligen Aufstellung des IFRS-konformen Abschlusses zum 31. Dezember 2005 die Vereinfachungsregelungen von IFRS 1 in Anspruch nehmen.

Dies gilt nicht für die folgende Situation, in der die M2 AG am 31. Dezember 2004 noch einen Konzernabschluss aufgestellt hat, der im Anhang den folgenden Satz enthält: „Dieser Abschluss wurde in Übereinstimmung mit den vom IASB und dem IFRIC erlassenen Standards und Interpretationen aufgestellt." Da entgegen dieser Aussage die M2 AG die Pensionsverpflichtungen nicht gem. IAS 19 sondern nach den in Deutschland gültigen steuerlichen Regelungen ermittelt hat, wurde vom Abschlussprüfer der Bestätigungsvermerk entsprechend eingeschränkt: „Unsere Prüfung hat zu folgenden Einwendungen geführt: Entgegen den Aussagen der Gesellschaft im Anhang wurden die Pensionsrückstellungen nicht nach IAS 19 sondern nach den in Deutschland geltenden steuerlichen Regelungen ermittelt ...". Die M2 AG ist kein Erstanwender im Sinne von IFRS 1. In ihrem IFRS-Abschluss zum 31. Dezember 2005, kann die Gesellschaft daher nicht die Vereinfachungsregelungen von IFRS 1 (in diesem Fall IFRS 1.20) in Anspruch nehmen. Der Fehler ist vielmehr nach den Regelungen von IAS 8 zu korrigieren.

7.2 Wesentliche Regelungen zum Konzernabschluss

7.2.1 Grundsatz der retrospektiven Anwendung

Gemäß IFRS 1.7 hat ein Unternehmen in seiner IFRS-Eröffnungsbilanz und für alle innerhalb seines ersten IFRS-Abschlusses dargestellten Geschäftsjahre grundsätzlich die IFRS anzuwenden, die am Abschlussstichtag des ersten IFRS-Abschlusses gelten. Nach IFRS 1.8 dürfen explizit keine anderen, früher geltenden IFRS-Versionen angewendet werden. Neue, noch nicht verbindliche IFRS dürfen allerdings angewendet werden, wenn eine frühere Anwendung der Standards erlaubt ist.

Die nachfolgende Abbildung stellt die relevanten Daten anhand des **Beispiels** „Umstellung auf IFRS zum 31. Dezember 2005" dar.

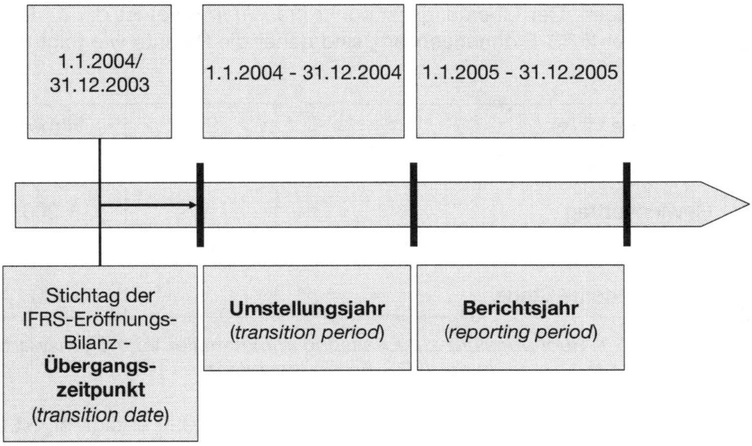

Abbildung 7-1: Zeitlicher Ablauf der Umstellung auf IFRS

Die Umstellung auf die IFRS muss retrospektiv erfolgen, d. h. es müssen alle Vermögenswerte und Schulden bis zur erstmaligen Erfassung in der Bilanz zurückverfolgt werden. Grundsätzlich sind also in der IFRS-Eröffnungsbilanz (i) alle Vermögenswerte und Schulden anzusetzen, deren Ansatz nach den IFRS vorgeschrieben ist, (ii) keine Posten als Vermögenswerte oder Schulden anzusetzen, falls die IFRS deren Ansatz nicht erlauben, (iii) Posten umzugliedern, die nach den bisherigen Rechnungslegungsgrundsätzen als eine bestimmte Art oder Kategorie von Vermögenswerten, Schulden oder Eigenkapital angesetzt wurden, nach den IFRS aber eine andere Art/Kategorie von Vermögenswerten, Schulden oder Eigenkapitalbestandteilen darstellen und (iv) sind die IFRS bei der Bewertung aller angesetzten Vermögenswerte und Schulden anzuwenden (vgl. IFRS 1.10).

Fraglich ist nun, wie mit Unterschieden zwischen den IFRS und den bisher angewendeten lokalen Rechnungslegungsgrundsätzen umzugehen ist. Nach IFRS 1.11 werden Unterschiede direkt in den Gewinnrücklagen erfasst.

Ein **Beispiel** kann dies verdeutlichen: Die M AG stellt zum 31. Dezember 2005 (*reporting date*) von HGB auf IFRS um. Im HGB-Abschluss wurden selbst erstellte immaterielle Vermögenswerte (Patente) gem. § 248 Abs. 2 HGB nicht aktiviert. Nach IAS 38 sind auch selbst erstellte immaterielle Vermögenswerte zu aktivieren, wenn die Kriterien für die Aktivierung erfüllt sind. Unterstellt sei, dass die Patente Ende des Jahres 1999 mit Herstellungskosten (nach IFRS) in Höhe von 2.000.000 € hergestellt wurden und eine Nutzungsdauer von 10 Jahren haben. Der Steuersatz soll 40% betragen. Der Übergangszeitpunkt (*transition date*) ist der 1. Januar 2004. In der IFRS-Eröffnungsbilanz sind daher die Patente wie folgt zu erfassen.

Alle Werte in T€	Soll	Haben
Immaterielle Vermögenswerte	1.200	
Gewinnvortrag		1.200
Gewinnvortrag	480	
Passive latente Steuer		480

Tabelle 7-1: Buchungssatz zur Erfassung immaterieller Vermögenswerte in der IFRS-Eröffnungsbilanz

Wenn die Erstellung der Patente Ende des Jahres 1999 erfolgt ist, ist der Buchwert nach IFRS am 1. Januar 2004 unter Berücksichtigung einer Abschreibung von 4 Jahren zu ermitteln. Die fiktiven kumulierten Abschreibungen betragen 800.000 €, der „Restbuchwert" am 1. Januar 2004 beträgt 1.200.000 €. Die Erfassung der immateriellen Vermögenswerte erfolgt über den Gewinnvortrag. Gleiches gilt für die abzugrenzenden latenten Steuern.

7.2.2 Überblick über die Ausnahmen vom Grundsatz der retrospektiven Anwendung

IFRS 1 sieht sowohl verpflichtende als auch freiwillige Ausnahmen vom Grundsatz der retrospektiven Anwendung vor[3]. Wenn neue Standards vom IASB verabschiedet werden, wird vom IASB individuell entschieden, ob diese neuen Standards von IFRS-Erstanwendern prospektiv oder retrospektiv anzuwenden sind. Entsprechend werden neue Standards regelmäßig Rückwirkungen auf IFRS 1 haben. Zum 30. Juni 2005 sah IFRS 1 die folgenden Ausnahmebereiche vor.

---

3 Vgl. *Hayn, S./Bösser, J./Pilhofer, J.* (2003), S. 1610.

Verpflichtende Ausnahmen	Optionale Befreiungen
• Ausbuchung finanzieller Vermögenswerte und finanzieller Schulden (IFRS 1.27) • Bilanzierung von Sicherungsgeschäften (IFRS 1.28 – 1.30) • Schätzungen (IFRS 1.31 – 1.34) • als zur Veräußerung gehalten klassifizierte Vermögenswerte und aufgegebene Geschäftsbereiche (IFRS 1.34A – 1.34 B)	• Unternehmenszusammenschlüsse (IFRS 1.15) • beizulegender Zeitwert oder Neubewertung als Ersatz für Anschaffungs- oder Herstellungskosten (IFRS 1.16–19) • Leistungen an Arbeitnehmer (IFRS 1.20) • kumulierte Umrechnungsdifferenzen (IFRS 1.21–1.22) • zusammengesetzte Finanzinstrumente (IFRS 1.23) • Vermögenswerte und Schulden von Tochterunternehmen, assoziierten Unternehmen und Joint Ventures (IFRS 1.24–1.25) • Einstufung früher angesetzter Finanzinstrumente (IFRS 1.25A) • aktienbasierte Vergütungen (IFRS 1.25B–1.25C) • Versicherungsverträge (IFRS 1.25D) • Entsorgungsschulden (IFRS 1.25E) • Leasingverträge (IFRS 1.25F) • Bewertung finanzieller Vermögenswerte oder Schulden mit dem beizulegenden Zeitwert (IFRS 1.25G)

Abbildung 7-2: Ausnahmen vom Grundsatz der retrospektiven Anwendung

Die Befreiungen dürfen nicht analog auf andere Sachverhalte angewendet werden (vgl. IFRS 1.13).

Wie man anhand der Übersicht erkennen kann, betreffen die Ausnahmen bzw. Befreiungen die unterschiedlichsten Sachverhalte. Die nachfolgenden Ausführungen konzentrieren sich auf die Bereiche, die für den Konzernabschluss nach IFRS am relevantesten sind: (i) Unternehmenszusammenschlüsse, (ii) Währungsumrechnung und (iii) Vermögenswerte und Schulden von Tochterunternehmen, assoziierten Unternehmen und *Joint Ventures*.

7.2.3 IFRS 1 und Unternehmenszusammenschlüsse

Für Unternehmenszusammenschlüsse, die ein Unternehmen vor dem Zeitpunkt des Übergangs auf IFRS erfasst hat, sind die Vorschriften aus Anhang B zu IFRS 1 anzuwenden. Im Umkehrschluss müssen alle Unternehmenszusammenschlüsse, die nach dem Übergang auf die IFRS stattgefunden haben, nach IFRS 3 abgebildet werden.

Angenommen sei die M AG, die auf IFRS umstellt. Der erste IFRS-Abschluss soll der Abschluss zum 31. Dezember 2005 sein. Die IFRS-Eröffnungsbilanz ist auf den 1. Januar 2004 aufzustellen. Hat im Februar 2004 ein Unternehmenszusammenschluss stattgefunden, ist dieser nach IFRS 3 zu bilanzieren. Gemäß IFRS 3.78 ist IFRS 3 zwar auf Unternehmenszusammenschlüsse anzuwenden, bei denen das Datum des Vertragsabschlusses am oder nach dem 31. März 2004 liegt. Diese Vorschrift ist jedoch für einen Erstanwender nicht relevant, denn IFRS 1.9 sieht vor, dass Übergangsvorschriften anderer IFRS für Erstanwender nicht gelten. Gemäß IFRS 1.7 sind die am Abschlussstichtag des ersten IFRS-Abschlusses gültigen Standards retrospektiv anzuwenden und Unternehmenszusammenschlüsse werden am 31. Dezember 2005 nach IFRS 3 bilanziert.

Nach der Grundregel der retrospektiven Anwendung müsste IFRS 3 eigentlich auf alle Unternehmenszusammenschlüsse angewendet werden, die im Konzernabschluss zum ersten IFRS-Abschlussstichtag noch enthalten sind. Dieses Vorgehen wäre jedoch mit einem erheblichen Aufwand verbunden. Anhang B zu IFRS 1 bestimmt daher, dass ein Erstanwender IFRS 3 ab einem bestimmten, frei wählbaren Zeitpunkt (der auch vor dem Übergangszeitpunkt liegen kann) prospektiv anwenden darf. Gemäß IFRS 1.B1 sind allerdings alle danach erfolgten Unternehmenszusammenschlüsse zwingend nach IFRS 3 zu bilanzieren.

Unterstellt sei wieder die M AG, die auf IFRS umstellen will und ihren ersten IFRS-Abschluss auf den 31. Dezember 2005 aufstellt. Übergangszeitpunkt ist der 1. Januar 2004. Es besteht nun die Möglichkeit, IFRS 3 auf Unternehmenszusammenschlüsse anzuwenden, die beispielsweise im Jahr 2002 stattgefunden haben. Wird dies gemacht, müssen allerdings Unternehmenszusammenschlüsse, die im Jahr 2003 erfolgt sind, dann zwingend gem. den Regelungen von IFRS 3 abgebildet werden.

Wie werden nun die Unternehmenszusammenschlüsse bilanziert, die vor dem Datum der erstmaligen Anwendung von IFRS 3 erfolgt sind? Wenn ein Erstanwender IFRS 3 nicht rückwirkend auf einen vergangenen Unternehmenszusammenschluss anwendet, sind die nachfolgend diskutierten Regelungen von IFRS 1.B2 zu beachten.

Bei Unternehmenszusammenschlüssen, auf die IFRS 3 nicht angewendet wird, ist die nach den bislang angewandten Rechnungslegungsgrundsätzen erfolgte Bilanzierung grundsätzlich beizubehalten. Wurde also ein Unternehmenszusammenschluss gem. § 302 HGB nach der Interessenzusammenführungsmethode bilanziert, wird diese Art der Abbildung durch die IFRS-Umstellung nicht geändert, auch wenn die IFRS die Anwendung der Interessenzusammenführungsmethode nicht (mehr) erlauben (vgl. IFRS 1.B2a).

Allerdings sind am Übergangszeitpunkt alle im Rahmen des Unternehmenszusammenschlusses erworbenen Vermögenswerte und übernommenen Schulden hinsichtlich gegebenenfalls notwendiger Korrekturen zu untersuchen (vgl. IFRS 1.B2b f.). Grundsätzlich sind alle Vermögenswerte und Schulden aus dem Unternehmenszusammenschluss im Übergangszeitpunkt nach IFRS anzusetzen. Dabei sind die folgenden Ausnahmen zu beachten:

(i) Bestimmte finanzielle Vermögenswerte, die nach den vormals angewandten Rechnungslegungsgrundsätzen ausgebucht wurden, werden in der IFRS-Eröffnungsbilanz nicht wieder angesetzt (vgl. IFRS 1.B2bi).

(ii) Vermögenswerte (einschließlich der Geschäfts- oder Firmenwert) und Schulden, die bislang nicht angesetzt wurden, werden in der IFRS-Eröffnungsbilanz nur dann angesetzt, wenn sie in der IFRS-Bilanz des erworbenen Unternehmens die Ansatzkriterien erfüllen würden (vgl. IFRS 1.B2bii). Die Anpassung erfolgt grundsätzlich über die Gewinnrücklagen. Soweit es sich um Vermögenswerte handelt, die bislang Bestandteil des Geschäfts- oder Firmenwertes waren, erfolgt die Korrektur über den Geschäfts- oder Firmenwert.

(iii) Alle Vermögenswerte und Schulden, die die Ansatzkriterien nach IFRS nicht erfüllen, werden in der IFRS-Eröffnungsbilanz ausgebucht (vgl. IFRS 1.B2c).

(iv) Fordern die IFRS eine Bewertung der Vermögenswerte und Schulden zum beizulegenden Zeitwert, werden die Vermögenswerte und Schulden bereits in der IFRS-Eröffnungsbilanz mit dem beizulegenden Zeitwert bewertet (vgl. IFRS 1.B2d). Bewertungsdifferenzen werden direkt im Eigenkapital erfasst.

(v) Soweit die Bewertung gem. IFRS auf Basis der fortgeführten Anschaffungs- oder Herstellungskosten erfolgt, werden die sich nach bisher angewandten Rechnungslegungsgrundsätzen im Rahmen der Abbildung des Unternehmenszusammenschlusses ergebenden Buchwerte als Ersatz für die Anschaffungs- oder Herstellungskosten nach IFRS herangezogen (vgl. IFRS 1.B2e).

(vi) Vermögenswerte und Schulden, die nach den bisherigen Rechnungslegungsgrundsätzen im Rahmen des Unternehmenszusammenschlusses nicht angesetzt wurden, sind nach IFRS anzusetzen und zu bewerten (vgl. IFRS 1.B2f).

(vii) Der Geschäfts- oder Firmenwert wird aus dem nach den vormals angewandten Rechnungslegungsgrundsätzen aufgestellten Abschluss in die IFRS-Eröffnungsbilanz übernommen und nur durch die folgenden Anpassungen korrigiert (vgl. IFRS 1.B2g): (a) immaterielle Vermögenswerte, die nach IFRS die Aktivierungskriterien nicht erfüllen, werden in den Geschäfts- oder Firmenwert umgegliedert; (b) immaterielle Vermögenswerte, die nach IFRS die Aktivierungskriterien erfüllen, bislang aber innerhalb des Geschäfts- oder Firmenwertes ausgewiesen wurden, sind von diesem zu separieren, (c) bedingte Kaufpreiszahlungen, die sich im Übergangszeitpunkt konkretisiert haben, erhöhen den Geschäfts- oder Firmenwert, wenn sie bislang nicht berücksichtigt wurden (analog ergibt sich eine Verminderung, wenn bereits erfasste Kaufpreisanpassungen nun nicht mehr verlässlich bewertet werden können oder die Zahlung nicht mehr wahrscheinlich ist); (d) für den Geschäfts- oder Firmenwert ist im Übergangszeitpunkt zwingend ein Wertminderungstest nach IAS 36 durchzuführen und zwar auch dann, wenn keine Wertminderungsindikatoren vorliegen. Weitere Anpassungen des Geschäfts- oder Firmenwertes sind explizit nicht gestattet (vgl. IFRS 1.B2h).

(viii) Wurde der Geschäfts- oder Firmenwert vormals mit dem Eigenkapital verrechnet, wird auch in der IFRS-Eröffnungsbilanz kein Geschäfts- oder Firmenwert angesetzt (vgl. IFRS 1.B2i).

(ix) Nach den bisherigen Rechnungslegungsgrundsätzen nicht konsolidierte Tochterunternehmen werden mit den Werten des Übergangszeitpunkts zum Übergangszeitpunkt konsolidiert. Die Buchwerte der Vermögenswerte und Schulden des Tochterunternehmens werden so angepasst, wie es die IFRS für den Einzelabschluss des Tochterunternehmens vorschreiben würden (vgl. IFRS 1.B2j).

(x) Bei allen Korrekturbuchungen sind latente Steuern und Minderheitenanteile zu berücksichtigen (vgl. IFRS 1.B2k).

Nach IFRS 1.B1A muss IAS 21 nicht retrospektiv auf Bewertungsanpassungen von Vermögenswerten und Schulden sowie auf den Geschäfts- oder Firmenwert angewendet werden.

Die IFRS 1-Regelungen zu den Unternehmenszusammenschlüssen sollen nun anhand einiger Beispiele erläutert werden. Die Beispiele orientieren sich an den vom IASB zum IFRS 1 veröffentlichen Anwendungsleitlinien *(implementation guidance)*.

Angenommen sei die M AG, die zum 31. Dezember 2005 ihren ersten IFRS-Konzernabschluss veröffentlichen möchte. Am 1. Juli 2001 hat die M AG 100% der Anteile an der T1 GmbH erworben. Die T1 GmbH hat zu diesem Zeitpunkt (ebenso wie die M AG) die deutschen Rechnungslegungsgrundsätze angewendet. Die M AG hat in ihrem HGB-konformen Konzernabschluss den Unternehmenszusammenschluss mit der T1 GmbH auf Basis der Erwerbsmethode nach § 301 HGB abgebildet. Dabei wurden identifizierbare Vermögenswerte und Schulden (die auch nach IFRS mit den fortgeführten Anschaffungs- bzw. Herstellungskosten zu bewerten sind) bilanziert, die am 31. Dezember 2003 nach HGB noch einen Wert von saldiert 200.000 € haben. In der Steuerbilanz der T1 GmbH haben diese einen Wert von 160.000 €. Mittelbare Pensionsverpflichtungen der T GmbH wurden nicht passiviert (nach IAS 19 ergäbe sich zum 1. Januar 2004 ein Wert von 30.000 €). Der nach HGB zum 31. Dezember 2003 aktivierte Geschäfts- oder Firmenwert hat einen Buchwert von 180 000 €. Der Steuersatz beträgt 40%.

In der IFRS-Eröffnungsbilanz wird die Erwerbsmethode beibehalten. Der Buchwert des Geschäfts- oder Firmenwertes wird grundsätzlich nicht angepasst. Wenn jedoch angenommen wird, dass in den 180.000 € Geschäfts- oder Firmenwert ein Kundenstamm mit einem Wert von 100.000 € und ein Patent mit einem Wert von 50.000 € enthalten sind (Restnutzungsdauer jeweils 5 Jahre), ist nur das Patent vom Geschäfts- oder Firmenwert zu separieren, denn nur dieses dürfte im IFRS-Abschluss der T1 GmbH aktiviert werden. Der Restbuchwert des Patents zum 1. Januar 2004 beträgt 50.000 €. Da das Patent einen Steuerwert von Null hat, sind passive latente Steuern auf die temporäre Differenz abzugrenzen, die den Wert des Geschäfts- oder Firmenwertes wieder erhöhen. Es resultiert in der IFRS-Eröffnungsbilanz ein Geschäfts oder Firmenwert von 150.000 €, der einem Wertminderungstest nach IAS 36 zu unterziehen ist.

Soweit die nach HGB erfassten Vermögenswerte und Schulden für IFRS-Zwecke mit fortgeführten Anschaffungs- oder Herstellungskosten bewertet wurden, werden die HGB-Buchwerte zum Zeitpunkt des Unternehmenszusammenschlusses als IFRS-Anschaffungskosten angesehen. Wenn die HGB-Abschreibung nicht wesentlich von der IFRS-Abschreibung abweicht, entsprechen die HGB-Werte zum 31. Dezember 2003 den IFRS-Werten der Vermögenswerte und Schulden zum 1. Januar 2004.

Annahmegemäß bestehen weitere temporäre Differenzen im Zusammenhang mit bereits nach HGB bilanzierten Vermögenswerten und Schulden in Höhe von 40.000 €. Es resultiert eine passive latente Steuer in Höhe von 16.000 € (40% von 200.000 € – 160.000 €), die über den Gewinnvortrag zu erfassen ist.

Auch die Pensionsverpflichtung ist zum 1. Januar 2004 in der IFRS-Eröffnungsbilanz zu berücksichtigen. Gleiches gilt für die Abgrenzung der latenten Steuern darauf (hier: aktive latente Steuer in Höhe von 40% von 30.000 €). Beide Anpassungen werden direkt im Eigenkapital erfasst.

Es ergeben sich die folgenden Buchungssätze für die Erstellung der IFRS-Eröffnungsbilanz zum 1. Januar 2004:

Alle Werte in €	Soll	Haben
Immaterielle Vermögenswerte (Patent)	50.000	
Geschäfts- oder Firmenwert		50.000
Geschäfts- oder Firmenwert	20.000	
Passive latente Steuer		20.000
Gewinnvortrag	30.000	
Pensionsverpflichtung		30.000
Gewinnvortrag	16.000	
Passive latente Steuer		16.000
Aktive latente Steuer	12.000	
Gewinnvortrag		12.000

Tabelle 7-2: Buchungssätze „IFRS 1 und Unternehmenszusammenschlüsse" (I)

Angenommen sei, dass die M AG am 1. Juli 2003 die T2 GmbH erworben hat. Im Rahmen des Unternehmenszusammenschlusses wurde von der M AG nach HGB eine Restrukturierungsrückstellung gebildet (100.000 €). Diese würde die Kriterien nach IAS 37 für eine Passivierung nicht erfüllen. Weiterhin lag mit dieser Rückstellung zum Zeitpunkt des Unternehmenszusammenschlusses keine identifizierbare Schuld im Sinne von IFRS 3 vor. Bis zum 31. Dezember 2003 sind 60.000 € von der Rückstellung in Anspruch genommen worden.

Nach den Regeln von IFRS 1 dürfen in der IFRS-Eröffnungsbilanz keine Vermögenswerte und Schulden erfasst werden, die die Bilanzierungskriterien nach IFRS nicht erfüllen. Da es sich bei der Restrukturierungsrückstellung nicht um einen immateriellen Vermögenswert handelt, sondern um eine Schuld, wird die Ausbuchung nicht über eine Verminderung des Geschäfts- oder Firmenwertes, sondern über das Eigenkapital erfasst. Unter Vernachlässigung latenter Steuern ergibt sich die folgende Buchung:

Alle Werte in €	Soll	Haben
Restrukturierungsrückstellung	40.000	
Gewinnvortrag		40.000

Tabelle 7-3: Buchungssätze „IFRS 1 und Unternehmenszusammenschlüsse" (II)

Unterstellt sein nun die M2 Ltd., die am 1. Juli 2001 75% der Anteile an der T3 Inc. erworben hat. Auf der Basis der lokalen Rechnungslegungsgrundsätze wurde von der M2 Ltd. im Rahmen des Unternehmenszusammenschlusses ein Mitarbeiterstamm im Wert von 200.000 $ aktiviert. Der Steuerwert des Mitarbeiterstamms betrug Null, so dass bei einem Steuersatz von 30% eine passive latente Steuer von 60.000 $ abzugrenzen war. Die M2 Ltd. hat als Übergangszeitpunkt auf IFRS den 1. Januar 2004 gewählt. Am 31. Dezember 2003 hat der Mitarbeiterstamm einen Buchwert von 160.000 $ und die latente Steuer entsprechend noch eine Wert von 48.000 $.

Zum Übergangszeitpunkt wird nach lokalen Rechungslegungsgrundsätzen ein immaterieller Vermögenswert aktiviert, der nach IAS 38 nicht angesetzt werden dürfte (vgl. IAS 38.15). Da es sich um einen immateriellen Vermögenswert handelt, erfolgt die Korrektur über den Geschäfts- oder Firmenwert und nicht über das Eigenkapital. Gleiches gilt für die latente Steuer. Dabei ist zu berücksichtigen, dass nach IFRS 3 der Geschäfts- oder Firmenwert nicht aktiviert wird, soweit er auf Minderheiten entfällt. Es resultiert ein Geschäfts- oder Firmenwert in der IFRS-Eröffnungsbilanz in Höhe von 84.000 €.

Alle Werte in $	Soll	Haben
Geschäfts- oder Firmenwert [160.000 $ * 100%]	160.000	
Mitarbeiterstamm		160.000
Passive latente Steuer	48.000	
Geschäfts- oder Firmenwert		48.000
Minderheitenanteile [(160.000 $ – 48.000 $) * 25%]	28.000	
Geschäfts- oder Firmenwert		28.000

Tabelle 7–4: Buchungssätze „IFRS 1 und Unternehmenszusammenschlüsse" (III)

Im Folgenden wird noch diskutiert, wie die Vorgehensweise ist, wenn der Geschäfts- oder Firmenwert vormals mit dem Eigenkapital verrechnet wurde. Die M AG soll am 1. Juli 2003 die T4 GmbH erworben haben. Dabei ist ein Geschäfts- oder Firmenwert entstanden (250.000 €), der gem. § 309 Abs. 1 S. 3 HGB mit den Rücklagen verrechnet wurde. Obwohl bekannt war, dass ein selbst geschaffenes Patent der T4 GmbH einen Wert von 150.000 € hat, wurde dieses im HGB-Konzernabschluss nicht vom Geschäfts- oder Firmenwert separiert.

Nach IFRS 1 wird der Geschäfts- oder Firmenwert auch in der IFRS-Eröffnungsbilanz nicht aktiviert, d. h. die Verrechnung mit den Rücklagen wird nicht rückgängig gemacht. Allerdings ist der immaterielle Vermögenswert „selbst geschaffenes Patent" in der IFRS-Eröffnungsbilanz zu aktivieren. Die Aktivierung erfolgt über den Gewinnvortrag und nicht über den Geschäfts- oder Firmenwert (vgl. IFRS 1.B2cii).

Wenn das Patent eine Gesamtnutzungsdauer von 10 Jahren hat und der Steuersatz 40% beträgt, ergibt sich der in der Tabelle dargestellte Buchungssatz für die Ermittlung der IFRS-Eröffnungsbilanz zum 1. Januar 2004.

Alle Werte in €	Soll	Haben
Immaterielle Vermögenswerte	142.500	
Gewinnvortrag		142.500
Gewinnvortrag	57.000	
Passive latente Steuer		57.000

Tabelle 7-5: Buchungssätze „IFRS 1 und Unternehmenszusammen-
schlüsse" (IV)

Ein IFRS-Erstanwender hat im Umstellungszeitpunkt hat einen Wertminderungstest für den Geschäfts- oder Firmenwert vorzunehmen (vgl. IFRS
1.B2giii). Angenommen sei, dass die M Ltd. am 1. Juli 2001 die T5 GmbH
erworben hat und nach ihren lokalen Rechnungslegungsgrundsätzen bei
den Sachanlagen die Buchwerte des Veräußerer übernommen und die in
den Sachanlagen enthaltenen stillen Reserven als Geschäfts- oder Firmenwert aktiviert hat.

Alle Werte in T$	
Anschaffungskosten	530
Sachanlagen	(450)
Schulden	180
Geschäfts- oder Firmenwert	260

Tabelle 7-6: IFRS 1 und Wertminderungstest für den
Geschäfts- oder Firmenwert (I)

Unterstellt sei, dass die M Ltd. die Sachanlagen in der IFRS-
Eröffnungsbilanz zum 1. Januar 2004 mit ihrem beizulegenden Wert an-
setzt hat (vgl. IFRS 1.16). Der beizulegende Wert der Sachanlagen soll jetzt
750.000 $ betragen. Stellt die T5 GmbH eine zahlungsmittelgenerierende
Einheit dar und hat diese einen erzielbaren Betrag von 1.000.000 $, führt
dies zu einer Abschreibung des Geschäfts- oder Firmenwertes um
10.000 €. Um diesen Betrag übersteigt der Buchwert der zahlungsmittelgenerierenden Einheit deren erzielbaren Betrag.

Alle Werte in T$	
Sachanlagen (beizulegender Zeitwert)	750
Geschäfts- oder Firmenwert (vor Wertminderungstest)	260
Buchwert der ZGE (vor Wertminderungstest)	1.010

Tabelle 7-7: IFRS 1 und Wertminderungstest für den
Geschäfts- oder Firmenwert (II)

Da die Sachanlagen mit dem beizulegenden Zeitwert am Umstellungszeitpunkt bewertet sind, ist davon auszugehen, dass der Geschäfts- oder Firmenwert am Umstellungszeitpunkt im Wesentlichen den originären Geschäfts- oder Firmenwert enthält, der in der Zeit nach dem Unternehmenserwerb geschaffen wurde. Durch den Wertminderungstest wird somit die Aktivierung eines intern geschaffenen Geschäfts- oder Firmenwertes nicht immer verhindert, „... however the Board concluded that an attempt to exclude such internally generated goodwill would be costly and lead to arbitrary results." (IFRS 1.BC39).

7.2.4 IFRS 1 und Währungsumrechnung

Bestimmte Währungsdifferenzen sind als separater Bestandteil des Eigenkapitals auszuweisen und bei Abgang des Tochterunternehmens aus dem Konsolidierungskreis erfolgswirksam zu realisieren[4]. Die retrospektive Anwendung von IAS 21 ist regelmäßig mit erheblichen praktischen Schwierigkeiten verbunden, da die kumulierten Währungsdifferenzen vom Zeitpunkt der erstmaligen Erfassung des Tochterunternehmens bis zum Umstellungszeitpunkt ermittelt werden müssten.

IFRS 1.22 gewährt daher das Wahlrecht, zum Umstellungszeitpunkt von kumulierten Währungsdifferenzen von Null auszugehen. Bei einem späteren Abgang des Tochterunternehmens sind im Endkonsolidierungserfolg dann auch nur die Währungsdifferenzen enthalten, die seit dem Umstellungszeitpunkt entstanden sind[5].

7.2.5 IFRS 1 und Vermögenswerte und Schulden von Tochterunternehmen, assoziierten Unternehmen und *Joint Ventures*

IFRS 1.24 f. behandelt die Situation, wenn ein Tochterunternehmen zeitlich gesehen nach dem Mutterunternehmen auf IFRS umstellt (vgl. IFRS 1.24) bzw. wenn das Mutterunternehmen nach dem Tochterunternehmen die Umstellung auf IFRS vornimmt (vgl. IFRS 1.25).

Wenn ein Tochterunternehmen nach seinem Mutterunternehmen auf die IFRS umstellt, können die Buchwerte aus dem Konzernabschluss des Mutterunternehmens übernommen werden (vgl. IFRS 1.24a). Allerdings kann das Tochterunternehmen auch die Werte in der Eröffnungsbilanz ansetzen, die sich unter Anwendung von IFRS 1 ergeben.

---

4 Vgl. dazu Kapitel 2.
5 Vgl. auch *Zeimes, M.* (2003), S. 985.

Angenommen sei die M AG, die ihren ersten IFRS-Abschluss zum 31. Dezember 2005 aufstellt. Ein Tochterunternehmen – die T S. A. – stellt den von ihr veröffentlichten Abschluss zwei Jahre später um. Dann hat die T S. A. die Wahl, in ihrer IFRS-Eröffnungsbilanz (1. Januar 2006) entweder die Werte aus dem Konzernabschluss der M AG zum 31. Dezember 2005 zu verwenden (die auf den Eröffnungsbilanzwerten zum 1. Januar 2004 basieren) oder aber die Wahlrechte von IFRS 1 neu anzuwenden.

Die Inanspruchnahme der Wahlrechte nach IFRS 1 im Abschluss der T S. A. hat keine Rückwirkung auf den Konzernabschluss der M AG.

Wenn ein Tochterunternehmen vor seinem Mutterunternehmen auf die IFRS umgestellt hat, müssen in den Konzernabschluss des Mutterunternehmens die Buchwerte aus dem IFRS-Abschluss des Tochterunternehmens übernommen werden (vgl. IFRS 1.25).

7.2.6 IFRS-Umstellung und bislang nicht konsolidierte Tochterunternehmen

Wie in Kapitel 2 diskutiert, ist die Vollständigkeit des Konsolidierungskreises ein bedeutendes Prinzip der IFRS-Regeln zum Konzernabschluss.

Angenommen sei, dass die M AG, die zum 31. Dezember 2005 ihren ersten IFRS-Konzernabschluss aufstellt, bestimmte Tochtergesellschaften nicht konsolidiert hat. Dabei kann es sich um Tochtergesellschaften in Form von Objektgesellschaften handeln, die nach den deutschen Grundsätzen ordnungsmäßiger Konzernrechnungslegung keine vollzukonsolidierenden Tochterunternehmen darstellen. Es kann aber auch sein, dass die M AG die Vorschriften des § 296 HGB großzügig ausgelegt hat. Unterstellt sei, dass die T Inc. (75% der Anteile von der M AG am 30. Juni 2000 erworben) nicht konsolidiert wurde, die zum 31. Dezember 2003 nach IFRS Vermögenswerte von 500.000 € und Schulden von 300.000 € hat. Der Beteiligungsbuchwert der M AG an der T Inc. soll 180.000 € betragen. Gemäß IFRS 1.B2 j wird der Geschäfts- oder Firmenwert der T Inc. auf der Basis der Werte zum Umstellungsstichtag ermittelt, d. h. eine nachträgliche Kaufpreisallokation zum Erwerbsstichtag ist nicht erforderlich. In diesem Fall besteht eine Differenz von Beteiligungsbuchwert und 75% des Nettoreinvermögens der T Inc. (200.000 € * 75% = 150.000 €) zum 1. Januar 2004 in Höhe von 30 000 €. Entsprechend wird in der IFRS-Eröffnungsbilanz ein Geschäfts- oder Firmenwert in Höhe von 30.000 € erfasst. Da 25% des Nettoreinvermögens auf Minderheiten entfallen, müssen 50.000 € als Minderheitenanteile passiviert werden.
Offensichtlich führt die Vereinfachungsregel dazu, dass der Geschäfts- oder Firmenwert aus der Aufrechnung von Werten resultiert, die zu bzw. über ganz unterschiedliche Zeiten entstanden sind. Angenommen sei, die T Inc. hätte seit dem Erwerb durch die M AG Gewinne in Höhe von insgesamt 100.000 € thesauriert. Diese sind im Nettoreinvermögen der T Inc. zum 1. Januar 2004 enthalten. Da aber das Nettoreinvermögen zum Um-

stellungsstichtag mit dem Beteiligungsbuchwert zum Umstellungsstichtag aufgerechnet wird, letztgenannter aber die historischen Anschaffungskosten enthält, ergibt sich eine Verzerrung des Geschäfts- oder Firmenwertes. Hätte die T Inc. am 30. Dezember 2003 die thesaurierten Gewinne an die M AG ausgeschüttet, hätte sich der Geschäfts- oder Firmenwert in der IFRS-Eröffnungsbilanz um 100.000 € erhöht.

Es ist zu berücksichtigen, dass die Ausnahmeregelung nur für solche Tochterunternehmen gilt, die vormals im Rahmen eines Unternehmenszusammenschlusses erworben wurden. Hätte die M AG die T Inc. im Jahr 2000 gegründet, wäre IFRS 1.B2 j nicht anwendbar.

8 Aktuelle Entwicklungen – „Unternehmenszusammenschlüsse Phase II"

8.1 Hintergrund der im Juni 2005 veröffentlichten Entwürfe

Der IASB begann das Projekt *„Business Combinations"* (Unternehmenszusammenschlüsse) im Juli 2001. Ziel war die Angleichung von IFRS und US-GAAP im Hinblick auf die Bilanzierung von Unternehmenszusammenschlüssen, einschließlich der Behandlung von Geschäfts- oder Firmenwerten und anderen immateriellen Vermögenswerten. Die erste Phase des Projekts wurde im März 2004 mit der Veröffentlichung von IFRS 3 und den überarbeiteten Fassungen von IAS 36 und IAS 38 abgeschlossen. Zu den wichtigsten Neuerungen zählten die Abschaffung der Interessenzusammenführungsmethode, die Abschaffung der planmäßigen Abschreibung von Geschäfts- oder Firmenwerten und immateriellen Vermögenswerten mit unbestimmter Nutzungsdauer. Stattdessen erfolgte die Einführung von jährlichen Überprüfungen des Geschäfts- oder Firmenwertes und der immateriellen Vermögenswerte mit unbestimmter Nutzungsdauer auf bestehende Wertminderungen *(impairment test)*, detaillierte Regeln für die getrennte Erfassung von immateriellen Vermögenswerten vom Geschäfts- oder Firmenwert sowie erweiterte Angabepflichten für Unternehmenszusammenschlüsse, Geschäfts- oder Firmenwerte und andere immaterielle Vermögenswerte.

Im April 2002 begann die zweite Phase des Projekts „Unternehmenszusammenschlüsse", die eine (weitere) Harmonisierung von IFRS und US-GAAP im Hinblick auf die Anwendung der Erwerbsmethode zum Ziel hat. Zudem werden in dieser Phase auch Fragen im Zusammenhang mit der Bilanzierung von Minderheitenanteilen (Anteilen ohne beherrschenden Einfluss) behandelt. Im Juni 2005 sind die Entwürfe zu IAS 27 und IAS 37 gleichzeitig mit dem Entwurf zu IFRS 3 veröffentlicht worden.

Um die Angleichung von Rechnungslegungsstandards für Unternehmenszusammenschlüsse auf internationaler Ebene voranzutreiben, erfolgt während der zweiten Phase des Projekts „Unternehmenszusammenschlüsse" eine enge Kooperation von IASB und FASB. IASB und FASB entwickeln gemeinsam Entwürfe, welche die in dieser gemeinsamen Phase des Projekts getroffenen Entscheidungen berücksichtigen. Weiterhin werden die während der ersten Projektphase von beiden Organisationen noch isoliert getroffenen Entscheidungen (die zur Veröffentlichung von SFAS 141 Unternehmenszusammenschlüsse durch den FASB im Juni 2001 und IFRS 3 durch den IASB im März 2004 führten) zusammengeführt und abgestimmt.

8.2 Überblick über die geplanten Neuregelungen

Am 30. Juni 2005 hat der IASB Entwürfe mit Änderungsvorschlagen zu bestehenden Standards veröffentlicht, deren Umsetzung einen erheblichen Einfluss auf den Konzernabschluss nach IFRS haben wird. Geändert werden sollen IFRS 3, IAS 27, IAS 37 und IAS 19. Insbesondere die Bilanzierung von Unternehmenszusammenschlüssen und die Behandlung von Minderheitenanteilen (vom IASB künftig als „Anteile ohne beherrschenden Einfluss" bezeichnet) werden erhebliche Neuerungen erfahren.

Zusammengefasst ergeben sich die folgenden wichtigsten Änderungen. Der Entwurf von IFRS 3 löst sich vom Anschaffungskostenprinzip. Es ist vorgesehen, dass die Bilanzierung eines Unternehmenszusammenschlusses künftig auf dem beizulegenden Zeitwert *(fair value)* des erworbenen Unternehmens basieren wird.

Damit einher geht die Bilanzierung des gesamten Geschäfts- oder Firmenwertes, d.h. dieser wird aktiviert, auch und insoweit er auf die Minderheitenanteile entfällt (sog. *full goodwill method*). Zudem ist zu berücksichtigen, dass der Geschäfts- oder Firmenwert nach neuem Verständnis nicht länger eine Residualgröße darstellt, sondern wie ein einzeln bewertbarer immaterieller Vermögenswert aufgefasst wird[1].

IFRS 3 wird künftig auch klarere Regelungen enthalten, welche Bestandteile des Kaufpreises (nicht) als Gegenleistung für den Unternehmenszusammenschluss angesehen werden können. Dies ist insofern von Bedeutung, als geplant ist, dass Nebenkosten des Unternehmenszusammenschlusses nicht mehr Anschaffungskosten darstellen, sondern erfolgswirksam im Geschäftsjahr ihres Anfalls zu behandeln sind.

Die Entwürfe sehen außerdem vor, das Kriterium der verlässlichen Bewertung für immaterielle Vermögenswerte, die im Rahmen eines Unternehmenszusammenschlusses erworben wurden, abzuschaffen. Bislang müssen immaterielle Vermögenswerte angesetzt werden,

---

1 Vgl. *Pellens, B./Sellhorn, T./Amshoff, H.* (2005), S. 1752.

wenn sie aus vertraglichen oder gesetzlichen Rechten resultieren oder wenn sie separierbar sind und gleichzeitig verlässlich bewertet werden können.

Da der Entwurf von IFRS 3 die Aktivierung des gesamten Geschäfts- oder Firmenwertes vorsieht, führt dies bei einem günstigen Erwerb (sog. *lucky buy*) dazu, dass zunächst der Geschäfts- oder Firmenwert auf Null zu reduzieren ist, bevor ein Ertrag erfasst werden kann. Nach der gegenwärtigen Fassung des IFRS 3 wird der Überschuss des beizulegenden Zeitwertes des erworbenen Nettoreinvermögens über die Anschaffungskosten, die im Rahmen des Unternehmenszusammenschlusses angefallen sind, sofort und in voller Höhe als Ertrag vereinnahmt.

Der Entwurf von IFRS 3 regelt auch die Behandlung von Änderungen in der Eigentümerstruktur. Erwirbt das Mutterunternehmen von den Minderheiten weitere Anteile zu den bereits gehaltenen hinzu, ist dies eine Transaktion, die nicht nach den Regeln der Erwerbsmethode abzubilden ist. Vielmehr wird dieser Sachverhalt als reine Eigenkapitaltransaktion behandelt, d.h. ein eventuell entstehender aktivischer Unterschiedsbetrag wird direkt mit dem Eigenkapital verrechnet.

Der IASB rechnet mit der Veröffentlichung der endgültigen Standards bis Mitte 2006. Es ist anzunehmen, dass diese dann erstmalig für Abschlüsse relevant sind, deren Geschäftsjahr am oder nach dem 1. Januar 2007 beginnt.

Die nachfolgende Tabelle stellt die Regelungen der beiden Phasen des Projekts „Unternehmenszusammenschlüsse" einander gegenüber.

Phase I	Phase II
betroffene Standards: IAS 22 [ersetzt durch IFRS 3 (2004)] sowie IAS 36 und IAS 38	betroffene Standards: IFRS 3 (2004) [ersetzt durch IFRS 3 (200#)] sowie IAS 27 (200#) u. IAS 37(200#)]
Anwendungsbereich schließt *transactions under common control* ebenso aus wie Unternehmenszusammenschlüsse in Form eines *Joint Ventures*, Transaktionen mit/ zwischen *mutual entities* und Unternehmenszusammenschlüsse zur Abbildung einer Berichtseinheit (bspw. *dual listed companies*)	Anwendungsbereich schließt *transactions under common control* sowie Unternehmenszusammenschlüsse in Form eines *Joint Ventures* nach wie vor aus

Phase I	Phase II
Gem. Definition ist ein Unternehmenszusammenschluss die Zusammenführung von getrennten Unternehmen oder Geschäftsbereichen zu einem berichtenden Unternehmen	Einschränkung der Transaktionen oder Ereignisse, die als Unternehmenszusammenschluss abgebildet werden können durch Angleichung der Definition an US-GAAP
Einschränkung der für den Zusammenschluss anwendbaren Bilanzierungsmethoden auf die Erwerbsmethode *(purchase method)* bei Abschaffung der Interessenzusammenführungsmethode *(uniting/pooling-of-interests method)*	Ersatz der *purchase method* durch die *acquisition method* als einzig zulässige Methode zur Abbildung eines Unternehmenszusammenschlusses
Straffung der Kriterien zur Identifizierung eines Erwerbers; der Erwerber ist das Unternehmen im Rahmen des Zusammenschlusses, das die Beherrschung über die anderen Unternehmen erhält	Grundsätzlich beibehalten
Transaktionskosten bilden einen integralen Teil der Anschaffungskosten	Transaktionskosten sind erfolgswirksam zu erfassen und bilden keinen integralen Teil der Anschaffungskosten
Anschaffungskosten sind unter Verwendung der vollen Neubewertungsmethode zu verteilen; dabei sind auch bestimmte immaterielle Vermögenswerte und ungewisse Verpflichtungen zu bilanzieren, die die Einzelansatzvoraussetzungen nach IAS 37 und IAS 38 nicht erfüllen	Bestimmung des Unternehmenswerts des erworbenen Unternehmens sowie Bewertung des Reinvermögens zu beizulegenden Zeitwerten; Allokation des Unterschiedsbetrags zwischen Mehrheits- und Minderheitsgesellschaftern
Der Geschäfts- oder Firmenwert bildet die Differenz zwischen den Anschaffungskosten des Mutterunternehmens und dem zu beizulegenden Zeitwerten im Anschaffungszeitpunkt bewerteten Reinvermögen des Tochterunternehmens *(partial goodwill method)*	Der Geschäfts- oder Firmenwert bildet die Differenz zwischen dem Gesamtunternehmenswert des erworbenen Tochterunternehmens und dem zu beizulegenden Zeitwerten im Anschaffungszeitpunkt bewerteten Reinvermögen des Tochterunternehmens *(full goodwill method)*
Ausweis der Minderheiten innerhalb des Konzerneigenkapitals	Unverändert; Transaktionen zwischen Mehrheiten und Minderheiten werden innerhalb des Eigenkapitals abgebildet, sofern sich die Beherrschung nicht ändert

Phase I	Phase II
Straffung der Regelungen zu Restrukturierungsrückstellungen sowie zum Zeitfenster hinsichtlich der Anpassung vorläufiger Allokationswerte	Grds. beibehalten, jedoch Ersatz von *contingent assets/liabilities* durch *conditional und unconditional assets/liabilities*
Einführung des *impairment-only* Ansatzes für den Geschäfts- oder Firmenwert sowie die sofortige erfolgswirksame Erfassung eines negativen Unterschiedsbetrags	Grundsätzlich beibehalten

Quelle: nach *Hayn, S.* (2005 a), S. 429.

Tabelle 8-1: Wesentliche Elemente der Phasen des Projekts „Unternehmenszusammenschlüsse"

Anhand der Gegenüberstellung ist der Wandel von einer an der Interessentheorie orientierten Konsolidierungskonzeption unter IAS 22 und IFRS 3 (2004) zu einer einheitstheoretischen Abbildung unter Anwendung eines *Fair Value*-Ansatzes nach ED IFRS 3 (2005) und ED IAS 27 (2005) zu erkennen[2].

8.3 Darstellung ausgewählter geplanter Neuregelungen

8.3.1 Definition von Unternehmenszusammenschlüssen

Gemäß dem aktuell gültigen IFRS 3 wird ein Unternehmenszusammenschluss als „Zusammenführung von getrennten Unternehmen oder Geschäftsbetrieben zu einem berichtenden Unternehmen" definiert. Nach dem Entwurf des neuen IFRS 3 ist ein Unternehmenszusammenschluss „eine Transaktion oder ein anderes Ereignis, bei dem der Erwerber die Beherrschung über eines oder mehrere Unternehmen erlangt". Durch die Betonung der Beherrschung grenzt der Entwurf die Definition eines Unternehmenszusammenschlusses scheinbar ein. Es ist jedoch zu berücksichtigen, dass der IASB in seinen Entscheidungsgrundlagen *(Basis for Conclusions)* festhält, dass alle in den Anwendungsbereich des derzeit gültigen IFRS 3 fallenden Unternehmenszusammenschlüsse auch in den Anwendungsbereich des überarbeiteten IFRS 3 fallen werden.

Nach der aktuell gültigen Definition in IFRS 3 besteht ein Geschäftsbetrieb im Allgemeinen aus drei unterschiedlichen Elementen: (i) Ressourcen/Inputfaktoren, (ii) Geschäftsprozesse, die Ressourcen/Inputfaktoren verwenden und (iii) erstellte Produkte und Leistungen,

---

2 Vgl. *Hayn, S.* (2005 a), S. 430; *Pawelzik, K. U.* (2004), S. 678.

die gegenwärtig oder künftig verwendet werden, um Erträge zu erwirtschaften (Output). Der Entwurf definiert nun diese drei Elemente und stellt klar, dass ein Geschäftsbetrieb lediglich die ersten beiden Elemente (d. h. Ressourcen und Geschäftsprozesse) aufweisen muss. Das dritte Element (Vorhandensein von Produkten oder Leistungen, d. h. Output) ist für eine integrierte Gruppe von Tätigkeiten und Vermögenswerten nicht erforderlich, damit diese als Geschäftsbetrieb gelten.

Der Entwurf klärt außerdem, dass eine übertragene Gruppe von Aktivitäten und Vermögenswerten nicht notwendigerweise autark existieren können muss, um als Geschäftsbetrieb angesehen zu werden. D. h. es ist nicht erforderlich, dass der Geschäftsbetrieb über alle Ressourcen und Geschäftsprozesse verfügen muss, um nach der Trennung vom übertragenden Unternehmen seiner gewöhnlichen Geschäftstätigkeit nachgehen zu können. Die Feststellung, ob eine Gruppe von Aktivitäten und Vermögenswerten einen Geschäftsbetrieb darstellt, basiert vielmehr darauf, ob ein vertragswilliger Käufer in der Lage ist, mit dem erworbenen Geschäftsbetrieb künftig Erträge zu erwirtschaften (z. B. auch durch Integration des erworbenen Geschäftsbetriebs in seine eigenen Ressourcen und Geschäftsprozesse). Der Erwerb einer einzelnen Immobilie würde derzeit regelmäßig nicht als Unternehmenszusammenschluss behandelt werden und zwar auch dann nicht, wenn ein Unternehmen erworben würde, dass als einzigen Vermögenswert diese Immobilie besäße. Bei einer wortgenauen Auslegung des vorgeschlagenen Standards besteht die Vermutung, dass Käufe einzelner Vermögenswerte unter Umständen als Unternehmenszusammenschlüsse behandelt werden müssten.

Der Entwurf diskutiert auch, ob in der Entwicklungsphase befindliche Unternehmen als Geschäftsbetrieb anzusehen sind. Diese Frage ist anhand verschiedener Faktoren und Kriterien zu beurteilen: wurde bereits die hauptsächliche Geschäftstätigkeit aufgenommen, sind Mitarbeiter und andere Produktionsfaktoren vorhanden, existieren Geschäftsprozesse zur Erstellung der Produktionsoutputs, gibt es eine Planung betreffend die Herstellung von Produkten, kann der Zugang zu Kunden generiert werden.

8.3.2 Ermittlung des beizulegenden Zeitwerts erworbener Unternehmen

ED IFRS 3 sieht vor, dass keine Allokation der Anschaffungskosten auf die erworbenen Vermögenswerte, Schulden und Eventualschulden mehr vorzunehmen ist. Stattdessen stellt der beizulegende Zeitwert des erworbenen Unternehmens nunmehr den Ausgangspunkt für die Bilanzierung des Unternehmenszusammenschlusses dar.

Nach Auffassung des IASB handelt es sich bei Unternehmenszusammenschlüssen typischerweise um Tauschvorgänge, bei denen sachverständige, vertragswillige und voneinander unabhängige Vertragspartner unter marktüblichen Bedingungen in der Regel gleiche Werte austauschen. Im Allgemeinen entspricht daher der beizulegende Zeitwert der erworbenen Anteile dem vom Erwerber dafür gezahlten Preis. Da der Kaufpreis üblicherweise leichter zu ermitteln ist als der beizulegende Zeitwert des erworbenen Unternehmens, ist der Kaufpreis zumeist der beste Anhaltspunkt für den beizulegenden Zeitwert der erworbenen Anteile zum Zeitpunkt des Unternehmenszusammenschlusses.

Es ist zu berücksichtigen, dass dann, wenn der Erwerber die Beherrschung über das erworbene Unternehmen erlangt, indem er weniger als 100% der Anteile erwirbt, der Kaufpreis zwar einen Anhaltspunkt für den beizulegenden Zeitwert der erworbenen Anteile liefern kann; er muss jedoch nicht immer den beizulegenden Zeitwert des gesamten Unternehmens korrekt widerspiegeln. In solchen Fällen müssen neben dem Kaufpreis weitere verfügbare Informationen als Grundlage für die Ermittlung des beizulegenden Zeitwerts des erworbenen Unternehmens herangezogen werden.

Liegen Hinweise dafür vor, dass der Kaufpreis nicht den optimalen Maßstab für die Ermittlung des beizulegenden Zeitwerts des erworbenen Unternehmen am Erwerbsdatum darstellt (z. B. im Falle eines Unternehmenszusammenschlusses, bei dem der Verkäufer zum Verkauf gezwungen war), so muss der Erwerber andere Bewertungsverfahren anzuwenden, um den beizulegenden Zeitwert des erworbenen Unternehmens zu ermitteln. Da im Allgemeinen bei Unternehmenszusammenschlüssen keine aktiven Märkte und/oder beobachtbaren Preise für vergleichbare Unternehmen existieren, erfolgt diese Ermittlung mittels einer Unternehmensbewertung.

Dies kann anhand der folgenden **Beispiele** verdeutlicht werden:
Zunächst sei angenommen, dass die M AG ein Übernahmeangebot für alle 10 Mio. im Umlauf befindlichen Aktien der T AG zu einem Preis von 10 € je Aktie abgibt. Dieses Übernahmeangebot ist an die Voraussetzung gebunden, dass mindestens 80% der Anteile dem Angebot zustimmen. Die Aktien der T AG sind börsennotiert und werden von einer Vielzahl von Einzelaktionären gehalten. Am Erwerbsstichtag haben 90% der stimmberechtigten Aktionäre das Angebot angenommen und die M AG erwirbt daher diese die Anteile für einen Preis von 90.000.000 €. In der Woche vor dem öffentlichen Übernahmeangebot notierten die Aktien der T AG zwischen 9,85 € und 10,15 €. In der ersten Woche nach dem Erwerb werden die noch ausstehenden 1 Mio. Aktien bei einem erheblich niedrigeren Han-

delsvolumen und einer größeren Preisvolatilität zwischen 8,50 € und 13,00 € gehandelt. In diesem Fall kann der von der M AG gezahlte Kaufpreis in der Tat als der beste Indikator für den Gesamtunternehmenswert der T AG in Höhe von 100.000.000 € (10 Mio. Aktien * 10 €/Aktie) herangezogen werden. Es liegen keine Anhaltspunkte vor, nach denen der Übernahmekurs von 10 €/Aktie nicht den Preis repräsentiert, den ein sachverständiger, vertragswilliger und unabhängiger Dritter am Erwerbsstichtag für 100% der Anteile an der T AG gezahlt hätte.

Das nächste Beispiel stellt eine andere Situation dar. Angenommen sei wieder die M AG, die nun bereits 60% der Anteile an der T2 AG besitzt. Die restlichen 40% der insgesamt 10 Mio. Aktien befinden sich im Streubesitz und werden mit einer Kursspanne von 9,85 € bis 10,15 € an der Börse gehandelt. Die M AG will ihren 60%-Anteil verkaufen und hat die XY AG als Kaufinteressent mit dem höchsten Gebot identifiziert. Nach vertraulich geführten Verhandlungen erwirbt die XY AG die von der M AG gehaltenen Anteile für einen Preis von 81.000.000 € (6 Mio. Aktien * 13,50 € je Aktie). Darin enthalten ist ein Mehrpreis von ca. 3,50 € je Aktie gegenüber dem am Erwerbsdatum notierten Marktpreis der öffentlich gehandelten Anteile. Während der ersten Woche nach dem Erwerb notieren die Anteile im Streubesitz mit einer Kursspanne von 8,50 € bis 13,00 €.

Die XY AG hat vor dem Erwerb eine *Due Diligence* durchgeführt. Die im Rahmen dieser *Due Diligence* gewonnenen Informationen begründeten die Zahlung des Mehrpreises gegenüber dem Börsenkurs: Der Gesamtwert der T2 AG beträgt zwischen 110.000.000 € und 130.000.000 €. Diese Wertbandbreite wurde auf der Grundlage eines Vergleichs mit ähnlichen Unternehmen und auf der Basis geschätzter Synergieeffekte ermittelt. Die XY AG hat insbesondere ermittelt, dass Kosten eingespart werden können, wenn der T2 AG eigene Technologie zur Verfügung gestellt wird.

Es stellt sich nun die Frage, ob der gezahlte Preis den beizulegenden Zeitwert der T2 AG in ihrer Gesamtheit widerspiegelt. Im vorliegenden Fall verfügt die XY AG aufgrund der *Due Diligence* über Informationen, die darauf hindeuten, dass der hochgerechnete Betrag von 135.000.000 € (81.000.000 €/60%) nicht notwendigerweise dem Preis entspricht, den andere sachverständige, vertragswillige und voneinander unabhängige Geschäftspartner für die T2 AG als Ganzes gezahlt hätten. Darüber hinaus deutet der Kursverlauf nach dem Erwerb ebenfalls darauf hin, dass ein Kurs von 13,50 € nicht den beizulegenden Zeitwert der T2 AG widerspiegelt. Die XY AG wird daher den beizulegenden Zeitwert der T2 AG schätzen müssen. Es spricht einiges dafür, dass der beizulegende Zeitwert der T2 AG bei ca. 121.000.000 € liegt. 81.000.000 € wurden für 60% der Anteile bezahlt. Der durchschnittliche Börsenpreis der verbleibenden vier Millionen Anteile liegt bei 40.000.000 €.

8.3.3 Bewertung und Ansatz erworbener Vermögenswerte und Schulden

Der Entwurf enthält Richtlinien für die Bewertung und den Ansatz bestimmter erworbener Vermögenswerte und übernommener Schulden zum Erwerbszeitpunkt. Während Hauptziel der zweiten Phase des Projekts „Unternehmenszusammenschlüsse" nicht die Klärung von Fragen zur Folgebewertung erworbener Vermögenswerte und übernommener Schulden ist, bietet der Entwurf dennoch Leitlinien zur Bilanzierung bestimmter erworbener Vermögenswerte und übernommener Schulden nach einem Unternehmenszusammenschluss.

Für die Schätzung der beizulegenden Zeitwerte von erworbenen Vermögenswerten und übernommenen Schulden wird der IASB Leitlinien in Form der unten abgebildeten „Hierarchie für die Ermittlung beizulegender Zeitwerte" dem Bilanzersteller an die Hand geben. Diese Rangfolge verdeutlicht, dass Preise, die sich an einem aktiven Markt gebildet haben, stets den bestmöglichen Indikator für den beizulegenden Zeitwert darstellen (Stufe 1 der Hierarchie).

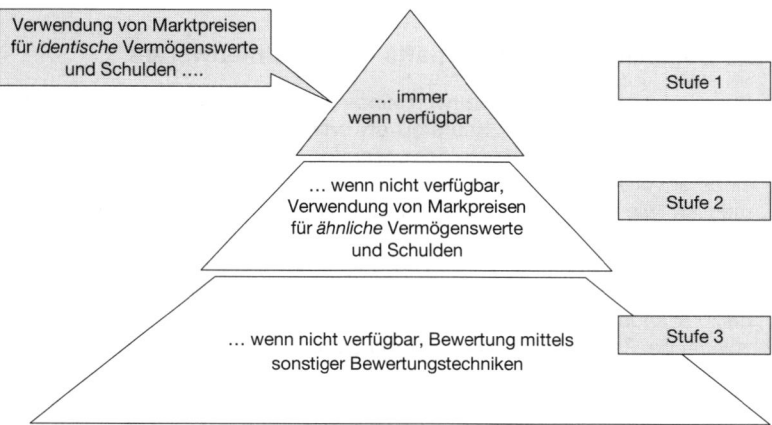

Abbildung 8-1: Hierarchie für die Ermittlung beizulegender Zeitwerte

Sind keine Marktpreise für identische Vermögenswerte oder Schulden verfügbar, wird der beizulegende Zeitwert unter Heranziehung von Marktpreisen für vergleichbare Vermögenswerte oder Schulden geschätzt (Stufe 2). Sind auch Preise für ähnliche Vermögenswerte und Schulden nicht verfügbar, oder sind die Preiseffekte aus Unterschieden zwischen dem zu bewertenden Vermögenswert (der zu bewertenden Schuld) und den ähnlichen Vermögenswerten (Schulden) nicht objektiv bestimmbar, wird der beizulegende Zeitwert mittels Bewertungsverfahren geschätzt (Stufe 3).

Von dieser Hierarchie in der Vorgehensweise sind bestimmte Vermögenswerte und Schulden ausgenommen: (i) Vermögenswerte, die gem. IFRS 5 als „zur Veräußerung gehalten" eingestuft wurden, sind mit dem beizulegenden Zeitwert abzüglich Veräußerungskosten zu bewerten. (ii) Latente Steueransprüche und Steuerschulden werden gem. IAS 12 bewertet. (iii) Ist das erworbene Unternehmen Leasingnehmer im Rahmen eines Operating-Leasingverhältnisses, muss der Erwerber die dem erworbenen Unternehmen aus diesem Leasingverhältnis zustehenden Rechte im Rahmen der Kaufpreisallokation nicht getrennt von dessen Verpflichtungen erfassen. Zudem ist eine Änderung der vom Leasingnehmer vorgenommenen Klassifizierung als Operating- oder Finanzierungsleasing nicht vorgesehen. Der Erwerber hat jedoch einen immateriellen Vermögenswert (oder Schuld) für wirtschaftlich vorteilhafte (nachteilige) Komponenten eines Operating-Leasingverhältnisses zu erfassen, wenn deren Wert am Erwerbsdatum vom tatsächlichen Marktwert abweicht. (iv) Im Zusammenhang mit einem Versorgungsplan für Arbeitnehmer erfasste Vermögenswerte oder Schulden werden nach IAS 19 bewertet.

8.3.4 Bestimmung des Geschäfts – oder Firmenwertes

Ebenso wie sich der Gesamtwert eines erworbenen Unternehmens nicht immer durch die Formel „Kaufpreis/erworbene Anteile in %" hochrechnen lässt, ist auch eine Schätzung des gesamten Geschäfts- oder Firmenwertes eines erworbenen Unternehmens auf diese Weise nicht so ohne weiteres möglich, wie im Folgenden anhand eines **Beispiels** gezeigt werden kann: Die M AG erwirbt einen beherrschenden Anteil von 60% am Unternehmen T3 GmbH. Der Kaufpreis für den 60%-igen Anteil soll insgesamt 630.000 € betragen. Im Rahmen ihrer *Due Diligence* hat die M AG ermittelt, dass der beizulegende Zeitwert der T3 GmbH insgesamt 1.000.000 € und der beizulegende Zeitwert der identifizierbaren Vermögenswerte und Schulden insgesamt 700.000 € beträgt. Die folgenden Buchungssätze sind bei der M AG zur Abbildung des Unternehmenserwerbs zu erfassen.

Alle Werte in T€	Soll	Haben
Diverse Aktiva und Passiva	700	
Geschäfts- oder Firmenwert	300	
Zahlungsmittel		630
Anteile ohne beherrschenden Einfluss (vormals „Minderheiten")		370

Tabelle 8-2: Buchungssatz Geschäfts- oder Firmenwert und Minderheiten

Der Geschäfts- oder Firmenwert der T3 GmbH ergibt sich aus der Differenz von beizulegendem Zeitwert der T3 GmbH insgesamt (1.000.000 €) und beizulegendem Zeitwert des identifizierbaren Nettoreinvermögens (700.000 €). Würde die M AG den Geschäfts- oder Firmenwert aus dem von ihr gezahlten Kaufpreis hochrechnen, ergäbe sich ein Wert von 350.000 €. Die M AG bezahlt für ein Nettoreinvermögen in Höhe von 420.000 € (60% * 700.000 €) insgesamt 630.000 €. Es ergibt sich ein anteiliger Geschäfts- oder Firmenwert von 210.000 €. Auf der Basis des erworbenen Anteils von 60% resultierte somit ein Gesamtgeschäfts- oder Firmenwert von 350.000 €. Aus den im Rahmen der *Due Diligence* gewonnen Informationen wird aber deutlich, dass dieses Ergebnis nicht richtig sein kann. Wenn der Gesamtunternehmenswert insgesamt 1.000.000 € und der beizulegende Zeitwert der identifizierbaren Vermögenswerte und Schulden 700.000 € beträgt, hat der Geschäfts- oder Firmenwert der T3 GmbH eben nur einen Wert von 300.000 €. Nach dem Entwurf von IFRS 3 wird der Geschäfts- oder Firmenwert auch genau in dieser Höhe aktiviert. Von den 300.000 € Geschäfts- oder Firmenwert entfallen eigentlich 60% auf die M AG (180.000 €) und 40% auf die Minderheitenanteile (120.000 €). Es ist aber zu berücksichtigen, dass die M AG nicht 600.000 € für den von ihr erworbenen Anteil, sondern 630.000 € bezahlt hat. Deswegen ist vom gesamten Geschäfts- oder Firmenwert nur ein Betrag von 90.000 € den Minderheiten zuzurechnen. Deren Anteil von 370.000 € ergibt sich damit durch Zusammenrechnung von 280.000 € (40% des identifizierbaren Nettoreinvermögens von 700.000 €) und 90.000 € Geschäfts- oder Firmenwert.

8.3.5 Veräußerung/Erwerb von Minderheitenanteilen

Wenn ein Mutterunternehmen einen Teil seiner Beteiligung an einem von ihm beherrschten Tochterunternehmen veräußert, ohne dadurch die Beherrschung zu verlieren, handelt es sich dabei um eine Transaktion, die als reine Eigenkapitaltransaktion abzubilden ist.

Das nachfolgende **Beispiel** verdeutlicht die Vorgehensweise. Unterstellt sei, die M AG veräußert einen 20%-igen Anteil an der von ihr beherrschten T GmbH und reduziert so ihren Anteil von 100% auf 80%. Der Preis, der für die Anteile erlöst wird, soll 1.000.000 € betragen. Wenn der Buchwert des im Konzern für die T GmbH abgebildeten Nettoreinvermögens insgesamt 4.000.000 € beträgt, werden davon 20%, d.h. 800.000 € veräußert. Die M AG realisiert somit einen Veräußerungsgewinn in Höhe von 200.000 €. Da die Transaktion aber zwischen den Anteilseignern des Konzerns stattfindet, werden die 200.000 € direkt mit dem Konzerneigenkapital verrechnet.

Alle Werte in T€	Soll	Haben
Zahlungsmittel	1.000	
Eigenkapital		200
Anteile ohne beherrschenden Einfluss (vormals „Minderheiten")		800

Tabelle 8-3: Buchungssatz Veräußerung Anteile an Minderheiten

Gleiches gilt, wenn die M AG Anteile von Minderheiten hinzuerwirbt. Es sei angenommen, die M AG hält 70% an der T2 GmbH, deren im Konzern abgebildetes Nettoreinvermögen 5.000.000 € beträgt. Auf die M AG entfallen davon 3.500.000 € und auf die Minderheiten 1.500.000 €. Erwirbt die M

AG die verbleibenden 30% für einen Kaufpreis von 1.750.000 € kommt es nicht zur Aktivierung eines Geschäftswertes von 250.000 €. Vielmehr ist der Unterschiedsbetrag auch hier direkt mit dem Eigenkapital zu verrechnen.

Alle Werte in T€	Soll	Haben
Eigenkapital	250	
Anteile ohne beherrschenden Einfluss (vormals „Minderheiten")	1.500	
Zahlungsmittel		1.750

Tabelle 8-4: Buchungssatz Erwerb Anteile von Minderheiten

8.3.6 Kosten von Unternehmenszusammenschlüssen

Wird ein Unternehmen erworben, entstehen dem Erwerber regelmäßig eine Reihe von Kosten. Dazu gehören: (i) die direkten Kosten des Unternehmenserwerbs (Kosten für die von Rechtsanwälten, Wirtschaftsprüfern, Investmentbankern erbrachten Leistungen, Kosten für die Emission von Eigen- oder Fremdkapitaltiteln, die zur Finanzierung der Transaktion ausgegeben wurden) und (ii) die indirekten Kosten der Transaktion (inbesondere die Kosten der unternehmenseigenen M & A-Abteilung). Nach dem derzeit gültigen IFRS 3 werden Zahlungen, die an Dritte für direkt im Zusammenhang mit einem Unternehmenszusammenschluss stehende Leistungen erbracht werden, als Teil der Anschaffungskosten des Unternehmenserwerbes behandelt. Die Kosten für die Emission von Schuldtiteln und die Kosten für die Eintragung und Ausgabe von Eigenkapitaltiteln werden als Minderung der Erlöse aus den emittierten Schuld- oder Eigenkapitaltiteln behandelt. Die indirekten Kosten eines Unternehmenszusammenschlusses werden in dem Geschäftsjahr aufwandswirksam erfasst, in dem sie entstanden sind.

Inzwischen ist das IASB der Überzeugung, dass erwerbsbezogene Kosten, gleich ob sie für Leistungen Dritter oder für Mitarbeiter des Erwerbers anfallen, nicht zu berücksichtigen sind, wenn die von Unternehmensveräußerer und -erwerber getauschten beizulegenden Zeitwerte miteinander verglichen werden. Vielmehr handelt es sich um Transaktionen, in denen der Unternehmenserwerber Zahlungen für erhaltene Leistungen erbringt. Künftig werden daher erwerbsbezogene Kosten getrennt vom Unternehmenszusammenschluss bilanziert. Da im Allgemeinen mit den Zahlungen erhaltene Leistungen abgegolten werden, d.h. keine Vermögenswerte des Erwerbers entstanden sind, ist vorgesehen, erwerbsbezogene Kosten generell als

Aufwand in dem Geschäftsjahr zu erfassen, in dem die dazugehörigen Leistungen erbracht werden.

Nach dem im Juni 2005 veröffentlichten Entwurf muss der Erwerber eines Unternehmens auch beurteilen, ob Teile des Kaufpreises aus seiner Sicht nicht zum Erwerb des Unternehmens an sich gehören. Ziel dieser Beurteilung ist es, den Unternehmenszusammenschluss von anderen im Zusammenhang mit dem Unternehmenszusammenschluss an den Veräußerer geleisteten Zahlungen zu unterscheiden. Folgende Zahlungen werden regelmäßig nicht als Teil des Unternehmenszusammenschlusses angesehen: (i) Zahlungen, mit denen bereits vorher bestehende Beziehungen zwischen dem Erwerber und dem erworbenen Unternehmen beglichen werden; (ii) Zahlungen, die der Vergütung zukünftiger Leistungen von Mitarbeitern oder Voreigentümern des erworbenen Unternehmens dienen; (iii) Zahlungen, zur Erstattung von Kosten des Unternehmenszusammenschluss (z.B. Kosten für eine vom Veräußerer beim Erwerber durchgeführte *Due Diligence*).

> Angenommen sei, dass die M AG die T AG erwirbt. Am Erwerbsdatum gibt die M AG Aktienoptionen für Mitarbeiter aus, deren Gewährung an einen dreijährigen Verbleib bei der M AG geknüpft ist. Diese dienen als Ersatz für Aktienoptionen der T AG, von deren Erdienungszeitraum (*vesting period* insgesamt 7 Jahre) bereits vier Jahre abgelaufen sind. Am Erwerbsdatum haben die beiden Optionsprogramme den gleichen beizulegenden Zeitwert (1.000.000 €). Der auf den Dienstzeitaufwand für vergangene Perioden entfallende Anteil entspricht dem beizulegenden Zeitwert der Ersatzvergütung (1.000.000 €) multipliziert mit dem Verhältnis des bereits erreichten Erdienungszeitraums (4 Jahre) zum gesamten ursprünglichen Erdienungszeitraum (7 Jahre). Somit würden 571.429 € auf bereits erdiente Ansprüche entfallen (und als Teil der von der M AG erbrachten Gegenleistung berücksichtigt werden) 428.571 € würden zukünftigen Dienstleistungen zugeordnet und in der Folgezeit als Vergütungsaufwendungen erfasst werden.

8.4 Weitere Änderungen

Zu den weiteren Änderungen gehört, dass Verpflichtungen zur Leistung bedingter Kaufpreiszahlungen mit dem am Erwerbszeitpunkt festgestellten beizulegenden Zeitwert bewertet werden sollen. Nachfolgende Änderungen des beizulegenden Zeitwertes werden dann künftig generell in der Gewinn- und Verlustrechnung erfasst. Gegenüber dem bisherigen IFRS 3 werden sich daher in den Fällen Änderungen ergeben, in denen die Erfolgsunsicherheit wahrscheinlich ist und verlässlich bewertet werden kann.

Mit der Änderung von IFRS 3 wurde auch IAS 37 überarbeitet. Im geänderten IAS 37 sollen die Begriffe „Eventualschulden" und „Eventualforderungen" gestrichen werden. Stattdessen soll der Wert von „Erfolgsunsicherheiten" bei der Bewertung damit verbundener unbedingter Ansprüche (immaterielle Vermögenswerte) oder unbedingter Verpflichtungen (Schulden) berücksichtigt werden. Demnach sind alle erworbenen Vermögenswerte und übernommenen Schulden aus Erfolgsunsicherheiten zu erfassen und mit ihren beizulegenden Zeitwerten zum Erwerbsstichtag zu bewerten. Da bedingte Ansprüche und Schulden die Definition von Vermögenswerten und Schulden nicht erfüllen, wird der Erwerber keine Eventualforderungen oder -schulden des erworbenen Unternehmens ansetzen, wenn keine unbedingten Ansprüche oder Verpflichtungen im Zusammenhang mit den jeweiligen Eventualforderungen oder -schulden existieren.

8.5 Geplante Übergangsvorschriften

Es ist geplant, dass die überarbeiteten Standards erstmals in der ersten Berichtsperiode eines am 1. Januar 2007 oder danach beginnenden Geschäftsjahres anzuwenden sind. Eine frühere Anwendung wird empfohlen werden. Wendet ein Unternehmen die vorgeschlagenen überarbeiteten Standards auf eine frühere Periode an, so sind allerdings IFRS 3, IAS 37 und IAS 27 in ihrer neuen Fassung gleichermaßen anzuwenden.

IFRS 3 ist in seiner neuen Fassung prospektiv auf Unternehmenszusammenschlüsse anzuwenden, d.h. die retrospektive Anwendung auf vorherige Unternehmenszusammenschlüsse wird nicht zulässig sein. Abgesehen von zwei Ausnahmen (diese betreffen latente Steuern (IAS 12.68) und passivierte Eventualschulden) werden also Vermögenswerte und Schulden, die aus früheren Unternehmenszusammenschlüssen resultieren, nicht angepasst werden.

Eine Reihe der Vorschriften des überarbeiteten IAS 27 (betreffend die Anteile ohne beherrschenden Einfluss) ist retrospektiv anzuwenden. Dazu gehört, dass Gewinne oder Verluste aus einer Verringerung des Anteils des Mutterunternehmens am Tochterunternehmen, die nicht mit dem Verlust von Beherrschung einhergingen und die in der Gewinn- und Verlustrechnung erfasst wurden, in die Kapitalrücklage umzugliedern sind. Die Vorschrift, Anteilszukäufe eines Mutterunternehmens als Eigenkapitaltransaktionen zu bilanzieren, ist hingegen prospektiv anzuwenden.

8.6 Konvergenz IFRS mit US-GAAP

Während die von den beiden Organisationen IASB und FASB veröffentlichten Entwürfe in grundlegenden Fragen zu denselben Schlussfolgerungen und Regeln gelangen, bestehen doch in manchen Bereichen nach wie vor Unterschiede in der bilanziellen Behandlung von Unternehmenszusammenschlüssen. Auch gibt es noch Unterschiede, was die Berichtspflichten im Anhang angeht. Eine detaillierte Analyse der Unterschiede ist in den Entscheidungsgrundlagen *(Basis for Conclusions)* enthalten, die das IASB im Juni 2005 zusammen mit dem Entwurf des IFRS 3 veröffentlicht hat.

Literaturverzeichnis

Adler, H./Düring, W./Schmaltz, K.: Rechnungslegung und Prüfung der Unternehmen, 6. Aufl., Stuttgart 1996.

Adler, H./Düring, W./Schmaltz, K.: Rechnungslegung nach internationalen Standards, Stuttgart 2003.

Andrejewski, K. C.: Bilanzierung der Zusammenschlüsse von Unternehmen unter gemeinsamer Beherrschung als rein rechtliche Gestaltung, in: Betriebs-Berater, 60. Jg. (2005), S. 1436–1428.

Andrejewski, K. C./Böckem, H.: Einzelfragen zur Anwendung der Befreiungswahlrechte nach IFRS 1 (Erstmalige Anwendung der IFRS), in: KoR – Zeitschrift für internationale und kapitalmarktorientierte Rechnungslegung, 4. Jg. (2004), S. 332–340.

Andrejewski, K. C./Grube, F.: IFRS-Erstanwendung i. S. d. IFRS 1 (First-Time Adoption of IFRS) – Grundlagen und Anwendungsfragen, in: Der Konzern, 3. Jg. (2005), S. 98–103.

Andrejewski, K. C./Kühn, S.: Grundzüge und Anwendungsfragen nach IFRS 3, in: Der Konzern, 3. Jg. (2005), S. 221–228.

Baetge, J./Bruns, C./Klaholz, T.: IAS 28 Bilanzierung von Anteilen an assoziierten Unternehmen (Accounting for Investments in Associates), in: *Baetge, J./Dörner, D./Kleekämper, H./Wollmert, P./Kirsch, H.-J. (Hrsg.)*: Rechnungslegung nach International Accounting Standards (IAS), Kommentar auf der Grundlage des deutschen Bilanzrechts, 2. Aufl., Stuttgart 2003.

Baetge, J./Kirsch, H.-J./Thiele, S.: Konzernbilanzen, 7. Aufl., Düsseldorf 2004.

Barckow, A.: Wertminderung von Vermögen nach IAS 36, in: Accounting, 5. Jg. (2005), S. 8–10.

Bieker, M./Esser, M.: Goodwill-Bilanzierung nach ED 3 "Business Combinations", in: KoR – Zeitschrift für internationale und kapitalmarktorientierte Rechnungslegung, 3. Jg. (2003), S. 75–84.

Bischof, S./Roß, N.: Qualitative Mindestanforderungen an das Organ nach HGB und IFRS bei einem Mutter-Tochter-Verhältnis durch Organbestellungsrecht, in: Betriebs-Berater, 60. Jg. (2005), S. 203–207.

Böcking, H. J./Klein, G./Lopatta, K.: Internationale Entwicklungen bei der Bilanzierung von Unternehmenszusammenschlüssen, in: KoR – Zeitschrift für internationale und kapitalmarktorientierte Rechnungslegung, 1. Jg. (2001), S. 17–25.

Bohl, W./Riese, J./Schlüter, J. (Hrsg.): Beck'sches IFRS Handbuch. Kommentierung der IAS/IFRS, München 2004.

Brakensiek, S./Küting, K.: Special Purpose Entities in der US-amerikanischen Rechnungslegung, in: Steuer- und Bilanzpraxis, 4. Jg. (2002), S. 209–215.

Brücks, M./Wiederhold, P.: IFRS 3 Business Combinations in: KoR – Zeitschrift für internationale und kapitalmarktorienterte Rechnungslegung, 4. Jg. (2004), S. 177–185.

Brune, J. W./Senger, T.: Unternehmensverbindungen, in: *Bohl, W./Riese, J./Schlüter, J. (Hrsg.)*: Beck'sches IFRS Handbuch. Kommentierung der IAS/IFRS, München 2004.

Dobler, M.: Folgebewertung des Goodwill nach IFRS 3 und IAS 36, in: PiR – Praxis der internationalen Rechnungslegung, 3. Jg. (2005), S. 24–29.

Epstein, B./Mirza, A. A.: Interpretation and Application of International Accounting Standards 2003, New Jersey 2003.

Ernst & Young LLP (Hrsg.): International GAAP® 2005. Generally Accepted Accounting Practice under International Financial Reporting Standards, London 2004.

Ernst & Young LLP (Hrsg.): IFRS™/US GAAP Comparison, London 2005

Esser, M./Hackenberger, J.: Immaterielle Vermögenswerte des Anlagevermögens und Goodwill in der IFRS-Rechnungslegung, in: Deutsches Steuerrecht, 43. Jg. (2005), S. 708–713.

EU-Kommission: Kommentare zu bestimmten Artikeln der Verordnung (EG) Nr. 1606/2002 des Europäischen Parlaments und des Rates vom 19. Juli 2002 betreffend die Anwendung internationaler Rechnungslegungsstandards und zur Vierten Richtlinie 78/660/EWG des Rates vom 25. Juli 1978 sowie zur Siebenten Richtlinie 83/349/EWG des Rates vom 13. Juni 1983 über Rechnungslegung, im Internet abrufbar unter http://europa.eu.int/comm/internal_market/accounting/docs/ias/200.311-comments/ias-200.311-comments_de.pdf.

Fuchs, M./Stibi, B.: Combinations by Contract Alone or Involving Mutual Entities – Exposure Draft einer Änderung des IFRS 3, in: Die Wirtschaftsprüfung, 57. Jg. (2004), S. 1010–1015.

Fülbier, R. U./Pferdehirt, H.: Überlegungen des IASB zur künftigen Leasingbilanzierung: Abschied vom *off balance sheet approach*, in: KoR – Zeitschrift für internationale und kapitalmarktorientierte Rechnungslegung, 5. Jg. (2005), S. 275–285.

Hachmeister, D./Kunath, O.: Die Bilanzierung des Geschäfts- oder Firmenwerts im Übergang auf IFRS 3, in: KoR – Zeitschrift für internationale und kapitalmarktorientierte Rechnungslegung, 5. Jg. (2005), S. 62–75.

Hannappel, H. A./Kneisel, H.: Bilanzierung einer Verschmelzung under common control nach HGB, US-GAAP und IAS, in: Die Wirtschaftsprüfung, 54. Jg. (2001), S. 703–709.

Hayn, B.: Fragen der Übergangskonsolidierung, in: *Bohl, W./Riese, J./Schlüter, J. (Hrsg.)*: Beck'sches IFRS Handbuch. Kommentierung der IAS/IFRS, München 2004.

Hayn, S.: Entwicklungstendenzen im Rahmen der Anwendung von IFRS in der Konzernrechnungslegung, in: Betriebswirtschaftliche Forschung und Praxis, 57. Jg. (2005a), S. 424–439.

Hayn, S.: Erstmalige Anwendung von IFRS – Ausgewählte praktische Herausforderungen, in: Accounting, 5. Jg. (2005b), S. 8–11.

Hayn, S.: Erstmalige Anwendung der International Financial Reporting Standards, in: *Ballwieser, W./Beine, F./Hayn, S./Peemöller, V. H./Schruff, L./Weber, C.-P. (Hrsg.):* WILEY-Kommentar zur internationalen Rechnungslegung nach IAS/IFRS, Braunschweig 2004.

Hayn, S./Bösser, J./Pilhofer, J.: Erstmalige Anwendung von International Financial Reporting Standards (IFRS1), in: Betriebs-Berater, 58. Jg. (2003), S. 1607–1613.

Hayn, S./Grüne, M.: Fondskonzepte und Off-Balance-Sheet Finanzierung, in: Zeitschrift für Controlling & Management, Sonderheft 2/2004, S. 12–21.

Hayn, S./Waldersee, G.: IFRS/US-GAAP/HGB im Vergleich, 5. Aufl., Stuttgart 2004.

Helmschrott, H.: Einbeziehung einer Leasingobjektgesellschaft in den Konzernabschluß des Leasingnehmers nach HGB, IAS und US-GAAP, in: Der Betrieb, 52. Jg. (1999), S. 1865–1871.

Helmschrott, H.: Zum Einfluss von SIC 12 und IAS 39 auf die Bestimmung des wirtschaftlichen Eigentums bei Leasingvermögen nach IAS 17, in: Die Wirtschaftsprüfung, 53. Jg. (2000), S. 426–429.

Heurung, R.: Die Bewertung assoziierter Unternehmen im Konzernabschluss im Vergleich zwischen HGB, IAS und US-GAAP (Teil I), in: Internationales Steuerrecht, 52. Jg. (2000a), S. 628–635.

Heurung, R.: Die Bewertung assoziierter Unternehmen im Konzernabschluss im Vergleich zwischen HGB, IAS und US-GAAP (Teil II), in: Internationales Steuerrecht, 52. Jg. (2000 b), S. 664–671.

Heyd, R./Lutz-Ingold, M.: Immaterielle Vermögenswerte und Goodwill nach IFRS, München 2005.

Hinz, M.: Rechnungslegung nach IFRS, München 2005.

IASB: IASB Update, Board Decisions on International Financial Reporting Standards, October 2005, London 2005.

Institut der Wirtschaftsprüfer in Deutschland e. V. (Hrsg.): IDW Stellungnahme zur Rechnungslegung: Einzelfragen zur Anwendung von IAS (IDW RS HFA 2), Stand: 4. März 2004, Düsseldorf.

Ischebeck, E.: § 11 PublG, in: *Küting, K./Weber, C.-P. (Hrsg.)*, Handbuch der Konzernrechnungslegung, Kommentar zur Bilanzierung und Prüfung Band II, 2. Aufl., Stuttgart 1998.

Janßen, T./Freiberg, J.: Erwerbs- und Erstkonsolidierungsstichtag, in: PiR – Praxis der internationalen Rechnungslegung, 3. Jg. (2005), S. 30–31.

Krawitz, N.: Anhang und Lagebericht nach IFRS, München 2005.

Kühnberger, M.: Firmenwert in Bilanz, GuV und Kapitalflussrechnung nach HGB, IFRS und US-GAAP, in: Der Betrieb, 58. Jg. (2005), S. 677–683.

Küting, K./Elprana, K./Wirth, J.: Sukzessive Anteilserwerbe in der Konzernrechnungslegung nach IAS 22/ED 3 und dem Business Combinations Project (Phase II), in: KoR – Zeitschrift für internationale und kapitalmarktorientierte Rechnungslegung, 3. Jg. (2003), S. 477–490.

Küting, K./Gattung, A./Wirth, J.: Zeitpunkt der erstmaligen Aussetzung der planmäßigen Abschreibung des Geschäfts- oder Firmenwerts nach IFRS 3, in: KoR – Zeitschrift für internationale und kapitalmarktorientierte Rechnungslegung, 4. Jg. (2004), S. 247–249.

Küting, K./Hayn, S.: EG-Abschluß versus IASC-Abschluß, in: *Küting, K./Weber, C.-P. (Hrsg.)*, Handbuch der Konzernrechnungslegung, Kommentar zur Bilanzierung und Prüfung Band II, 2. Aufl., Stuttgart 1998.

Küting, K./Weber, C.-P.: Der Konzernabschluss, 9. Aufl., Stuttgart 2005.

Küting, K./Weber, C.-P./Wirth, J.: Bilanzierung von Anteilsverkäufen an bislang vollkonsolidierten Tochterunternehmen nach IFRS, in: Deutsches Steuerrecht, 42. Jg. (2004), S. 876–884.

Küting, K./Wirth, J.: Bilanzierung von Unternehmenszusammenschlüssen nach IFRS 3, in: KoR – Zeitschrift für internationale und kapitalmarktorientierte Rechnungslegung, 4. Jg. (2004), S. 167–177.

Küting, K./Wirth, J.: Die Berücksichtigung von Geschäfts- oder Firmenwerten bei der Endkonsolidierung von Tochterunternehmen unter Geltung von IAS 36 (rev. 2004), in: Die Wirtschaftsprüfung, 58. Jg. (2005), S. 704–713.

Küting, K./Wirth, J.: Firmenwertbilanzierung nach IAS 36 (rev. 2004) unter Berücksichtigung von Minderheitenanteilen an erworbenen Tochterunternehmen, in: KoR – Zeitschrift für internationale und kapitalmarktorientierte Rechnungslegung, 5. Jg. (2005), S. 199–2006.

Lopatta, K./Wiechen, L.: Darstellung und Würdigung der Bilanzierungsvorschriften nach IFRS 3 Business Combinations, in: Der Konzern, 2. Jg. (2004), S. 534–544.

Lüdenbach, N.: Erwerb einer Grundstücksgesellschaft: Unternehmenserwerb oder Erwerb der Grundstücke?, in: PiR – Praxis der internationalen Rechnungslegung, 3. Jg. (2005), S. 48.

Lüdenbach, N.: Unternehmenszusammenschlüsse, in: *Lüdenbach, N./Hoffmann, W.-D. (Hrsg.)*: Haufe IAS/IFRS-Kommentar, 2. Aufl., Freiburg i. Br. 2004 a.

Lüdenbach, N.: Anteile an assoziierten Unternehmen, in: *Lüdenbach, N./Hoffmann, W.-D. (Hrsg.)*: Haufe IAS/IFRS-Kommentar, 2. Aufl., Freiburg i. Br. 2004b.

Lüdenbach, N./Frowein, N.: Bilanzierung von Equity-Beteiligungen bei Verlusten – ein Vergleich zwischen HGB, IFRS und US-GAAP, in: Betriebs-Berater, 58. Jg. (2003), S. 2449–2456.

Lüdenbach, N./Prusaczyk P.: Bilanzierung von Kundenbeziehungen in der Abgrenzung zu Marken und Goodwill, in: KoR – Zeitschrift für internationale und kapitalmarktorientierte Rechnungslegung, 4. Jg. (2004), S. 204–214.

Mujkanovic, R./Hehn, B.: Währungsumrechnung im Konzern nach International Accounting Standards, in: Die Wirtschaftsprüfung, 49. Jg. (1996), S. 605–616.

Pawelzik, K. U.: Die Konsolidierung von Minderheiten nach IAS/IFRS der Phase II ("business combinations"), in: Die Wirtschaftsprüfung, 57. Jg. (2004), S. 677–694.

Pellens, B./Fülbier, R. U./Gassen, J.: Internationale Rechnungslegung, 5. Aufl., Stuttgart 2004.

Pellens, B./Sellhorn, T./Amshoff, H.: Reform der Konzernbilanzierung – Neufassung von IFRS 3 "Business Combinations", in: Der Betrieb, 58. Jg. (2005), S. 1749–1755.

Ruhnke, K./Schmidt, M./Seidel, T.: Einbeziehungswahlrechte und -verbote im IAS-Konzernabschluss, in: Der Betrieb, 54. Jg. (2001), S. 657–663.

Ruhnke, K./Schmidt, M./Seidel, T.: Neuregelungen bei der Abgrenzung des Konsolidierungskreises nach IFRS – Darstellung und kritische Würdigung, in: Betriebs-Berater, 59. Jg. (2004), S. 2231.

Schmidbauer, R.: Die Fremdwährungsumrechnung nach deutschem Recht und nach den Regelungen des IASB, in: Deutsches Steuerrecht, 42. Jg. (2004), S. 699–704.

Schmidbauer, R.: Die Bilanzierung von Unternehmenszusammenschlüssen nach IFRS 3, in: Deutsches Steuerrecht, 43. Jg. (2005), S. 121–126.

Schruff, W./Rothenburger, M.: Zur Konsolidierung von Special Purpose Entities im Konzernabschluss nach US-GAAP, IAS und HGB, in: Die Wirtschaftsprüfung, 55. Jg. (2002), S. 755–765.

Schubert, W.: Konzern als Zusammenschlussform, in: *Küting, K./Weber, C.-P. (Hrsg.)*, Handbuch der Konzernrechnungslegung, Kommentar zur Bilanzierung und Prüfung Band II, 2. Aufl., Stuttgart 1998.

Tanski, J. S.: Sachanlagen nach IFRS, München 2005.

Theile, C.: Erstmalige Anwendung der IFRS – Einfach unvergleichlich komplex, in: Der Betrieb, 56. Jg. (2003), S. 1745–1752.

Vater, H.: Bilanzielle und steuerliche Aspekte des Reverse IPO, in: Der Betrieb, 55. Jg. (2002), S. 2445–2450.

von Eitzen, B./Dahlke, J./Kromer, C.: Auswirkungen des IFRS 3 auf die Bilanzierung latenter Steuern aus Unternehmenszusammenschlüssen, in: Der Betrieb, 58. Jg (2005), S. 509–513.

Watrin, C./Strohm, C./Struffert, R.: Aktuelle Entwicklungen der Bilanzierung von Unternehmenszusammenschlüssen nach IFRS, in: Die Wirtschaftsprüfung, 57. Jg. (2004), S. 1450–1461

Weber, C./Böttcher, B./Griesemann, G.: Spezialfonds und ihre Behandlung nach deutscher und internationaler Rechnungslegung, in: Die Wirtschaftsprüfung, 55. Jg. (2002), S. 905–918.

Weiser, F.: Earnout-Unternehmenserwerbe im Konzernabschluss nach US-GAAP, IFRS und HGB/DRS – Gegenwärtige Handhabung und Vorschläge des IASB und FASB für die künftige Handhabung, in: Die Wirtschaftsprüfung, 58. Jg. (2005), S. 269–280.

Zeimes, M.: Zur erstmaligen Anwendung der International Financial Reporting Standards gemäß IFRS 1, in: Die Wirtschaftsprüfung, 56. Jg. (2003), S. 982–991.

Zülch, H./Lienau, A.: Bilanzierung zum Verkauf stehender langfristiger Vermögenswerte sowie aufgegebener Geschäftsbereiche nach IFRS 5, in: KoR – Zeitschrift für internationale und kapitalmarktorientierte Rechnungslegung, 4. Jg. (2004), S. 442–450.

Zülch, H./Lienau, A.: Die Bilanzierung von Discontinued Operations (aufgegebene Geschäftsbereiche) nach IFRS, in: Deutsches Steuerrecht, 43. Jg. (2005), S. 391–395.

Stichwortverzeichnis

Kirsch
Informationsmanagement für den IFRS-Abschluss

Nutzung des Finanz- und Rechnungswesens als Potenzial

Von Prof. Dr. Hanno Kirsch, Heide
2005. XVIII, 208 Seiten.
Gebunden € 35,–
ISBN 3-8006-3195-4

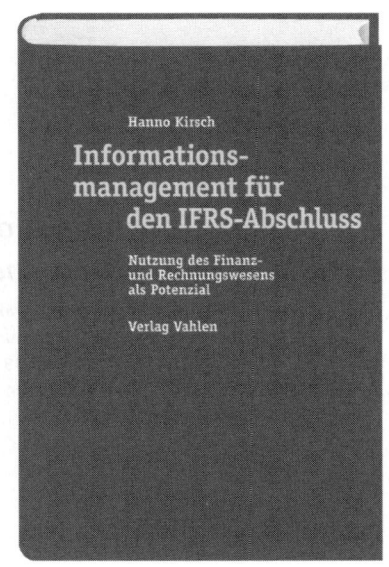

Springen Sie auf, bevor der Zug abgefahren ist!

Spätestens mit dem 1. Januar 2005 und der damit einhergehenden grundsätzlichen Pflicht zur IFRS-Rechnungslegung für kapitalmarktorientierte Konzerne in der EU ist selbst für die zuletzt noch verbliebene Gruppe hartnäckiger Skeptiker deutlich geworden, dass der Zug zur »Internationalisierung der externen Rechnungslegung« unaufhaltsam rollt.

Eine zentrale Frage hieraus ist jene nach den Anforderungen, die die Erstellung eines IFRS-Abschlusses an das Informationsmanagement im Unternehmen stellt. Dieser Frage kommt bei der Aufstellung eines IFRS-Abschlusses im Vergleich zum HGB-Abschluss aufgrund der gestiegenen Berichtsanforderungen eine ungleich größere Bedeutung zu.

Das Buch stellt die typischerweise an der Erhebung IFRS-relevanter Informationen beteiligten organisatorischen Einheiten des Finanz- und Rechnungswesens dar und zeigt gleichzeitig auf, wo die Interdependenzen zwischen diesen Einheiten liegen. Die Einrichtung eines Informationsmanagement für den IFRS-Abschluss lässt sich als zentrales Instrument des Qualitätsmanagement im Finanz- und Rechnungswesen begreifen.

Bestellen Sie bei Ihrem Buchhändler oder bei:
Verlag Vahlen, 80801 München · Fax: 089/38189-402
www.vahlen.de · E-Mail: bestellung@vahlen.de

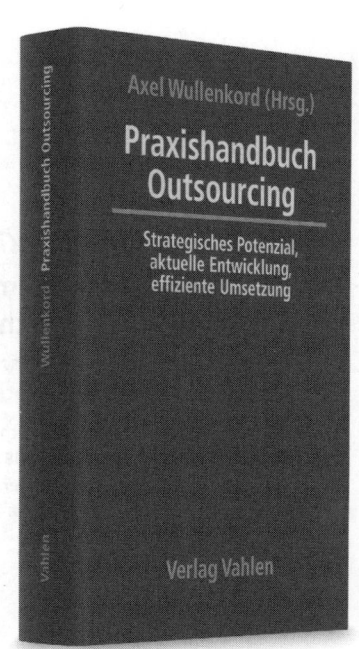

Wullenkord,
Praxishandbuch Outsourcing

Herausgegeben von
Prof. Dr. Axel Wullenkord, Bochum
2005. XVI, 351 Seiten. Gebunden € 48,–
ISBN 3-8006-3224-1

Mehr als nur Kosten senken

Das Thema Outsourcing steht momentan in fast allen Unternehmen ganz oben auf der Agenda. In nahezu allen Branchen wird intensiv die Frage diskutiert, welche Aufgaben zukünftig weiterhin intern erbracht werden müssen und welche von externen Dienstleistern erledigt werden können. Hinzu kommt die Frage des Offshoring – also des grenzüberschreitenden Outsourcings.

In den Zeiten ständig zunehmender Nachfrageschwankungen und -verschiebungen müssen sich Unternehmen nicht nur schlanker, sondern vor allem flexibler aufstellen und an ihrer Kernkompetenz orientieren. Vielfach sind die Unternehmensstrategien bisher jedoch rein auf Wachstum ausgerichtet, mit einer entsprechenden Planung der Resourcen und Kapazitäten.

Das Praxishandbuch Outsourcing macht es Unternehmen leicht, diese vielschichtigen Themen zielführend anzugehen. Ein erfahrenes und renommiertes Autorenteam aus Wissenschaft und Paxis befasst sich umfassend mit allen relevanten Fragestellungen rund um das Thema Outsourcing und gibt konkrete Handlungs- und Gestaltungsempfehlungen.